准噶尔盆地钻井防漏堵漏技术与实践

徐生江 路宗羽 戎克生 等编著

石油工业出版社

内 容 提 要

本书通过理论、实验及现场应用相结合，介绍了准噶尔盆地钻井漏失特征及防漏堵漏技术的研究与应用成果。主要内容包括准噶尔盆地钻井漏失概况、地层漏失特征与防漏堵漏机理、防漏堵漏材料优选与评价、防漏堵漏技术优化与研制。最后给出防漏堵漏技术现场应用案例。

本书可供钻井工程技术人员参考，也适合石油院校相关专业师生阅读。

图书在版编目（CIP）数据

准噶尔盆地钻井防漏堵漏技术与实践／徐生江，等编著.—北京：石油工业出版社，2022.7
ISBN 978-7-5183-5343-9

Ⅰ.①准… Ⅱ.①徐… Ⅲ.①准噶尔盆地-油气钻井-防漏-研究 ②准噶尔盆地-油气钻井-堵漏-研究 Ⅳ.①TE28

中国版本图书馆 CIP 数据核字（2022）第 072068 号

出版发行：石油工业出版社
（北京安定门外安华里 2 区 1 号楼　100011）
网　　址：www.petropub.com
编辑部：（010）64523687　图书营销中心：（010）64523633
经　　销：全国新华书店
印　　刷：北京中石油彩色印刷有限责任公司

2022 年 7 月第 1 版　2022 年 7 月第 1 次印刷
787×1092 毫米　开本：1/16　印张：12.75
字数：323 千字

定价：100.00 元
（如出现印装质量问题，我社图书营销中心负责调换）
版权所有，翻印必究

《准噶尔盆地钻井防漏堵漏技术与实践》
编 写 组

主 编：徐生江　路宗羽　戎克生

成 员：刘颖彪　姚旭洋　刘可成　叶　成　谢志涛
　　　　蒋振新　巩加芹　鲁铁梅　周　俊　于永生
　　　　周泽南　邢林庄　聂明虎　徐新纽　王朝飞
　　　　石建刚　吴继伟　熊　超　席传明　李建国
　　　　关志刚　毛德森　李永刚　蒋学光　王雪刚
　　　　吴彦先

前　言

　　准噶尔盆地作为中国石油天然气重点勘探开发的盆地之一，其储层埋藏较深、井下高温高压、地层探明情况欠缺、异常高低压地层变化频繁、所钻岩性复杂等难点致使钻井复杂事故频发。渗漏是施工中常见、最难排除的情况之一，处理井漏会耗费大量的钻井时间，浪费大量钻井液，而且严重的井漏可能引起卡钻、井喷、井塌等一系列复杂情况，甚至导致井眼报废，为油气资源的勘探开发带来极大困难，造成重大经济损失。为了能够确保钻井工程的顺利进行，就需要合理地运用相应的防漏堵漏工艺，以减少因井漏带来的经济损失和相应的风险。

　　防漏堵漏技术的研究与应用是国内外钻井工程界一项重要课题。井漏是主客观因素共同作用的结果。地层孔隙、裂缝的客观存在是井漏的前提条件，而施工中钻井液密度过大或采取的一些措施不适应于实际条件时则会诱发井漏的发生和加剧井漏程度。从防漏的角度来说要求钻井液有合理的密度和较强的抑制性，要求施工中减少激动压力等。从堵漏的角度来说要根据漏失程度和地层特点来采用合理的堵漏方法，以达到预期目的。

　　本书共 5 章，结合防漏堵漏技术在准噶尔盆地油气开采的应用现状，根据盆地 2016—2019 年已完钻探井的井漏资料，针对井漏的特征进行分类研究，对现场常用的防漏堵漏材料进行优选和配方优化，再结合国内外众多的粒度选择理论和方法得出了一种新的钻井防漏堵漏材料配方颗粒组成分布优化设计准则，记录了采用新型研发堵漏材料和方法取得成果喜人的 4 井次一次封堵现场试验，还对该新型防漏堵漏材料的研发进行了介绍。笔者根据现场施工案例，广泛收集了国内外文献资料，再结合自己的研究成果，理论联系实际，反映了准噶尔盆地现场研究成果和技术进展。编写此书，旨在给从事钻井工作相关人员以参考和启迪，并促进防漏堵漏技术体系在现场的进一步研究和发展。

限于笔者水平，书中难免存在错误、疏漏以及不妥之处，敬请广大读者批评指正。

目　　录

第1章　概述 ·· （1）
　1.1　地质概况 ··· （1）
　　1.1.1　石炭系储层 ··· （1）
　　1.1.2　二叠系储层 ··· （4）
　　1.1.3　侏罗系储层 ··· （5）
　1.2　盆地探井钻井漏失概况 ·· （6）
　　1.2.1　盆地总体情况 ··· （6）
　　1.2.2　准噶尔盆地整体漏失情况 ··· （9）
第2章　准噶尔盆地漏失特征与漏失机理 ·· （15）
　2.1　准噶尔盆地漏失特征分析 ··· （15）
　　2.1.1　准噶尔盆地地层裂缝特征分析 ······································· （15）
　　2.1.2　盆地勘探井漏层漏失通道特征分析 ································· （31）
　2.2　准噶尔盆地漏失机理分析 ··· （47）
　　2.2.1　准噶尔盆地漏失发生当时工况分析 ································· （47）
　　2.2.2　压裂致漏机理分析 ··· （48）
　　2.2.3　压差致漏机理分析 ··· （54）
　2.3　准噶尔盆地勘探井钻井防漏堵漏对策及作用原理研究 ············ （58）
　　2.3.1　压裂致漏对策及作用原理 ··· （58）
　　2.3.2　压差致漏对策及作用原理 ··· （66）
第3章　现用防漏堵漏材料优选与配方优化 ····································· （69）
　3.1　防漏堵漏材料基本理化性质评价实验研究 ··························· （69）
　　3.1.1　防漏堵漏材料粒度分布 ·· （69）
　　3.1.2　防漏堵漏材料密度 ··· （83）
　　3.1.3　防漏堵漏材料抗高温能力评价 ······································· （83）
　　3.1.4　防漏堵漏材料酸溶性评价 ··· （83）
　　3.1.5　防漏堵漏材料油溶性评价 ··· （84）
　　3.1.6　防漏堵漏材料与钻井液配伍性评价 ································· （84）
　3.2　钻井防漏堵漏材料室内实验评价方法研究 ··························· （92）
　　3.2.1　现有常用API防漏堵漏实验评价方法适应性研究 ················ （92）
　　3.2.2　新型防漏堵漏实验评价方法研究 ···································· （93）
　　3.2.3　防漏堵漏材料对漏失通道封堵能力评价实验研究 ·············· （98）

第4章 新型防漏堵漏工艺研究 (105)

4.1 准噶尔盆地勘探井钻井液防漏堵漏配方优化研究 (105)
4.1.1 已钻勘探井防漏堵漏配方适应性评价研究 (105)
4.1.2 准噶尔盆地勘探井防漏堵漏材料优选 (113)

4.2 适用于车排子区块石炭系火山岩新型防漏体系 (136)
4.2.1 新型防漏体系与水基钻井液的配伍性评价 (136)
4.2.2 新型防漏体系对砂床封堵性能影响 (137)
4.2.3 新型防漏体系对裂缝封堵性能影响 (137)
4.2.4 新型防漏体系裂缝返吐趋势评价 (138)
4.2.5 新型防漏体系转向性能评价 (138)

4.3 凝胶堵漏体系材料研究 (138)
4.3.1 凝胶堵漏体系材料研究 (140)
4.3.2 凝胶堵漏体系抗温性研究 (143)
4.3.3 凝胶类堵漏材料的孔隙漏失型封堵效果评价 (146)
4.3.4 凝胶类堵漏材料的裂缝型封堵效果评价 (146)

4.4 高滤失堵漏材料的堵漏效果及抗温能力评价 (147)
4.4.1 高滤失堵漏材料的组成 (148)
4.4.2 高滤失堵漏材料的堵漏机理 (148)
4.4.3 高滤失高承压堵漏材料抗温能力评价 (149)
4.4.4 高滤失体系悬浮液的稳定性 (150)
4.4.5 高滤失高承压堵漏体系孔隙型漏失封堵能力评价 (150)
4.4.6 高滤失高承压堵漏体系裂缝型漏失封堵能力评价 (151)
4.4.7 高滤失高承压堵漏体系抗返吐能力评价 (152)
4.4.8 高滤失高承压堵漏体系不规则裂缝转向能力评价 (152)

4.5 适用于车排子区块堵漏浆体系的构建与性能评价 (153)
4.5.1 适用于车排子区块堵漏浆体系的构建 (153)
4.5.2 适用于车排子区块石炭系火山岩新型堵漏体系 (164)

第5章 现场应用与认识 (169)

5.1 现场应用案例 (169)
5.1.1 金龙55井 (169)
5.1.2 车排28井 (172)
5.1.3 车431井 (177)
5.1.4 CHHW4309井 (181)
5.1.5 CHHW4308井 (184)

5.2 现场试验结论与认识 (187)

参考文献 (189)

第1章 概 述

1.1 地质概况

准噶尔盆地作为大型陆相盆地,是自晚古生代形成和发育的,复杂的地质构造,形成了其独特的基本石油地质特征。随着我国浅层油气资源勘探开发的不断加快,深部储层将迎来大规模开发,但准噶尔盆地深层储层埋藏较深、井下高温高压、地层探明情况欠缺、异常高低压地层变化频繁、所钻岩性复杂等难点致使钻井复杂事故频发,因此对深井钻井液流变性、抑制性、封堵性、润滑性等性能的研究工作变得势在必行。

准噶尔盆地的基底在石炭系沉积前形成,盆地现今划分为中央坳陷、陆梁隆起、乌伦古坳陷、东部隆起、南缘冲断带、西部隆起6个一级构造单元、42个二级构造单元,构造区划反映的是石炭系顶面的隆坳格局(图1.1),同时考虑了新生代以来的构造变形影响。准噶尔盆地自下而上沉积石炭系、二叠系、三叠系、侏罗系、白垩系及新生界。越来越多关于准噶尔盆地的勘探资料证实,能够形成工业油气流的主要烃源岩为石炭系、中—下二叠统、中—下侏罗统。本章将准噶尔盆地纵向上划分为石炭系、二叠系和侏罗系三大含油气系统(图1.2),主要对盆地的地层岩性、物性(包括地层裂缝、孔洞特征)进行介绍。

1.1.1 石炭系储层

石炭系含油气系统主要存在两大成藏组合:第一套成藏组合是以二叠系—三叠系泥岩为盖层(图1.3),以二叠系底砂岩和石炭系火山岩、碎屑岩为储层构成的成藏组合,形成地层不整合岩性圈闭,以原生油气藏为主,以克拉美丽气田、五彩湾气田、中拐地区的新光气田为代表;第二套成藏组合为以白垩系泥岩为区域性盖层,以三叠系、侏罗系、白垩系内局部泥岩与薄层砂岩形成储盖组合,受后期断裂活动影响,深层原生油气藏遭受破坏,沿断裂运移至三叠系、侏罗系、白垩系薄砂层中成藏,为次生油气藏,如克拉美丽气田滴西14井、滴西18井浅层侏罗系气藏,滴西12井下白垩统呼图壁河组气藏,白家海凸起上的白家1井、彩31井侏罗系气藏等。

两大成藏组合中以第一套成藏组合中储层特征最为复杂,岩性为玄武岩、安山岩、流纹岩、火山角砾岩及砾岩等,存在火山岩内幕和火山岩顶面风化壳两类储层。火山岩分布受深大断裂控制,在盆地内呈北西向断续分布,岩性、岩相变化快,火山岩内部储层储集空间以原生孔隙为主,主要为气孔、粒内孔和粒间孔,储集性能随埋深和岩性变化而韵律性变化。火山岩顶面风化壳储层储集空间以次生孔隙为主,主要为溶蚀孔,形成于上覆地

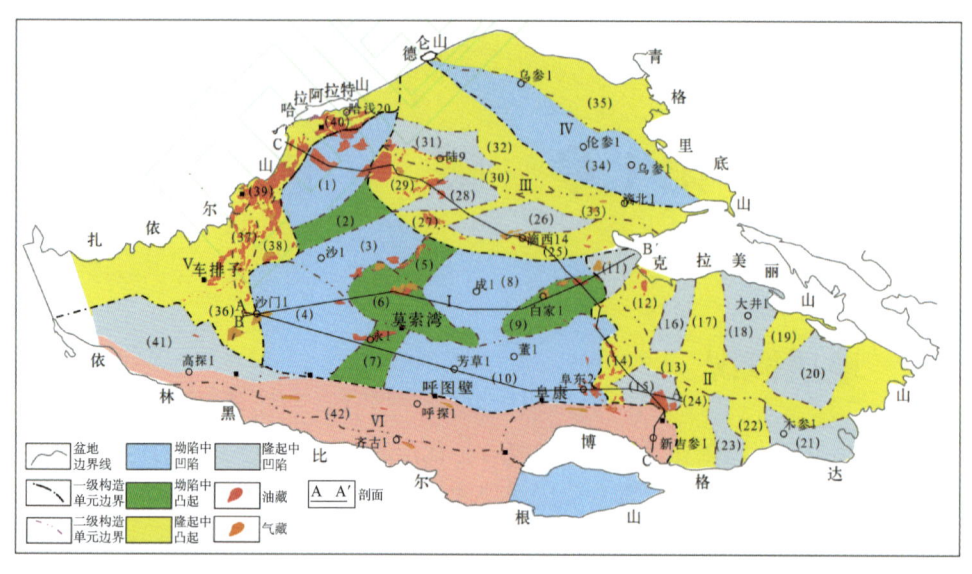

图 1.1　准噶尔盆地构造区划分与油气分布示意图

Ⅰ—中央坳陷；Ⅱ—东部隆起；Ⅲ—陆梁隆起；Ⅳ—乌伦古坳陷；Ⅴ—西部隆起；Ⅵ—南缘冲断带；(1)—玛湖凹陷；(2)—达巴松凸起；(3)—盆1井西凹陷；(4)—沙湾凹陷；(5)—莫北凸起；(6)—莫索湾凸起；(7)—莫南凸起；(8)—东道海子凹陷；(9)—白家海凸起；(10)—阜康凹陷；(11)—五彩湾凹陷；(12)—帐北断褶带；(13)—沙奇凸起；(14)—北三台凸起；(15)—吉木萨尔凹陷；(16)—大井凹陷；(17)—黄草湖凸起；(18)—石钱滩凹陷；(19)—黑山凸起；(20)—梧桐窝子凹陷；(21)—木垒凹陷；(22)—古东凸起；(23)—古城凹陷；(24)—古西凸起；(25)—滴南凸起；(26)—滴水泉凹陷；(27)—石西凸起；(28)—三南凹陷；(29)—夏盐凸起；(30)—三个泉凸起；(31)—英西凹陷；(32)—石英滩凸起；(33)—滴北凸起；(34)—索索泉凹陷；(35)—红岩阶带；(36)—车排子凸起；(37)—红车断裂带；(38)—中拐凸起；(39)克百断裂带；(40)—乌夏断裂带；(41)—四棵树凹陷；(42)—南缘断褶带

层沉积前的风化淋滤期，在陆梁隆起和东部隆起以及中央坳陷区的莫索湾凸起、白家海凸起等地区剥蚀、淋滤时间长，风化壳储层较发育。火山岩储层整体表现为中—低孔隙度、特低渗透率。五彩湾气田火山岩储层主要为玄武岩、安山岩和火山角砾岩，玄武岩、安山岩裂缝发育，基质孔隙次之，孔隙度一般为2%~8%，最大为11%，平均为5.05%，渗透率一般小于0.02mD，平均为0.012mD。火山角砾岩发育溶蚀孔隙，孔隙度为4%~14%，平均为9.99%，渗透率一般小于0.64mD。大井生烃中心的大7井火山角砾岩裂缝发育，测井解释储层有效孔隙度为3.48%~13.05%，渗透率为4.1~508.38mD。

石炭系中，不同地理位置其物性差异如下：

(1) 准噶尔盆地西北缘石炭系火山岩储层分熔岩类和火山碎屑岩类，成岩后生作用强烈，次生溶孔发育，储集空间为裂缝—孔隙型，为中—低孔隙度、低—特低渗透率、非均质性极强的储层，储层的好坏取决于原生孔隙和次生孔隙的发育程度，产量取决于裂缝的发育程度。

(2) 腹部石西地区石炭系储层为中性安山岩、安山质火山角砾岩和中—酸性的英安岩、英安质角砾熔岩。储集空间为与裂缝连通的溶孔，储层物性与岩性、岩相无明显关系，属中—高孔隙度、低—中渗透率、非均质性极强的储集体。

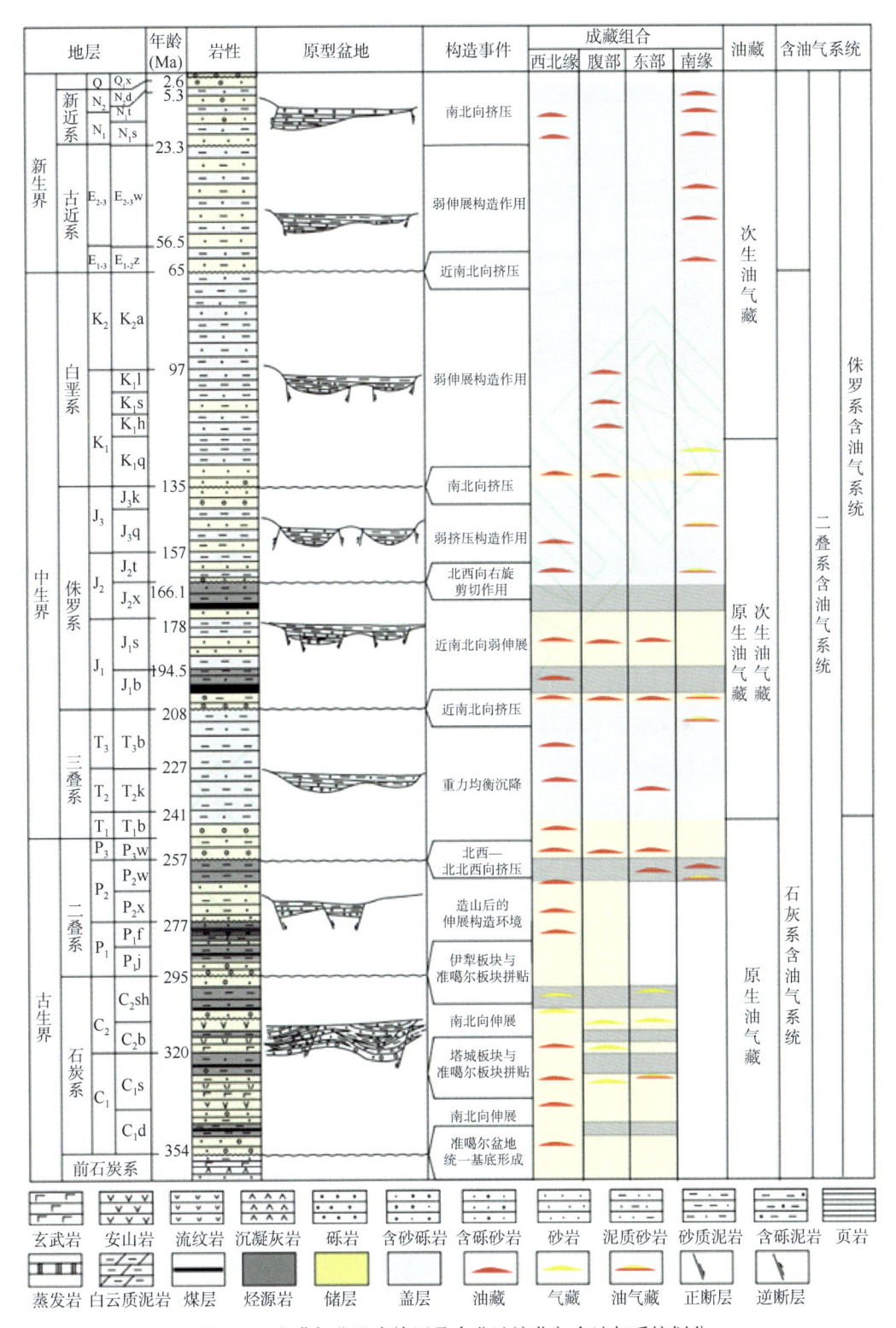

图 1.2 准噶尔盆地多旋回叠合盆地演化与含油气系统划分

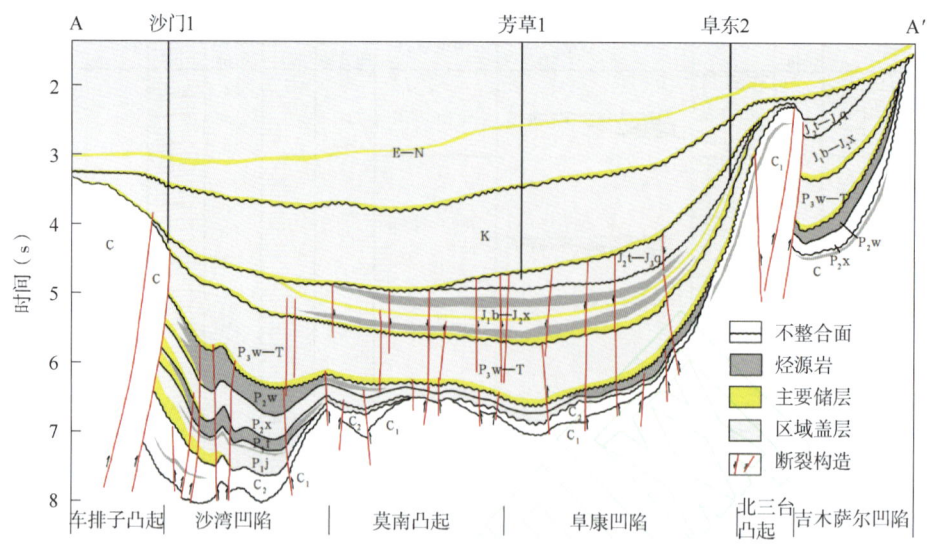

图 1.3　准噶尔盆地东西向生褶盖组合剖面(剖面位置如图 1.1 所示)

（3）准东中石炭统巴塔玛依内山组主要为火山碎屑岩储层，压实强烈，原生孔隙消失殆尽，后期构造裂隙与溶蚀作用改善了储集性能，孔隙包括裂缝、溶缝、溶孔、气孔，属中—低渗透裂缝型储层。

1.1.2　二叠系储层

二叠系含油气系统存在 3 套油气成藏组合(图 1.3)：第一套成藏组合以上二叠统—三叠系泥岩为盖层，以石炭系火山岩、碎屑岩，中—下二叠统砾岩、砂岩、云质岩，上二叠统—中三叠统砾岩、砂岩为储层，构成该含油气系统的原生油气成藏组合；第二套油气成藏组合是以白垩系泥岩为区域性盖层，以三叠系、侏罗系和白垩系碎屑岩为储层组成的成藏组合；第三套成藏组合为新生界薄砂岩与局部性泥岩盖层构成的成藏组合，主要在车排子凸起东翼的盆地边缘，中新统沙湾组向盆地边缘超覆于古近系、白垩系和石炭系之上，在不整合面之上的沙湾组薄砂层内成藏，这是二叠系含油气系统发现的最上部成藏层位。

1.1.2.1　准东地区

准东各层组中的砂岩以岩屑砂岩为主，其次为长石岩屑砂岩。岩屑含量一般大于 50%，岩屑以凝灰岩岩屑为主，塑性岩屑含量均较低，平均含量一般小于 5%。储集砂体孔隙类型主要剩余原生粒间孔、颗粒溶孔、粒间溶孔。砂岩成分成熟度较低，成岩早期压实作用使得砂岩储集性质变得极差。但在埋藏早期易溶胶结物的胶结对此类储层的抗压实强度和粒间体积的保存具有十分积极的意义，如准东梧桐沟组的粒间浊沸石斑块状胶结及后期的溶蚀使梧桐沟组成为准东潜在有利储层发育的主要层系。

平地泉组除火烧山地区储集物性稍好外，其余地区储集物性均较差。梧桐沟组砂岩储集物性整体上较优，但由于各地区埋藏深度的差异而使储集物性有所差异。

1.1.2.2　西北缘及腹部地区

佳木河组：发育了一套以火山岩相为主夹正常碎屑岩相沉积，储集体以火山岩和火山碎屑岩为主，其次为扇三角洲的正常碎屑岩沉积砂体。

风城组：在山前为洪积扇—扇三角洲沉积，向盆地腹部过渡至湖相沉积；在风城地区则主要为封闭湖湾相，形成大套白云质沉凝灰岩或凝灰质白云岩。风城组的储集体类型主要为扇三角洲沉积体系的砂砾岩相，在风城地区则主要为湖相的白云质沉凝灰岩（泥岩）或凝灰质（泥质）云岩。

夏子街—下乌尔禾组：水体逐渐加深，形成退积型的扇三角洲和湖泊沉积体系。其中夏子街组扇三角洲较发育，下乌尔禾组滨浅湖—半深湖较发育。储集体类型主要为扇三角洲沉积的砂砾岩体。

上乌尔禾组：水体变浅，形成上乌尔禾组一套整体较粗的冲积扇—辫状河—辫状三角洲—湖泊沉积体系，储集体主要为冲积扇与辫状河的砂砾岩体。砂砾岩储层中，砾石分选性较差，砾石成分较复杂，以凝灰岩和火山岩砾石为主。火山碎屑岩储层包括火山角砾岩、凝灰岩、沉凝灰岩，主要分布于风城组及佳木河组。砂岩储层总体表现为低和极低成分成熟度、低—中等结构成熟度、低和极低胶结物含量的特征，基本为岩屑砂岩。砂岩普遍含较多泥质且分布不均匀，使得砂岩储集物性的非均质性增强。砂砾岩和砂岩储层孔隙类型主要为颗粒溶孔、剩余原生粒间孔、基质收缩孔与基质微孔，含浊沸石等胶结物后期溶蚀的砂砾岩储层为剩余原生粒间孔、颗粒溶孔、粒间溶孔，另外，构造裂隙也广泛发育。

西北缘地区砂砾岩储层孔隙度平均为 4.10%~10.84%，渗透率平均为 0.1~17.97mD。玛北、陆西（包括石南地区）和石西地区各层系储集性质整体较差。

上乌尔禾组、下乌尔禾组与夏子街组内火山物质早期形成的各种沸石后期易溶蚀形成次生孔隙，可能形成潜在的相对有利的裂隙—次生孔隙型储层。而陆西地区和盆地腹部由于埋藏深度大、压实强，同时构造运动不如西北缘地区强，裂缝发育相对较差。

1.1.3 侏罗系储层

侏罗系含油气系统以白垩系泥岩区域性盖层为界，可划分为上、下两大成藏组合（图1.3）。下部成藏组合存在两种类型，是侏罗系含油气系统寻找原生大油气田的方向。第一类成藏组合与地层之间的不整合面相关，三叠系、八道湾组—西山窑组、头屯河组—喀拉扎组、白垩系之间都存在盆地级大型不整合面（图1.3），不整合面之上都存在一套全盆地分布的河流相、三角洲相砾岩、砂岩，与上覆大面积分布的泥岩构成有效成藏组合。侏罗系与三叠系不整合面之上的八道湾组河流相、三角洲相砾岩、砂岩孔隙度为 4.8%~13.2%，平均为 7.9%，渗透率为 0.01~7.2mD，平均为 0.36mD，与八道湾组煤系烃源岩相邻分布，构成侏罗系含油气系统第一套成藏组合。白垩系与侏罗系不整合面之上的清水河组底砂岩，全区发育，厚度为 8~100m，为砾岩、含砾砂岩、细砂岩、粉—细砂岩，成分成熟度较高，孔隙度介于 11.35%~18.58%，渗透率为 37.90~313.62mD。盆地南缘高产油气井高探1井测井孔隙度为18%，呼探1井粉—细砂岩孔隙度为5%~10%，莫索湾地区盆参2井、盆5井、莫北10井在该层位也获得油流。

第二类成藏组合为下侏罗统三工河组砂岩与八道湾组、西山窑组煤系烃源岩形成"夹心饼"型成藏组合，三工河组中段以长石砂岩为主，横向分布稳定，成分与结构成熟度相对较好，储层孔隙度为 5.1%~17.28%，平均为 11.2%，渗透率为 0.04~25.3mD，平均为 0.89mD。上部成藏组合以古近系—新近系砂岩、含砾砂岩为储层，以古近系膏泥岩和新近系各层组中的泥岩为局部盖层,形成该含油气系统最上部的油气成藏组合,在南缘和车排子凸起西翼勘探成果丰富。从古近系紫泥泉子组到新近系独山子组,存在多套河流三角洲相砂岩储层,单层厚数米。古近系紫泥泉子组粉砂岩、细砂岩在霍尔果斯、玛纳斯、吐谷鲁、呼图壁等背斜钻遇,孔隙度为8.73%~19.8%,渗透率为0.60~89mD,为中—低孔隙度、中—低渗透率储层。新近系沙湾组、塔西河组细砂岩孔隙度为15.2%~19.2%,渗透率为9~233mD。

1.2 盆地探井钻井漏失概况

1.2.1 盆地总体情况

对准噶尔盆地2016—2019年勘探井钻井液漏失井数及漏失次数总体情况进行了统计,分别得到了不同年份、不同地区的漏失井数、漏失次数及漏失占比等结果。2016—2019年勘探井中不同年份发生漏失井和未发生漏失井井数统计如图1.4所示,2016—2019年勘探井中每年发生漏失和未发生漏失井数占比如图1.5所示。

图1.4 盆地探井每年发生漏失和未发生漏失井井数统计

图1.5 盆地探井每年发生漏失和未发生漏失井占比

由图1.4可见,2016—2019年发生漏失的井数量分别为22口、24口、21口及17口,发生漏失的井数年平均值大于 15 口。从图 1.5 可见，2016—2019 年盆地勘探井中发生井漏的井数占比比较接近，发生漏失井数占比分别约为 37%、38%、33% 和 24%，平均每年有高达 33% 的探井会发生井漏，表明准噶尔盆地勘探井发生漏失情况比较严重，应该做好勘探井防漏堵漏等研究工作。

一方面，对 2016—2019 年准噶尔盆地勘探井各年份发生漏失次数、漏失量信息进行了统计，并计算了盆地勘探井平均每次漏失量、每次耗时、单井平均漏失量、单井平均漏失次数；另一方面，为了更加全面客观地反映盆地探井漏失处理的整体情况，统计了 2016—2019 年盆地探井漏失处理次数，并与井漏次数作对比，统计结果见表 1.1、图 1.6 至图 1.12。

表 1.1 盆地探井漏失总体情况基本数据

年份	漏失井数	处理次数	井漏次数	漏失量(m³)	损失时间(h)	单井平均漏失次数	单井平均漏失量(m³)	单次平均漏失量(m³)	单次井漏平均耗时(h)	单井平均耗时(h)
2016	22	109	66	3332.53	1083.75	3.00	151.48	50.49	16.42	49.26
2017	24	161	82	6354.25	4117.46	3.42	264.76	77.49	50.21	171.56
2018	21	126	87	7934.30	4416.86	4.14	377.82	91.20	50.77	210.33
2019	17	134	83	8021.78	3199.62	4.88	471.87	96.65	38.55	188.21
总计	84	530	318	25642.86	12817.69	—	—	—	—	—
平均值	—	—	—	—	—	3.79	305.27	80.64	40.31	152.59

图 1.6 盆地探井井漏次数与处理次数对比图

图 1.7 盆地探井钻井液漏失量统计结果

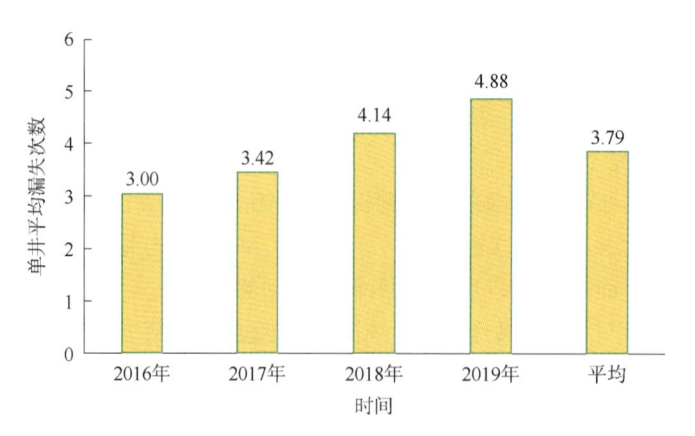

图 1.8　盆地探井单井平均漏失次数统计结果

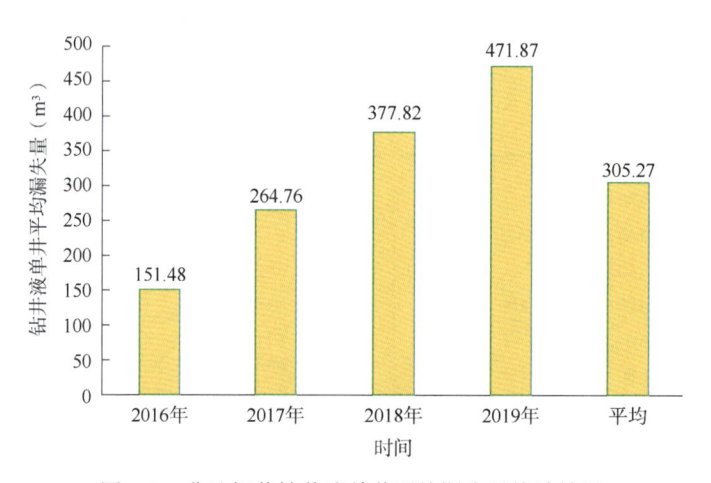

图 1.9　盆地探井钻井液单井平均漏失量统计结果

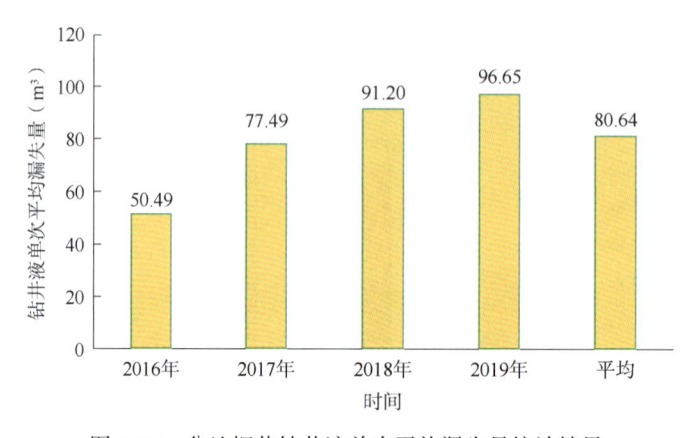

图 1.10　盆地探井钻井液单次平均漏失量统计结果

图 1.11　盆地探井单井平均耗时统计结果

图 1.12　盆地探井单次井漏平均耗时对比图

由表 1.1、图 1.6 至图 1.12 可知，一方面，2016—2019 年盆地探井不仅在漏失发生次数、漏失总量方面均逐年增加，而且在单井平均漏失量、单次平均漏失量、单井平均耗时等方面也呈现增长的趋势，这反映出随着盆地勘探程度的深入，勘探井钻井过程中的井漏严重程度越来越明显，井漏问题越来越突出；另一方面，对比井漏次数及井漏处理次数、单次井漏平均耗时统计数据，虽然盆地探井单次井漏的处理次数有所缓解，但是 2017 年、2018 年探井的平均单次井漏损失时间仍然高居不下，这反映出即使盆地探井钻井漏失的处理有所缓解，但盆地探井井漏处理难度也并没有降低，但处理时效有所提高。

因此，针对盆地探井钻井漏失问题越来越突出，处理难度并未降低的情况，有必要深入开展准噶尔盆地探井钻井防漏堵漏技术的研究，为加快盆地勘探开发进度提供必要的技术保证。

1.2.2　准噶尔盆地整体漏失情况

为了进一步掌握准噶尔盆地探井钻井漏失的区域分布特征，按照盆地油气勘探区域，将准噶尔盆地分为西北缘、腹部、准东和南缘四大油气勘探区域，如图 1.13 所示。

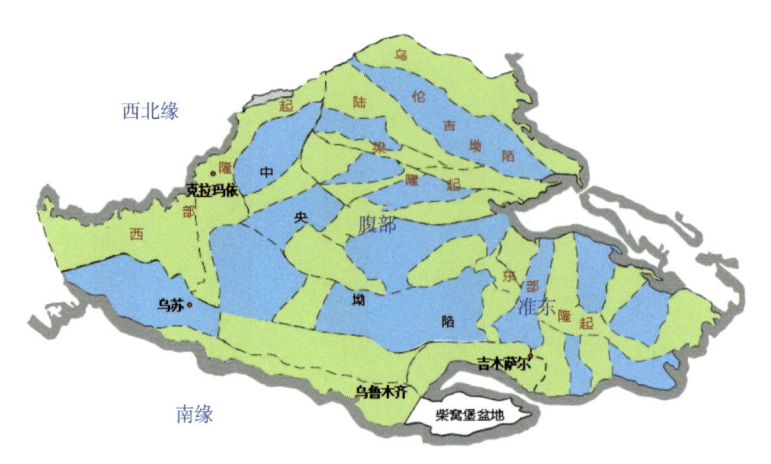

图 1.13 准噶尔盆地含油气区域划分示意图

统计了 2016—2019 年盆地各探区探井钻井过程中发生漏失的井数，及各探区发生漏失井占比情况，结果如图 1.14 至图 1.16 所示。

图 1.14 2016—2019 年盆地不同区域发生漏失井井数统计结果

由图 1.14 至图 1.16 可见，2016—2019 年准噶尔盆地西北缘和腹部这两大区域发生漏失井井数最多，分别为 29 口井和 31 口井。从图 1.15 可见，准东和腹部发生漏失井所在区域占所在探区的比例较大，分别达到为 38.78% 和 46.97%。准噶尔盆地南缘地区和西北缘地区漏失井井数相对较少，漏失井井数占比也较低。因此，准噶尔盆地腹部和准东井漏问题是重中之重。

对 2016—2019 年准噶尔盆地各探区勘探井发生漏失次数、漏失量信息进行了统计，并计算了盆地各探区勘探井平均每次漏失量、每次耗时、单井平均漏失量、单井平均漏失次数；另一方面，为了更加全面客观地反映盆地各探区探井漏失的堵漏情况，统计了 2016—2019 年盆地各探区探井漏失处理次数，并与井漏次数作对比，统计结果见表 1.2、图 1.17 至图 1.24。

第 1 章 概述

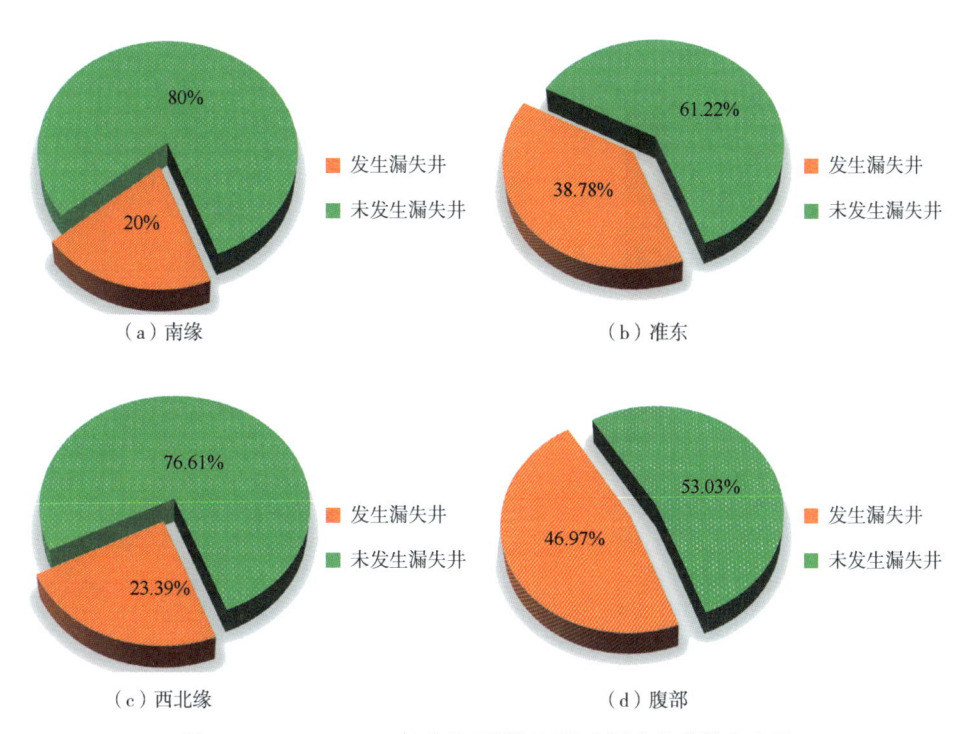

(a) 南缘

(b) 准东

(c) 西北缘

(d) 腹部

图 1.15　2016—2019 年盆地不同探区发生漏失井井数占比图

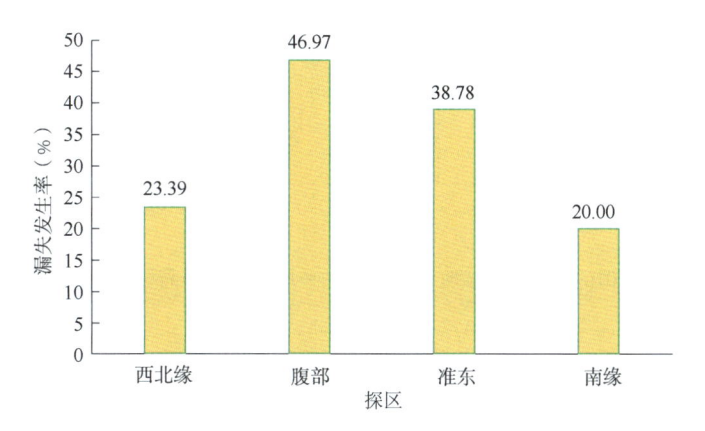

图 1.16　2016—2019 年盆地各探区探井漏失发生率对比图

表 1.2　2016—2019 年盆地各探区探井漏失总体情况基本数据

年份	漏失井数	处理次数	井漏次数	漏失量 (m³)	损失时间 (h)	单井平均漏失次数	单井平均漏失量 (m³)	单次平均漏失量 (m³)	单次井漏平均耗时 (h)	单井平均耗时 (h)
西北缘	29	191	112	11991.3	4758	3.86	413.49	107.07	50.48	194.94
腹部	31	178	117	9480.89	3238	3.77	305.84	81.03	41.82	157.84
准东	19	96	63	2977.4	1274	3.32	156.71	47.26	20.87	69.2
南缘	5	65	26	1193.23	348	5.20	238.65	45.89	36.79	191.3

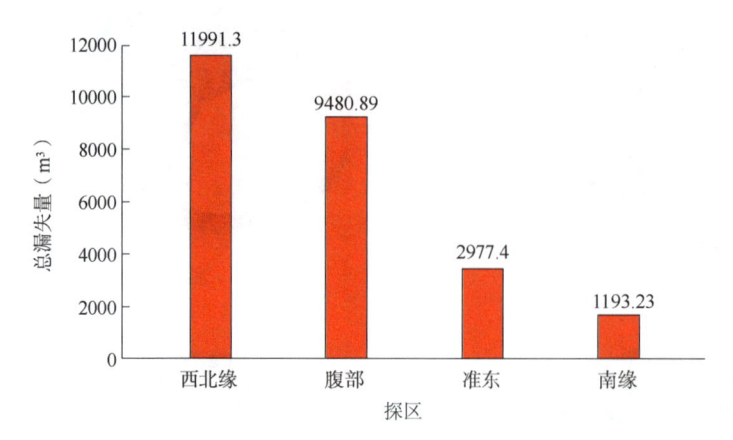

图 1.17　2016—2019 年盆地各区域探井钻井液漏失量分布

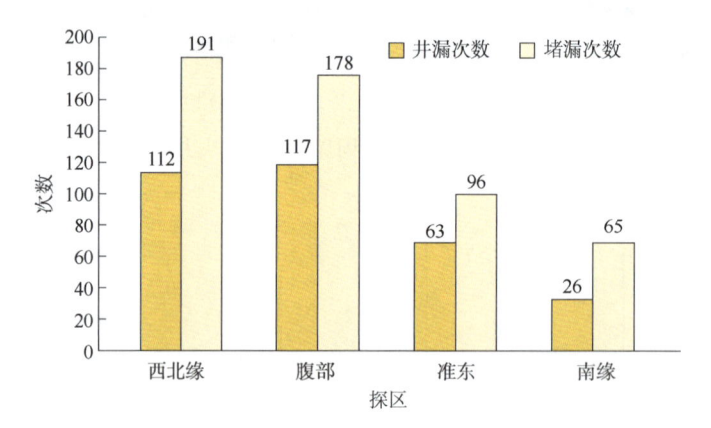

图 1.18　2016—2019 年盆地各区域探井平均每次井漏需要堵漏次数对比

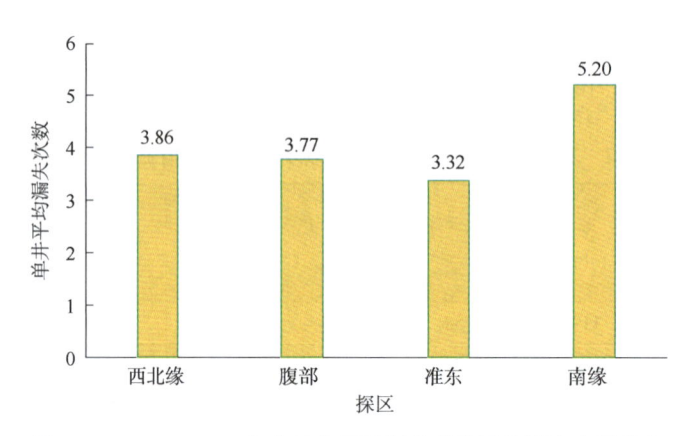

图 1.19　2016—2019 年盆地各区域探井单井平均漏失次数分布

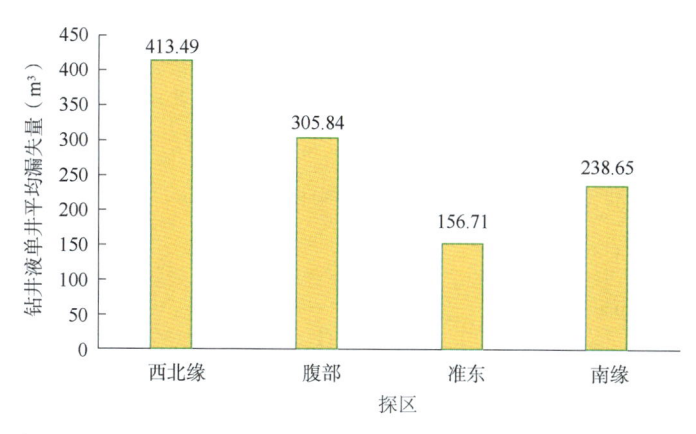

图 1.20　2016—2019 年盆地各区域探井钻井液单井平均漏失量分布

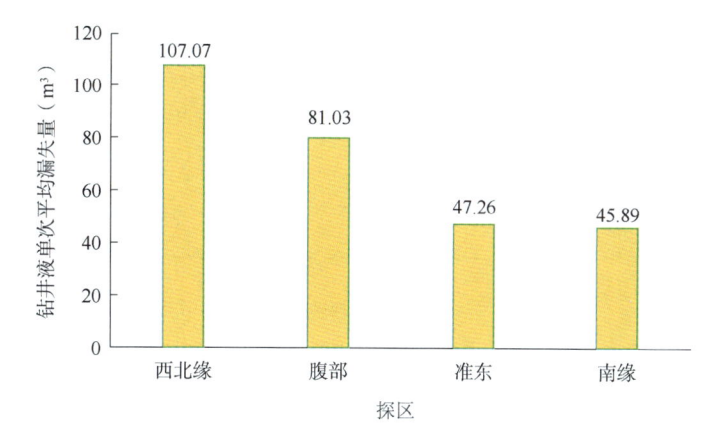

图 1.21　2016—2019 年盆地各区域探井钻井液单次平均漏失量分布

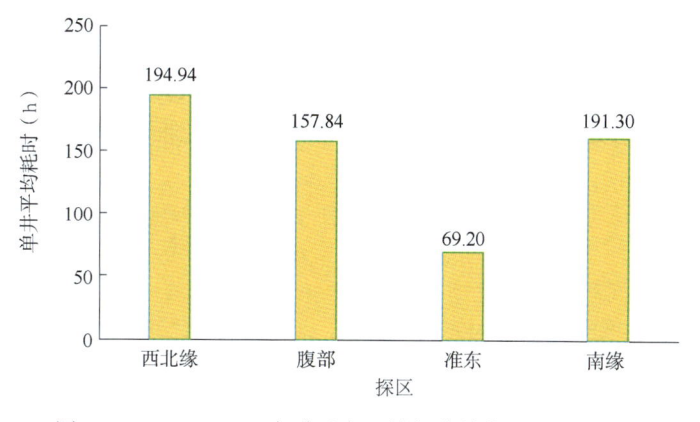

图 1.22　2016—2019 年盆地各区域探井单井平均耗时情况

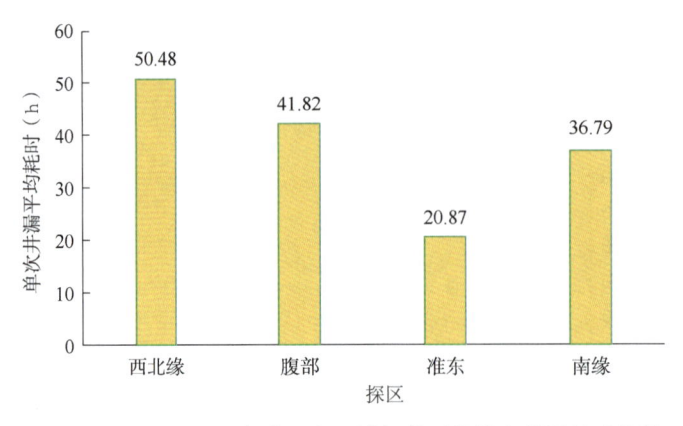

图 1.23　2016—2019 年盆地各区域探井平均单次井漏耗时情况

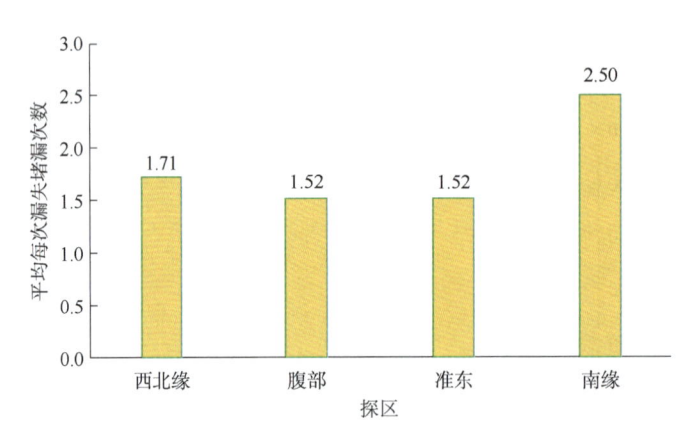

图 1.24　2016—2019 年盆地各区域探井井漏次数与堵漏次数对比

由表 1.2、图 1.17 至图 1.24 可知，从漏失严重程度来讲，盆地西北缘探井，总漏失量、总漏失次数、单井漏失量、单次漏失量均最多，这表明盆地西北缘探井漏失频率及漏失强度均最为明显，其次为盆地腹部探井，盆地东部和南缘探井的漏失严重程度相当；从井漏处理的难易程度来讲，盆地西北缘探井每次井漏堵漏的次数虽然不是最多，但单次井漏平均耗时最多，这表明西北缘探井单次井漏的处理时效不高；盆地南缘探井漏失严重程度较低，且单次井漏平均耗时最少，但单井漏失次数、每次井漏所需的堵漏次数最多，表明南缘探井的单次井漏处理的技术难度最大，在堵漏技术层面上尚存提升空间。

第2章　准噶尔盆地漏失特征与漏失机理

2.1　准噶尔盆地漏失特征分析

2.1.1　准噶尔盆地地层裂缝特征分析

以准噶尔盆地石炭系火成岩为目的层的油气勘探开发已开展30余年(1987年至今)，实钻中井漏问题十分突出，虽经过多年研究，但问题一直没有得到很好的解决。对裂缝性储层特征进行研究对油气藏开发具有指导意义。本节仅以车排子石炭系火山岩储层为例进行介绍。

准噶尔盆地西部隆起红车断裂带上盘车排子地区是新疆油田的重要勘探开发区域，该区块是典型的火山岩油气藏，邻区红车断裂带发现有车排子油田和红山嘴油田。车排子凸起是长期继承发展的古凸起，缺失二叠系，三叠系和侏罗系在局部残存较薄，白垩系、古近系超覆沉积在基岩之上。车排子区块勘探地质层位包括新生界第四系西域组，新生界新近系独山子组、塔西河组、沙湾组，中生界白垩系、侏罗系，上古生界石炭系。新生界上部地层多为胶结松散砂岩层，易冲蚀扩径，胶结松散，井壁稳定性差。中生界成岩性差，松散，渗透性强，易发生坍塌、缩径卡钻。砂泥岩交互层较复杂，施工中容易引起井径不规则和井眼轨迹差，给井下带来不安全因素。上古生界石炭系岩性为灰黑色泥岩、凝灰质泥岩、灰色凝灰岩，易发生恶性漏失。

2.1.1.1　车排子区块漏失现状及现场堵漏

(1) 2016—2019年车排子区块漏失井统计。

① 车21井区。

车21井区漏失井统计见表2.1。

② 车471井区。

车471井区漏失井统计见表2.2。

表2.1　车21井区漏失井统计

井号	漏失层位	钻井液密度(g/cm³)	井深(m)	漏失量(m³)	堵漏次数	堵漏耗时(h)
CH21102	C	1.16	1056	18	1	3
	C	1.16	1110	15	1	2
CHHW2104	K₁tg	1.16	984	128	4	18
	K₁tg	1.16	1018	113	3	86

续表

井号	漏失层位	钻井液密度(g/cm³)	井深(m)	漏失量(m³)	堵漏次数	堵漏耗时(h)
CHHW2107	K₁tg	1.16	1209	195	6	40
	齐古组	1.16	1214	137	3	26
	齐古组	1.16	1210	201	5	72
	齐古组	1.16	1214	260	5	120
CHHW2108	K₁tg	1.14	457	40	2	9
	K₁tg	1.14	545	192	2	8
	K₁tg	1.14	842	106	1	3
	K₁tg	1.14	1133	25	1	2
	齐古组	1.14	1201	65	3	33
	齐古组	1.14	1264	40	2	10
CHHW2111	K₁tg	1.14	430	82	2	12
	K₁tg	1.14	580	63	1	9
	K₁tg	1.14	860	42	1	9
	K₁tg	1.14	1090	37	1	4
	K₁tg	1.14	1100	81	2	37
	西山窑	1.14	1123	147	3	48
	三工河	1.14	1128	87	4	121
	C	1.14	1203	30	2	18
	C	1.14	1429	30	2	18
	C	1.14	1438	70	1	93
CHHW2116	K₁tg	1.07	460	27.6	1	2.7
	K₁tg	1.18	737.73	24	1	1.3
CHHW2117	K₁tg	1.12	875	74	2	5
	八道湾	1.12	1000	72	2	5
CHHW2106	C	1.13	1121	18	1	1.5
	C	1.13	1136	22	1	2.5
	C	1.13	1144	90	3	119
CHHW2123	C	1.14	1076	245	5	37

表2.2 车471井区漏失井统计

井号	漏失层位	钻井液密度(g/cm³)	井深(m)	漏失量(m³)	堵漏次数	堵漏耗时(h)
CHHW4705	C	1.23	2600~2874	133(堵漏浆)	—	—
	C	1.22	3100~3563	45(堵漏浆)	—	—
	C	1.18	3576	—	7	208
	C	1.15	3577~4097	—	—	—
	C	1.16	4097~3934	—	—	—
	C	1.16	3934	310	7	227

续表

井号	漏失层位	钻井液密度(g/cm³)	井深(m)	漏失量(m³)	堵漏次数	堵漏耗时(h)
CHHW4706	C	1.20	3330	432	—	111
	C	1.18	3710	1046	—	217
	C	1.14	3775	910	—	136
	C	1.14	3842	385	—	110
CHHW4707	C	1.20	2987	100	5	16
	C	1.18	2995	87	2	51
	C	1.20	3746	267.9	4	74
CHHW4718	C	1.19	2656.91	12	2	5.5
	C	1.20	2666.19	28	2	66
	C	1.14	1496.08	80	2	8
	C	1.15	1527	128	—	74
车482	C	1.23	2586	113	3	8
	C	1.23	2597	220	4	86
车479	C	1.25	2425	62	1	7
	C	1.24	2651	158	3	31
	C	1.22	2874	110	2	16
	C	1.22	3047	50	1	6
	C	1.22	3258	450	7	120
车480	C	1.24	2759	32.5	1	5
车475	C	1.22	2653	59	1	10
车474	乌尔禾组	1.21	2438	54.3	1	12

（2）车排子区块现场堵漏方案。

① 车21井区CH21102井。

CH21102井位于准噶尔盆地车排子油田车21井区车峰7井断块，完钻井深1504.00m，完钻层位为石炭系。漏失原因是齐古组地层压力低、承压能力差。CH21102井现场堵漏方案见表2.3。

表2.3　CH21102井现场堵漏方案

次数	深度(m)	漏失情况及堵漏方案
1	1056m	2017年5月29日8：50，钻进至井深1056m过程中，发生井漏，井口不返钻井液，漏失5m³，此时钻井液性能密度1.16g/cm³，黏度45s，失水5mL，滤饼厚0.5mm，含砂0.3%，pH值9，塑性黏度20mPa·s，动切力6Pa，初/终切1/4Pa/Pa，停泵观察井口未见液面，提钻5柱至井深956m。配堵漏钻井液17m³(堵漏剂含量12%)，9：00用2个阀泵入堵漏钻井液15.6m³，9：12井口返浆正常，共漏失钻井液13m³，停泵静止堵漏，12：50开泵井口返浆正常，堵漏成功恢复进，19：00带堵漏剂钻进，20：00筛堵漏剂(堵漏剂含量3%)钻进，21：00钻进至井深1110m，发生井漏，漏失3m³，井口失返井筒内观察不到液面。提钻5柱至井深1011m(提钻灌浆漏失5m³)活动钻具，配堵漏钻井液20m³(堵漏剂含量3%)开泵注入堵漏剂18m³(漏失12m³)，井口返浆排量正常恢复钻进

② 车 21 井区 CHHW2104 井。

CHHW2104 井位于准噶尔盆地西部隆起红车断裂带上盘车 21 井区车峰 7 井断块。车 21 井区 CHHW2104 井共计发生两次井漏，漏失原因分析为：地层为泥质粉砂岩，地层渗透性强，易发生井漏。CHHW2104 井现场堵漏方案见表 2.4。

表 2.4　CHHW2104 井现场堵漏方案

次数	深度(m)	漏失情况及堵漏方案
1	984	2017 年 5 月 31 日，钻进至井深 984m，漏失 1m³，井口不见液面。15：10—18：10 配浓度 6% 的堵漏浆 50m³，加 1t KZ-4、1t KZ-5、1t TP-2、0.5t 润滑剂，期间吊灌浆 11m³。18：10 用 1 号泵以 1.5m³/min 的排量泵入堵漏浆，至 18：30 漏失 30m³，出口不返浆。18：30—19：20 提钻至 813m 直井段，期间灌浆漏失 6m³，井筒不见液面。19：20—22：20 地面配钻井液和浓度 10% 堵漏浆 50m³（加 0.2t FA-367、0.4t SP-8、0.3t 铵盐、0.2t 烧碱、3.5t KCl、2t 膨润土、1t SHY-2、4t TP-2、1t KZ-5、0.5t 润滑剂）。22：20—23：50 在 813m 处以 1 号泵以 1.5m³/min 的排量循环漏失 30m³ 后出口返浆正常。23：50—01：50 地面配钻井液和浓度 10% 堵漏浆 50m³（加 0.2t FA-367、0.4t SP-8、0.3t 铵盐、0.2t 烧碱、3.5t KCl、2t 膨润土、1t SHY-2、5t KZ-5、0.5t 润滑剂）。次日 01：50—2：50 下钻至 980m，用 1 号泵以 1.5m³/min 的排量泵入堵漏浆至 3：10 漏失 20m³。3：10—4：10 提钻至 813m，期间灌浆漏失 4m³。4：10—6：10 静止堵漏。开泵洗井至 8：40，漏失 16m³ 后出口返浆正常。继续循环观察至 09：10，液面无变化，恢复钻进。总共损失时间 18h，共漏失 128m³
2	1018	2017 年 6 月 1 日 23：30，钻进至井深 1018m，漏失 1m³，停泵观察井口不见液面。5：00 提钻甩仪器，提钻灌钻井液漏失 40m³，5：00—6：00 下钻至 200m，下钻期间配钻井液和浓度 10% 堵漏钻井液 50m³（加 0.2t MAN104、0.4t SP-8、0.3t 铵盐、0.2t 烧碱、3.5t KCl、2t 膨润土、1t SHY-2、2t 综合堵漏剂、3t KZ-5、0.5t 润滑剂、5t 重粉）。11：00 下钻至 491m，遇阻划眼，划眼期间漏失钻井液 20m³。5：30 划眼至井底又发生失返性漏失，漏失钻井液 14m³，停泵井口不见液面，5：30—9：00 地面组织 85m³ 轻浆，补充胶液至 100m³，并配浓度 15% 的堵漏浆 50m³（加 0.7t MAN104、0.7t SP-8、0.5t 铵盐、0.3t 烧碱、6.5t KCl、2t SHY-2、4t 乳化沥青、2t 润滑剂、8t 重粉、2t 综合堵漏剂、3t KZ-5、2.5t 核桃壳）调整钻井液性能。9：00—10：00 用 1.5m³/min 的排量泵入堵漏浆，漏失钻井液 33m³ 后出口返出，继续循环观察液面稳定。开双泵循环观察至 11：00 液面稳定。11：00—17：00 筛堵漏剂液面稳定。17：10 提钻下定向仪器。9：00 下钻到底单泵循环液面正常，9：00 开双泵发生轻微渗漏至 11：00 渗漏 4m³，11：00—12：00 全井循环补充 9t KZ-5，漏失 1m³。12：00—13：30 循环观察，无渗漏，恢复正常钻进。共计漏失 113m³，损失时间 86h

③ 车 21 井区 CHHW2107 井。

CHHW2107 井位于车 40 井南东 255m，车 22a 井北偏西 815m，车 228 井东偏北 1077m 处，构造上位于准噶尔盆地西部隆起红车断裂带上盘车 21 井区车 228 井断块。本井设计井深：斜深 2438.09m，垂深 1356.6m。实际井深：斜深 2348m，垂深 1342.67m。完钻层位：石炭系。CHHW2107 井共发生 6 次井漏，漏失原因分析为：地层为泥质粉砂岩，地层渗透性强，易发生井漏。CHHW2107 井现场堵漏方案见表 2.5。

表 2.5　CHHW2107 井现场堵漏方案

次数	深度(m)	漏失情况及堵漏方案
1	1209	2017 年 5 月 31 日 16：00，定向钻进至井深 1209m，钻速突然加快，发生井漏，井口失返，漏失 3m³。所钻地层为齐古组。地面配 8% 的堵漏浆 60m³，加入 KZ-4 3t、核桃壳 1t、综合堵漏剂 1t。泵入堵漏浆 40m³，井口未返出。地面再配含量 8% 堵漏浆 50m³（2t 核桃壳、2t KZ-4），泵入堵漏浆 25m³ 后，井口返出。做承压三次，分别挤进堵漏钻井液 10m³、8m³、5m³，承压表压 1.4MPa。共计漏失钻井液 101m³

续表

次数	深度(m)	漏失情况及堵漏方案
2	1214	2017年6月2日11：00，定向钻进至井深1214m，发生井漏，井口失返。所钻地层为齐古组，钻井液密度1.17g/cm³、黏度48s。停泵后井口见不到液面。开始提钻甩螺杆和定向仪器，更换钻具组合下钻堵漏，提钻过程中灌钻井液漏失36m³。地面70m³含量为8%堵漏剂(1t KZ-4、1t综合堵漏剂、2t核桃壳)，用单泵打入堵漏浆38m³时井口返出，趋于正常后做承压三次，分别挤入堵漏浆12m³、8m³、6m³，承压最高1.4MPa

④ 车21井区CHHW2108井。

CHHW2108井位于车228井东偏北175m，车40井西南883m，车22a井西北1100m处。构造上位于准噶尔盆地西部隆起红车断裂带上盘车21井区车228井断块。本井设计斜深2647.65m、垂深1479.20m，目的层为石炭系，完钻原则为钻至水平段终靶点完钻。实际钻探中按设计完钻原则钻至斜深2654.00m、垂深1487.05m完钻，井底层位石炭系。CHHW2108井共计发生5次井漏，漏失原因分析为侏罗系、三叠系有砂砾岩，地层渗透性强。CHHW2108井现场堵漏方案见表2.6。

表2.6 CHHW2108井现场堵漏方案

次数	深度(m)	漏失情况及堵漏方案
1	457	2017年5月30日18：00，钻进至井深457m，发生井漏，漏失1m³，立即停泵观察，井口液面可见，钻井液密度1.16g/cm³，漏斗黏度48s，泵压6MPa，排量24L/s，地层吐古鲁组。地面配浓度5%堵漏浆40m³，加入NaOH 0.2t、MV-CMC 0.2t、核桃壳1t、综合堵漏剂1t，以24L/s排量开泵泵入，依然存在渗漏，漏失15m³。再次配浓度10%堵漏浆40m³，加入综合堵漏剂2t、核桃壳2t、NaOH 0.3t、MV-CMC 0.3t，以20L/s排量开泵循环钻井液，仍然渗漏，漏失20m³，停泵观察，井口有钻井液返出，返出量6m³，经请示决定提钻更换φ190mm扶正器，提钻完更换扶正器，至下钻到底，循环观察至3：00，无漏失，恢复正常钻进。共计漏失钻井液40m³，损失9h
2	545	2017年5月31日8：00~22：00，钻进至井深545~689m，发生渗漏，漏速为15m³/h，停泵后井口返吐，返出钻井液5m³/h。地面配浓度5%堵漏浆40m³(NaOH 0.2t、MV-CMC 0.2t、核桃壳1t、综合堵漏剂1t)，密度1.14g/cm³，漏斗黏度53s，以9L/s排量开泵泵入，停泵后井口液面依然下降。再次配浓度10%堵漏浆50m³(综合堵漏剂2t、核桃壳2t、NaOH 0.2t、MV-CMC 0.3t)，密度1.14g/cm³，漏斗黏度53s，以9L/s排量开泵泵入堵漏剂，1h后漏失25m³，停泵观察，井口有钻井液返出，返出排量5m³/h，观察液面正常，恢复钻进。共计漏失钻井液192m³，损失8h
3	727	2017年6月1日8：00—23：00，钻进至井深727~842m，一直渗漏，漏速为10m³/h，停泵后井口返吐，返出钻井液5m³/h。地面配浓度10%堵漏浆40m³(综合堵漏剂2t、核桃壳2t、NaOH 0.2t、MV-CMC 0.2t)，密度1.14g/cm³，漏斗黏度48s，以9L/s排量开泵泵入堵漏剂，2h后漏失26m³，停泵观察，井口有钻井液返出，返出排量5m³/h，观察至2：00液面正常，恢复钻进。共计漏失钻井液106m³，损失3h
4	1133	2017年6月3日18：00，钻进至井深1133m，发生井漏，出口排量降为7L/s，漏失1m³，停泵后井口液面可见，循环观察，漏失8m³。地面配浓度8%堵漏浆30m³(综合堵漏剂1.5t、核桃壳1t)，密度1.14g/cm³，漏斗黏度52s，以9L/s排量开泵泵入堵漏剂，共漏失12m³。开始憋压1MPa，憋入钻井液2m³，开泵循环观察，漏失2m³。继续循环0.5h后，观察液面正常，恢复钻进。共计漏失钻井液25m³，损失2h

续表

次数	深度(m)	漏失情况及堵漏方案
5	1264	2017年6月7日12:00,定向钻进至井深1264m,发生井漏,出口排量降为11L/s,漏失1m³,停泵后井口液面可见,循环观察,漏失13m³。地面配浓度6%堵漏浆30m³(KZ-4 1.5t、核桃壳0.5t、NaOH 0.2t、CMC 0.2t),密度1.12g/cm³,漏斗黏度49s,13:00以9L/s排量开泵泵入堵漏剂,观察至13:20,共漏失11m³,期间补充钻井液5m³,13:00再次配6%堵漏浆30m³(KZ-4 1.5t、核桃壳0.5t、NaOH 0.2t、CMC 0.2t),密度1.12g/m³,漏斗黏度49s,以9L/s排量开泵泵入堵漏剂,观察至14:30,漏失2m³。14:35以9L/s排量开泵,开始憋压1MPa,憋入钻井液3m³,循环观察至15:30,漏失3m³,期间补充钻井液6m³。16:00—22:00开泵循环观察并筛堵漏剂,无漏失现象。共漏失钻井液40m³,损失时间10h

⑤ 车21井区CHHW2111井。

CHHW2111井井口位于CH3513井南西306m,CH21012井东南449m,车218井北东770m处,完钻地层石炭系。设计井深:2535.58m。实际井深:2538m。CHHW2111井共计漏失6次,漏失原因为地层压力系数低,裂缝发育,极易发生漏失。CHHW2111井现场堵漏方案见表2.7。

表2.7 CHHW2111井现场堵漏方案

次数	深度(m)	漏失情况及堵漏方案
1	430	2017年7月7日20:00,钻进至井深430m,发现液面下降1m³,由51.6m³下降至50.6m³,循环观察。20:05,液面由50.6m³下降至45.6m³,漏失5m³,漏速60m³/h,井口观察不到液面。钻至井底打浓度10%堵漏浆30m³(综合堵漏剂3t、核桃壳2t),井口不返,后提钻5柱静止补充钻井液量50m³(重粉7t、膨润土2t、NaOH 0.2t、SP-8 0.4t、MAN104 0.4t、SHY-2 1t、KCl 4t)。配13%堵漏钻井液50m³(综合堵漏剂3t、核桃壳1t、KZ-4 2.5t),4:00下钻距井底处打堵漏浆50m³,漏失31m³后,钻井液返出。继续循环漏失6m³后返出正常。提钻静止,补充钻井液量40m³(重粉5t、膨润土2t、NaOH 0.2t、SP-8 0.4t、MAN104 0.4t、SHY-2 1t、KCl 3t、XPF-n 1t、RH102 1t)随即提钻接扶正器。下钻至井底循环液面无变化,8:00筛堵漏剂恢复正常钻进,共漏失钻井液82m³
2	580	2017年7月8日14:00,钻进至井深580m,发现液面下降1m³,由47m³下降至46m³,循环观察。14:05,液面由46m³下降至40m³,漏失6m³,井口观察不到液面。钻进时钻井液参数:密度1.14g/cm³,黏度47s。随即提钻10柱,罐浆8m³井口未返出。由于地面钻井液量不够,要配钻井液40m³(重粉6t、坂土粉2t、SP-8 0.25t、JB66 0.25t、NaOH 0.3t、SHY-2 1t、NP-2 0.2t、RH102 0.5t),16:00下钻至井底打浓度10%堵漏浆30m³(综合堵漏剂2t、核桃壳1t),井口不返,后提钻甩φ190mm扶正器。提钻灌浆10m³,理论灌浆2.5m³,提至钻铤时,井口开始返浆。22:00,配钻井液50m³(重粉7t、膨润土粉2t、SP-8 0.25t、JB66 0.25t、NaOH 0.3t、SHY-2 1t、NP-2 0.2t、RH102 0.5t),下钻至580m循环,漏失8m³,液面稳定。23:00开始筛堵漏剂钻进,复杂解除,共漏失钻井液63m³
3	860	2017年7月10日8:00,钻进至井深860m(层位吐谷鲁组),发生井漏,总池体积由53.6m³降至52.6m³,漏失钻井液1m³,停泵观察井口液面看不到,立即提钻10柱至安全井段,理论灌浆0.7m³,实际灌浆8m³不返,补充钻井液20m³(重粉5t、NaOH 0.1t、SP-8 0.2t、JB66 0.1t、SHY-2 0.6t、NP-2 0.2t)。14:00点配10%堵漏钻井液50m³(综合堵漏剂3t、核桃壳2t),打入井底漏失33m³后返出,循环观察30min液面稳定。配钻井液50m³(重粉12t、膨润土1t、NaOH 0.2t、SP-8 0.3t、JB66 0.3t、SHY-2 1t、NP-2 0.3t、RH102 0.5t)。15:00筛堵漏剂。17:00恢复钻进,共漏失42m³
4	1090	2017年7月12日8:30,钻至井深1090m(层位吐谷鲁组),发生井漏,总池体积由56.6m³降至55.6m³,漏失钻井液1m³,停泵观察井口液面看不到,立即提钻10柱至安全井段,理论灌浆0.7m³,实际灌浆9m³不返,12:00配10%堵漏钻井液30m³(综合堵漏剂2t、核桃壳1t),打入井底漏失27m³后返出,循环观察30min液面稳定,恢复正常钻进。配钻井液50m³(重粉12t、膨润土1t、NaOH 0.2t、SP-8 0.3t、JB66 0.3t、SHY-2 1t、NP-2 0.3t、RH102 0.5t),累计漏失钻井液37m³

第 2 章　准噶尔盆地漏失特征与漏失机理

续表

次数	深度(m)	漏失情况及堵漏方案
5	1100	2017 年 7 月 12 日 14：00，钻进至井深 1100m（层位吐谷鲁组），发生井漏，总池体积由 49.6m³ 降至 43.6m³，漏失 6m³，漏速 5m³/min，观察井口液面看不见，提钻 15 柱至安全井段，理论灌浆 0.9m³，实际灌浆浆 12m³ 不返。又配钻井液 50m³（重粉 12t、膨润土 1t、NaOH 0.2t、SP-8 0.3t、JB66 0.3t、SHY-2 1t、NP-2 0.3t、RH102 0.5t）。21：00 配 15% 堵漏钻井液 30m³（综合堵漏剂 3t、核桃壳 2t），打入井底漏失 25m³ 后返出。循环观察后漏失钻井液 5m³，停泵缓慢有返浆现象，判断井下环空不畅。21：30 决定提钻甩扶正器、钻铤。13 日 8：00 钻具提出后准备下钻。15：00 下到井底，两阀洗井 30min 不漏，改用三阀洗井，15：40 漏失 6m³，井口液面看不见，漏速 0.6m³/min。再配 15% 堵漏钻井液 30m³（综合堵漏剂 3t、核桃壳 1.5t），打入井底漏失 20m³ 后返出，提钻 15 柱至安全井段，理论灌浆 0.9m³，实际灌浆 7m³ 不返。静止观察 1h 液面不降，下钻到底循环观察 14 日至 01：00，液面正常，恢复正常钻进，累计漏失钻井液 81m³
6	1123	2017 年 7 月 14 日 5：00，钻进至井深 1123m，总池体积由 54.6m³ 降至 52.6m³，漏失钻井液 2m³。提钻 10 柱至安全井段，8：00 配钻井液 50m³（重粉 12t、膨润土 1t、NaOH 0.2t、SP-8 0.3t、JB66 0.3t、SHY-2 1t、NP-2 0.3t、RH102 0.5t）。为检验井漏层位，提钻至套管内，每下 10 柱分段洗井筛堵漏剂，15 日 2：00 下到井底堵漏剂筛完后井口失返，坐岗人员立即报告司钻停泵，漏失 12m³。为防止卡钻，立即把钻具提至套管内。为防止井壁坍塌，连续罐浆 48m³。8：00 全井钻具提至套管。配钻井液 50m³。15 日 22：20 下钻到井底，开泵用一个阀（排量 0.5m³/min），循环观察 30min，漏失 10m³，配 8% 堵漏钻井液 40m³（综合堵漏剂 2t、核桃壳 1.2t），16 日 00：00 泵入堵漏钻井液（排量 1m³/min）40m³，漏失 30m³；3：00 配 10% 堵漏钻井液 40m³，打入井底漏失 20m³，关井憋压漏失 5m³；04：00 提钻 10 柱，开泵循环 30min，漏失 20m³，漏速 0.7m³/min；05：30 下钻至井底，循环观察至 06：00，液面正常，恢复钻进。累计漏失钻井液 147m³

⑥ 车 471 井区 CHHW4706 井。

CHHW4706 井构造位于准噶尔盆地西部隆起红车断裂带上盘 471 井区车 472 井断块。该井是为充分动用低渗透层难采储量，增加储量动用程度，有效提高车 471 井区石炭系油藏整体采收率，开展水平井体积压裂加密调整试验而布置的一口水平井。CHHW4706 井设计斜深 4141.96m（垂深 2803.37m），目的层为石炭系三段，完钻原则为钻至水平段终靶（B）点完钻。实际钻探中，钻至斜深 3842.00m（垂深 2784.46m）完钻，较设计提前 299.96m，井底层位为石炭系三段。共计漏失 3 次，现场堵漏方案见表 2.8。

表 2.8　CHHW4706 井现场堵漏方案

次数	深度(m)	漏失情况及堵漏方案
1	3330	2008 年 7 月 28 日 8：00，钻进至井深 3330m，钻井液返出量减少（地层石炭系，钻井液密度 1.20g/cm³，漏斗黏度 50s，排量 38L/s，泵压 16MPa），发现液面下降 2.0m³，发生井漏，循环观察 2min，出口无返出。8：00—9：30 起钻至套管内（2920m），配 15% 堵漏钻井液 24m³ [果壳（细）1t、随钻堵漏剂 1t]。9：30—10：50 下钻至井底，开泵打堵漏钻井液，井口未返；10：50—11：10 泵压由 5MPa 上升至 10MPa，井口返出少量钻井液。11：10—12：30 起钻至内套管内静止堵漏。12：30—19：00 下钻到底循环（排量 22L/s），循环过程中有漏失，漏速 15m³/h，后强钻加入随钻堵漏剂（5t），同时地面累计补配密度 1.20g/cm³、漏斗黏度 50s 钻井液 180m³（土粉 15t、纯碱 0.4t、KCl 6t、PAC-HV 0.5t、GWSSL-1 型 2t、PAC-LV 1t、抗盐降滤失剂 1t、液体润滑剂 0.5t、乳化沥青 3t、烧碱 0.5t、重晶石 36t、随钻堵漏剂 3t），本次复杂损失时间 11h，漏失钻井液 200m³

续表

次数	深度(m)	漏失情况及堵漏方案
2	3710	2008年8月6日8:00，钻进至井深3710m(地层石炭系，钻井液密度1.18g/cm³，漏斗黏度50s，排量32L/s，泵压15MPa)，返出量减少，漏失速率5m³/h，加入堵漏剂[随钻堵漏剂2t、SQD-98(细)2t]，10:00钻至3720m，出口失返，漏失钻井液40m³，起钻换组合。本次复杂损失时间22h，漏失钻井液40m³
3	3775	2008年8月16日22:00，下钻到底(3775m)，下钻返出少，22:00循环(钻井液密度1.15g/cm³，漏斗黏度50s)，发生井漏，漏速10m³/h，17日13:00强钻至3842m后起钻换组合堵漏，共漏失钻井液150m³，钻进过程中补充堵漏剂[随钻堵漏剂4t、果壳(细)3t]，地面共补配钻井液150m³(PAC-LV 0.3t、PAC-HV 0.3t、高效封堵降滤失剂-120 1t、GWSSL-1 1t、土粉10t、纯碱0.4t、烧碱0.5t、重晶石32t)。本次复杂损失时间19h，漏失钻井液150m³

⑦ 车471井区CHHW4707。

该井位于井口位于车475井东北399m，CH3038井西偏北501m，车480井南偏西861m处，构造位于准噶尔盆地西部隆起红车断裂带上盘车471井区车478井断块。井型：水平井。钻井目的：开发石炭系油藏。设计井深：斜深3967.15m，垂深2808.64m。完钻层位：石炭系。CHHW4707共计漏失4次，漏失原因分析为钻进中遇到地层裂缝，地层承压能力弱。CHHW4707井现场堵漏方案见表2.9。

表2.9 CHHW4707井现场堵漏方案

次数	深度(m)	漏失情况及堵漏方案
1	2987	2018年8月21日21:00，钻进至井深2987m，地层石炭系，密度1.20g/cm³，漏斗黏度45s。排量26L/s，泵压12MPa。发现出口排量减小，液面下降1m³。停泵观察井口液面快速下降。开始配浓度8%堵漏浆30m³(LCM 2t、KZ-2 0.4t、FA367 0.15t、CMC-MV 0.1t、HY-2 0.3t、SY-3 0.2t、NaOH 0.15t、重晶石粉4t)，密度1.18g/cm³，漏斗黏度60s。10:00开泵(16L/s)，至10:10井口返浆，至10:30返出排量正常，漏失钻井液10m³，漏速0.3m³/min。停泵，井口液面不降，10:40关井承压至，12:00共承压4次，憋入井内堵漏浆4m³，最高承压1.6MPa，仍不能稳压。12:00开井循环正常，13:00开始带堵漏剂钻进(排量24L/s)，同时补充液体润滑剂0.5t，复杂解除
2	2995	2008年8月22日14:00，钻进至井深2995m，地层石炭系，密度1.19g/cm³，漏斗黏度55s，排量24L/s，泵压12MPa。发现出口排量减小，循环到14:05失返，停泵看不见液面。漏失钻井液5m³。停泵井口液面缓慢下降，配浓度10%堵漏钻井液60m³，密度1.18g/cm³，黏度50s(综合堵漏剂2.5t、KZ-2 2t、蛭石1.5t、FA367 0.2t、CMC-MV110 0.1t、HY-2 0.4t、JT888 0.2t、NaOH 0.2t、重晶石粉6t)。配堵漏钻井液期间吊灌钻井液15m³，井口可以灌满但迅速下降。12:00开泵(24L/s)打堵漏钻井液，至12:20井口开始少量返出，漏失钻井液28m³，漏速1.4m³/min。在2835m处开始承压，承压两次，最高3MPa，10min压降0.3MPa。次日，1:00开井循环，筛堵漏剂
3	3746	2008年9月9日12:00，钻进至井深3746m，地层石炭系，密度1.20g/cm³，漏斗黏度48s，排量24L/s，发现出口排量减小，液面下降1m³，降转速由1200r/min降至1000r/min，循环观察至12:10，漏失5m³，漏速0.5m³/min，停泵井口液面迅速下降。补充钻井液40m³(加入随钻堵漏剂KZ-5 2.5t、FA-367 0.1t、SP-8 0.2t、NaOH 0.2t、LU-SXR1 0.5t、KCl 3t、重晶石粉6t、HY-2 1t、LU66 0.2t)。循环到10:00，观察液面正常，停泵，井口液面稳定，开始提钻更换定向钻具。5:00下钻到井底，筛堵漏剂，复杂解除

⑧ 车471井区车479井。

车479井构造上位于准噶尔盆地西部隆起红车断裂带上盘车471井区车478井断块，该井原设计井深2710m，加深设计井深3370m，目的层为石炭系。完钻原则为钻至车478井断块石炭系油藏油水界面(海拔为-2467m)以上50m完钻。实钻过程中依设计完钻原则钻至井深3298.00m完钻，井底层位为石炭系。车479井共计漏失5次，漏失原因分析为石炭系组有砂裂缝性发育，承压能力较低，地层渗透性好，易发生漏失，其现场堵漏方案见表2.10。

表2.10 车479井现场堵漏方案

次数	深度(m)	漏失情况及堵漏方案
1	2425	2018年8月19日13：00，钻进至井深2425m，发现漏失0.7m³，循环观察，漏失量4m³，漏速0.4m³/h(地层石炭系，排量21L/s，泵压9MPa，钻井液密度1.25g/cm³，黏度65s)。停泵，观察井口液面缓缓下降，13：10提钻(18柱/1885m)，持续灌钻井液30m³，地面配8%的堵漏剂60m³(密度1.25g/cm³)，加入核桃壳2t、综合堵漏剂1t、KZ-4 1t、KZ-5 1t、CMC 0.5t、PMHA 0.4t、SP-8 0.5t、重晶石粉10t。18：00下钻至井深2425m，用150缸套的两个阀注入堵漏钻井液40m³，井口返出一半的排量(漏失20m³)；静止2h，井眼灌浆7.3m³，20：00开泵循环，恢复正常，筛堵漏剂钻进，此次漏失62m³，损失时间7h
2	2651	2018年8月24日1：00，钻进至井深2651m，发现漏失0.6m³，循环观察漏失量5.4m³，漏速40m³/h(地层石炭系，排量21L/s，泵压10MPa，钻井液密度1.24g/cm³，黏度46s)。停泵，观察井口液面缓缓下降，向井内灌浆5m³，液面离井口有20m。1：20开始地面配10%的堵漏剂60m³(密度1.24g/cm³)，加入核桃壳2t、综合堵漏剂1t、KZ-4 2t、蛭石1t。3：10—4：25用14L/s的排量向井内打堵漏剂35m³，替钻具内堵漏浆25m³，井口未返浆，液面能看到。4：30开始提钻，到5：20提10柱，灌浆3m³。5：25用14L/s的排量开泵，20min后井口返出排量逐渐恢复正常，漏失12m³。静止堵漏2h。地面补充钻井液量50m³(加入SY-3 0.6t、CMC 0.6t、HY-2 1t、重粉15t)。8：00下钻至井深2640m遇阻，开泵循环正常，循环钻井液
3	2874	2018年8月30日9：00，钻进至井深2874m，发现漏失0.5m³，循环观察，漏失量4.5m³，漏速40m³/h，停泵井口看不到液面(地层石炭系，排量21L/s，泵压9MPa，钻井液密度1.22g/cm³，黏度52s)。灌浆3m³观察井口，看不见液面，9：10准备提钻，10：50提钻(10柱/2657m)，期间灌钻井液5m³，看不到液面，地面配浓度12%的堵漏剂60m³(密度1.22g/cm³)，加入核桃壳3t、综合堵漏剂2t、KZ-4 2.5t。11：50开始下钻，12：40下钻至井深2874m，用14L/s排量注入堵漏钻井液34m³，替钻具内堵漏浆24m³时井口返出的排量逐渐正常，静止2h，地面配钻井液50m³(CMC 0.5t、PMHA 0.4t、SY-3 0.5t、重晶石粉10t、烧碱0.2t、膨润土5t)。14：40循环正常，开始试钻进至2876m，进口又漏失0.4m³，循环观察漏失5.6m³，漏速20m³/h，活动钻具，同时地面配浓度10%的堵漏剂60m³(密度1.22g/cm³)，加入核桃壳3t、综合堵漏剂2t、KZ-4 2t。16：50用14L/s排量注入堵漏钻井液33m³，17：30替钻具内堵漏浆时，井口返出的排量正常。以14L/s的排量洗井，同时地面配钻井液40m³(CMC 0.4t、PMHA-0.3、SY-3 0.3t、重晶石粉5t、烧碱0.2t、膨润土3t)。18：30开泵以22L/s排量循环一周正常
4	3047	2018年9月6日12：00，钻进至井深3047m，发现漏失0.6m³，循环观察，漏失量2.4m³，漏速20m³/h，停泵井口液面下降(地层石炭系，排量21L/s，泵压9MPa，钻井液密度1.22g/cm³，黏度52s)。地面配浓度12%的堵漏剂60m³(密度1.22g/cm³)，加入核桃壳3t、综合堵漏剂2t、KZ-4 2t，期间，向井内灌浆5m³。14：20用14L/s排量注入堵漏钻井液35m³，替钻具内堵漏浆15m³时，井口返出的排量逐渐正常，循环至15：10分停泵，静止堵漏，地面配钻井液60m³(CMC 0.4t、PMHA 0.3t、SY-3 0.5t、重晶石粉12t、烧碱0.2t、膨润土3t)。17：00用以14L/s的排量洗井正常，18：00用21L/s排量循环正常恢复钻进。此次共计漏失钻井液58m³，损失时间6h
5	3528	2018年9月13日8：00，钻进至井深3258m，井口失返，漏失2m³，观察井口看不见液面吊罐8m³，未见液面(地层石炭系，排量21L/s，泵压9MPa，钻井液密度1.22g/cm³，黏度48s)。11：00地面配好12%的堵漏钻井液60m³(密度1.22g/cm³)，加入核桃壳3t、综合堵漏剂2t、蛭石2t。12：00用14L/s排量注入堵漏钻井液30m³，替钻具内堵漏浆18m³时，井口返出的排量逐渐正常，停泵观察液面缓慢下降，静止堵漏，地面配钻井液60m³(CMC 0.3t、PMHA 0.4t、SP-80 4t、重晶石粉12t、烧碱0.3t、膨润土3t)。15：15采用14L/s的排量循环，16：30用21L/s排量循环钻进。钻进期间有渗漏现象6m³/h，循环观察罐液面正常

2.1.1.2 车排子区块漏失地层地质概况与裂缝特征分析

本小节主要以车排子区块地层岩性、物性(包括地层裂缝、孔洞特征)、地层孔喉特征、地层流体特征及储层温度与压力,系统分析车排子区块漏失层地质概况及其潜在漏失特征。

(1) 岩性特征。

根据已钻井的资料,车471井区车491井在钻井井深1485.19~1527m井段有3处漏失点,共进行了5次堵漏作业;车471井区482井在井深2586~2597m有2处漏失点,共进行了7次堵漏作业;车471井区车479井在井深2425~3258m有5处漏失点,共进行了14次堵漏作业;车471井区474井在井深2438m有1处漏失点,共进行了1次堵漏作业。从已有的漏失点所在井深的岩性分析来看,其主要以细粉砂岩及泥沙岩为主,胶结性质相对较差,均存在较大的漏失潜力,且受窄密度窗口的影响,从而造成漏失。

根据对车排子地区岩心观察、薄片鉴定以及所钻井的测井资料分析,确定车471井区石炭系储层为一套多期喷发、不同岩性叠加的块状火山岩体。主要岩石类型可分为三大类:沉积岩类、火山碎屑岩类和火山熔岩类。工区范围内可见的岩石类型主要有:熔岩类的玄武岩、安山岩,火山碎屑岩类的火山角砾岩、凝灰岩,沉积岩类的砂砾岩和泥岩等。其中,火山熔岩与火山碎屑岩在该区广泛分布,是主要的储层。

对车471井区的车474井、车475井、车480井、车482井、491井XRMI图像上所反映的岩石结构特征,结合常规测井曲线,对XRMI测量井段内的岩性进行了识别,二叠系下乌尔禾组储层岩性主要为砂砾岩,石炭系发育的主要岩性有玄武质火山角砾岩、安山质火山角砾岩、安山岩、玄武岩、沉凝灰岩。

以车474井岩性为例(表2.11、图2.1至图2.5),根据XRMI测井资料,结合常规测井资料,根据岩性识别结果,对该井XRMI测量井段地层岩性进行解释,本井各种岩性测井响应特征如下。

表2.11 车474井岩性统计表

序号	层位	起止深度(m)	厚度(m)	岩性
1	P₂w	2620.0~2624.0	4.0	泥岩
2	P₂w	2624.0~2626.0	2.0	砂砾岩
3	P₂w	2626.0~2628.0	2.0	泥岩
4	P₂w	2628.0~2632.0	4.0	砂砾岩
5	P₂w	2632.0~2633.0	1.0	泥岩
6	P₂w	2633.0~2641.0	8.0	砂砾岩
7	P₂w	2641.0~2643.0	2.0	泥岩
8	P₂w	2643.0~2650.0	7.0	砂砾岩
9	C	2650.0~2687.0	37.0	玄武质火山角砾岩
10	C	2687.0~2721.0	34.0	玄武岩

续表

序号	层位	起止深度(m)	厚度(m)	岩性
11	C	2721.0~2785.0	64.0	玄武质火山角砾岩
12	C	2785.0~2788.0	3.0	沉凝灰岩
13	C	2788.0~2812.0	24.0	玄武质火山角砾岩
14	C	2812.0~2817.0	5.0	安山质火山角砾岩
15	C	2817.0~2820.0	3.0	沉凝灰岩
16	C	2820.0~2822.0	2.0	安山质火山角砾岩
17	C	2822.0~2825.5	3.5	沉凝灰岩
18	C	2825.5~2857.0	31.5	安山质火山角砾岩
19	C	2857.0~2858.0	1.0	沉凝灰岩
20	C	2858.0~2876.0	18.0	安山质火山角砾岩
21	C	2876.0~2878.0	2.0	沉凝灰岩
22	C	2878.0~2883.0	5.0	安山岩
23	C	2883.0~2888.0	5.0	安山质火山角砾岩
24	C	2888.0~2891.0	3.0	安山岩
25	C	2891.0~2892.0	1.0	沉凝灰岩
26	C	2892.0~2896.0	4.0	安山质火山角砾岩
27	C	2896.0~2898.0	2.0	沉凝灰岩
28	C	2898.0~2934.0	36.0	安山岩

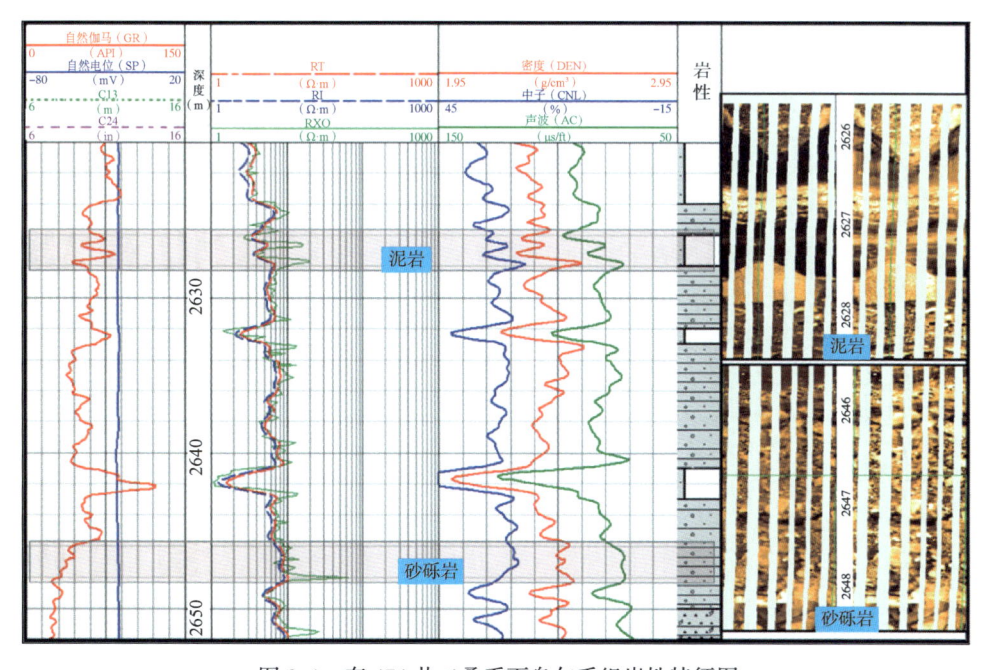

图2.1 车474井二叠系下乌尔禾组岩性特征图

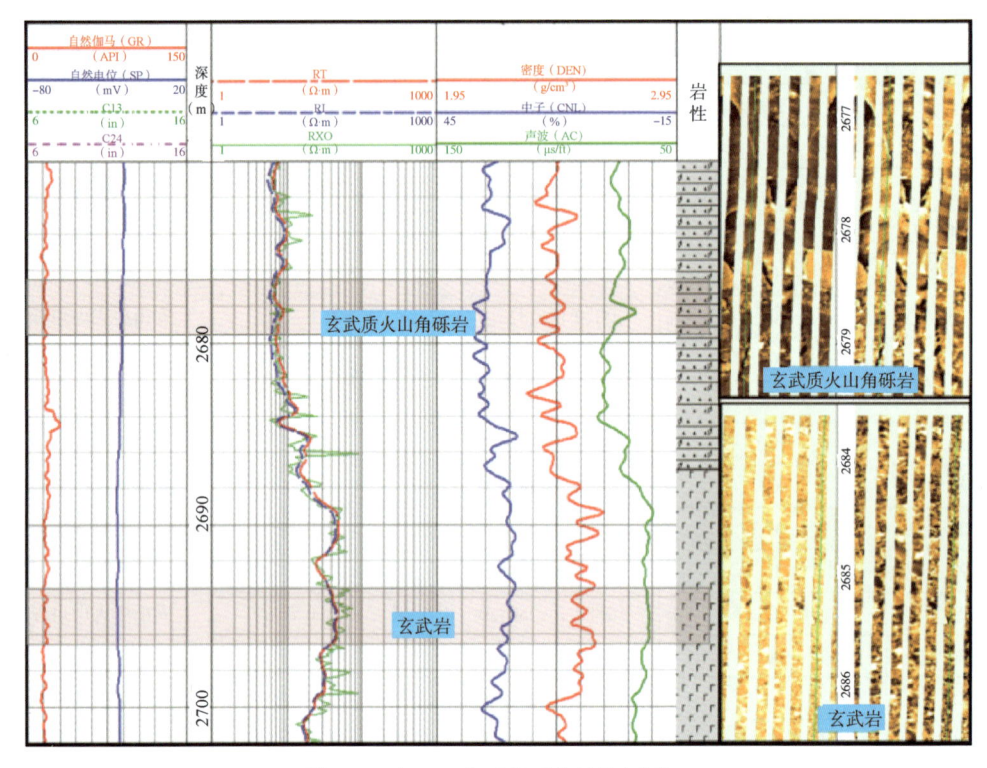

图 2.2　车 474 井石炭系岩性特征图一

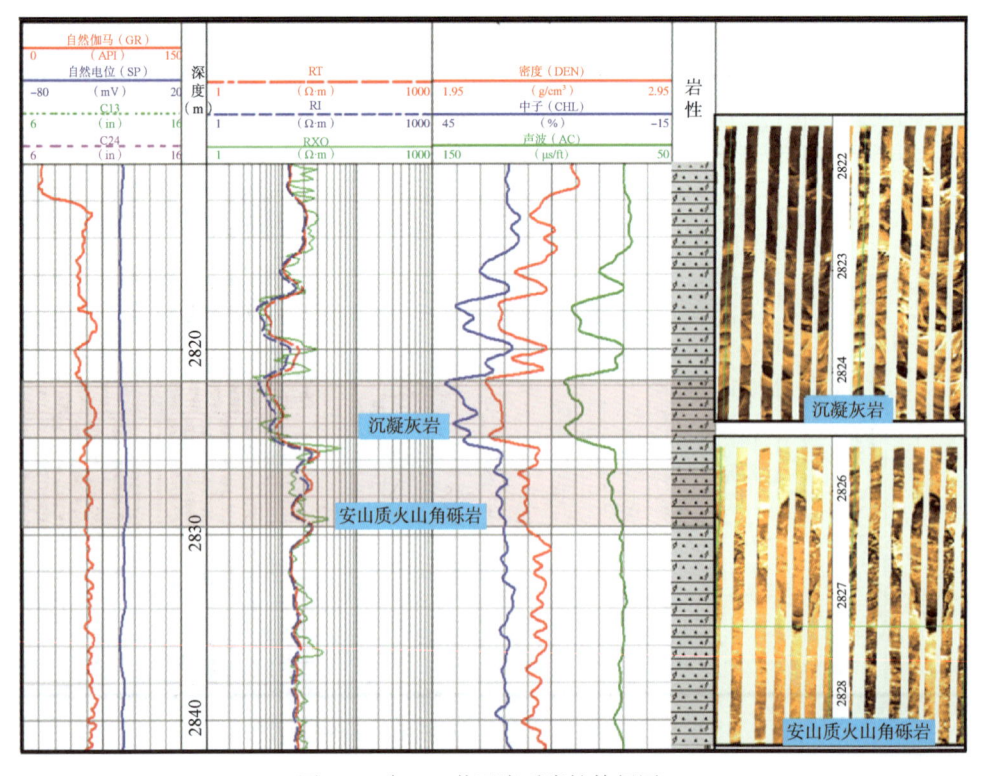

图 2.3　车 474 井石炭系岩性特征图二

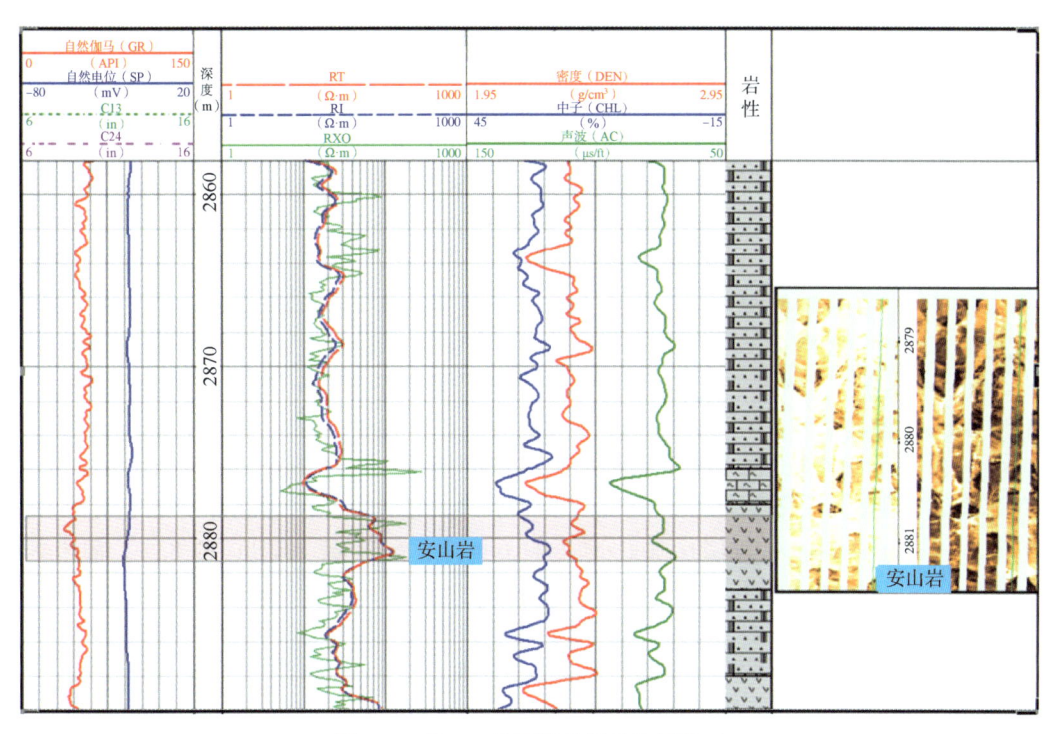

图 2.4　车 474 井石炭系岩性特征图三

泥岩：自然伽马 50.0~80.0API，电阻率值 2.0~5.0Ω·m，中子测井值 25.0%~33.0%，密度值 2.20~2.38g/cm^3，从 XRMI 图像来看微电阻率成像特征为极细颗粒块状特征(图 2.1)。

砂砾岩：自然伽马 40.0~65.0API，电阻率值 5.0~7.0Ω·m，中子测井值 29.0%~35.0%，密度值 2.30~2.45g/cm^3，从 XRMI 图像来看微电阻率成像特征为颗粒较粗，图像上可见高阻的砾石(图 2.1)。

玄武岩：自然伽马 5.0~15.0API，电阻率值 15.0~50.0Ω·m，中子测井值 30.0%~35.0%，密度 2.45~2.50g/cm^3，从 XRMI 图像来看呈亮色、高阻特征。

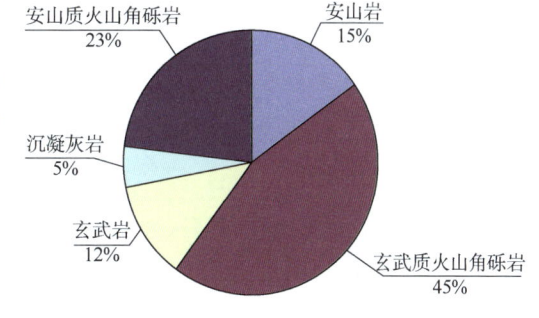

图 2.5　车 474 井石炭系岩性统计图

玄武质火山角砾岩：自然伽马 15.0~20.0API，电阻率值 5.0~30.0Ω·m，中子测井值 25.0%~35.0%，密度 2.40~2.55g/cm^3，从 XRMI 图像上看呈块状特征，可见少量熔结砾石(图 2.2)。

沉凝灰岩：自然伽马 60.0~75.0API，电阻率值 5.0~15.0Ω·m，中子测井值 35.0%~40.0%，密度 2.15~2.25g/cm^3，从 XRMI 图像上看静态图呈凝灰结构，动态图呈凝灰结构(图 2.3)。

安山质火山角砾岩：自然伽马 50.0~70.0API，电阻率值 20.0~30.0Ω·m，中子测井值 25.0%~35.0%，密度 2.25~2.35g/cm^3，从 XRMI 图像上看呈块状特征，可见少量熔结砾石(图 2.3)。

安山岩：自然伽马40.0~50.0API，电阻率值60.0~90.0Ω·m，中子测井值25.0%~35.0%，密度2.25~2.40g/cm³，从XRMI图像来看静态图呈块状结构，动态图呈块状结构(图2.4)。

车474井石炭系在测量井段内玄武质火山角砾岩累计厚度125.0m，占石炭系测量井段45%左右；安山质火山角砾岩累计厚度65.5m，占石炭系测量井段23%左右；安山岩累计厚度44.0m，占石炭系测量井段15%左右；玄武岩累计厚度34.0m，占石炭系测量井段12%左右；沉凝灰岩累计厚度15.5m，占石炭系测量井段5%左右(图2.5)。

（2）物性特征。

车排子区块石炭系储层岩性主要为玄武岩、安山岩和火山角砾岩，另有少量凝灰岩。通过对对车471井区的车474井、车475井、车480井、车482井、车491井六口井中的砂体取心24块分析，测得：井玄武—安山岩储层孔隙度分布区间为2.11%~24.33%，平均值5.80%，渗透率分布区间为0.01~29.88mD，平均值0.07mD；油层孔隙度分布区间4.75%~12.10%，平均值7.42%，渗透率分布区间0.01~29.88mD，平均值0.10mD；火山角砾岩储层孔隙度分布区间2.00%~16.31%，平均值7.95%，渗透率分布区间0.01~3.13mD，平均值0.11mD；油层孔隙度分布区间6.10%~16.31%，平均值10.83%，渗透率分布区间0.01~3.13mD，平均值0.13mD。表明车排子区块储层为中孔隙度、特低渗透率储层。

通过对车474井、车475井、车480井、车482井四口井取了二十余块岩心进行压实作用分析发现车排子区块石炭系组有砂裂缝性发育，承压能力较低，地层渗透性好(表2.12)。

表2.12 车471井区车482井漏失地层

序号	层位	起止深度(m)	密度(g/cm³)	孔隙度(%)	主要岩性	次生孔隙 类型	次生孔隙 发育程度
1	C	2589.1~2593.0	2.54	13.48	安山岩	斜交缝	发育
2	C	2593.0~2598.1	2.47	13.74	安山岩	—	—
3	C	2598.1~2602.7	2.03	13.51	安山岩	—	—
4	C	2602.7~2605.6	2.32	14.29	安山岩		
5	C	2605.6~2609.2	2.55	12.38	安山岩		

（3）裂缝特征分析。

车排子地区石炭系火山岩储层裂缝发育，主要有构造裂缝、风化裂缝、溶蚀裂缝和成岩裂缝。构造裂缝发育广泛，分布在各种火山岩岩性中，具有方向性强、延伸远、切穿深度大、矿物充填严重、多期次发育的特征。风化裂缝呈不规则网状发育，与其他类型的裂缝相互交结，越靠近不整合面越发育。溶蚀作用可将早期被充填的裂缝进行改造形成溶蚀裂缝，宽度大且不规则，多含油，有效性好。成岩裂缝包括冷凝收缩缝、砾缘缝、砾内缝、炸裂缝、层间缝，形态多样，延伸不稳定，具有弯曲、分枝、尖灭等特征，规模较小。车排子地区石炭系火山岩裂缝，以斜裂缝为主，其次是低角度裂缝，分别占观察裂缝总数的60.34%和21.43%。低角度裂缝多发育在角砾熔岩、凝灰岩中，高角度裂缝多发育在玄武岩、安山岩中。岩心观察表明，岩心裂缝长度集中在5~30cm，岩心裂缝宽度集中在0.1~0.6mm；成像测井裂缝参数研究表明，成像测井裂缝平均密度为1.05条/m，成像测井裂缝平均宽度为0.0243mm。总体来看，车排子地区石炭系火山岩裂缝以中小型裂缝为主。岩心裂缝充填程度高，充填物主要有方解石、泥质、绿泥石、硅质。据成像图像可识别出不同角度和不同充填程度的裂缝，对车排子地区石炭系成像测井裂缝的识别表明，半充填裂缝和未充填裂缝占识别裂缝总数的66%，有效程度较高；高角度裂缝充填程度最低，低角度裂缝的充填程度最高(图2.6)。

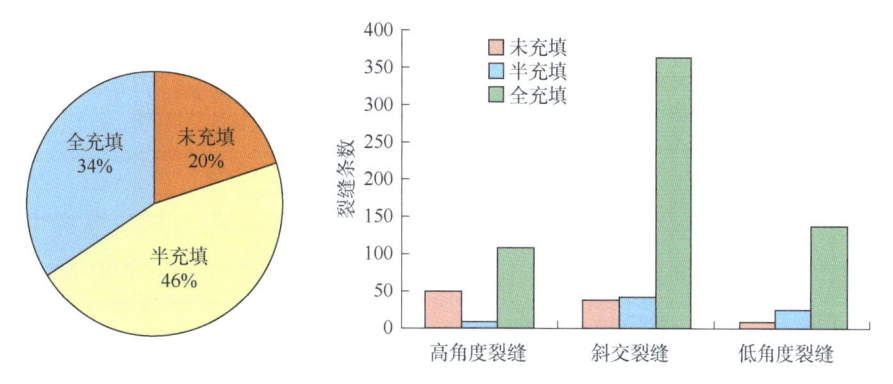

图2.6 车排子地区石炭系裂缝特征

以车471井区车482井为例，根据XRMI图像资料反映的特征，该井裂缝、气孔均有发育，描述如下：裂缝类型主要有网状缝、斜交缝、直劈缝、诱导缝、充填—半充填缝、微裂缝。部分裂缝多被方解石、沸石、绿泥石等矿物充填。石炭系裂缝走向和断裂有关，大致可分为两组，以近东西走向裂缝为主（与正断裂走向一致），其次是近南北走向裂缝（与逆断裂走向一致）。

斜交缝：倾角小于90°的开口缝，包括高角度斜交缝（倾角≥70°）、低角度斜交缝（10°≤倾角<70°），XRMI图像显示为黑色正弦曲线（图2.7）。XRMI图像显示，车482井石炭系斜交缝发育在下部。人机交互解释结果表明：石炭系斜交缝倾向杂乱，倾角主要分布在30°~80°，斜交缝产状如图2.7所示，裂缝发育井段见表2.13。

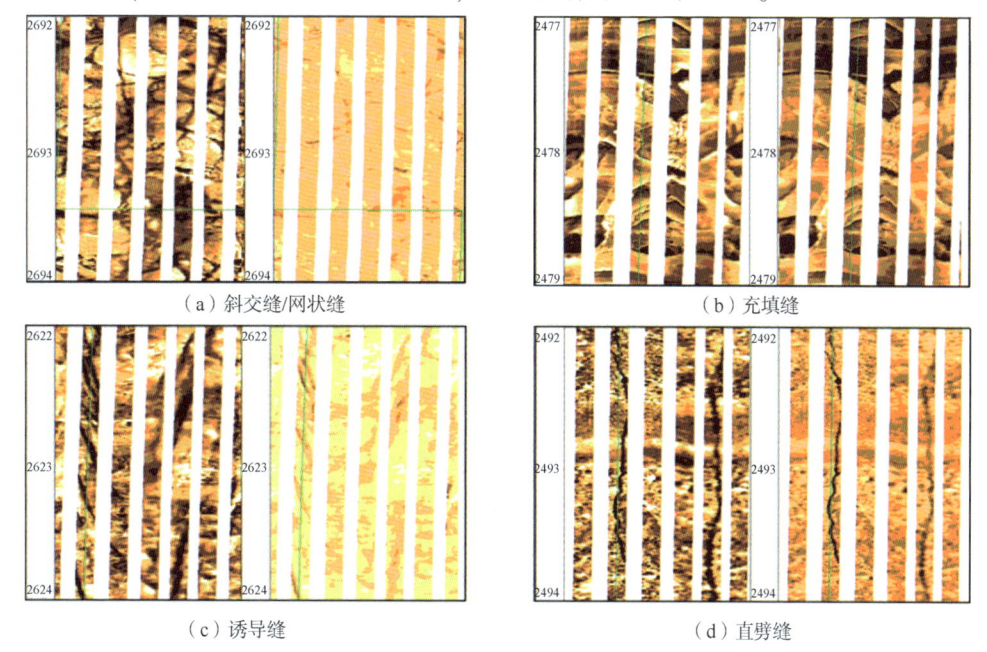

(a) 斜交缝/网状缝　　(b) 充填缝

(c) 诱导缝　　(d) 直劈缝

图2.7 车482井裂缝XRMI图像特征

表 2.13　车 482 井裂缝统计表

序号	层位	起止深度(m)	厚度(m)	裂缝类型	裂缝条数或发育程度
1	P₂w	2158.4~2158.5	0.1	充填缝	1
2		2184.0~2193.0	9.0	斜交缝/充填缝	5/9
3		2271.0~2271.6	0.6	充填缝	2
4		2286.4~2286.6	0.2	充填缝	1
5		2301.2~2301.4	0.2	充填缝	1
6		2328.1~2328.3	0.2	充填缝	1
7		2365.5~2374.8	9.3	充填缝	10
8		2387.2~2389.3	2.1	充填缝	3
9		2426.6~2435.6	9.0	充填缝	8
10		2441.7~2441.9	0.2	充填缝	1
11		2449.6~2449.8	0.2	充填缝	1
12		2453.0~2460.0	7.0	直劈缝	发育
13		2469.2~2481.7	12.5	充填缝	数条
14		2487.1~2490.8	3.7	斜交缝	6
15	C	2491.0~2494.0	3.0	直劈缝	发育
16		2496.1~2501.2	5.1	斜交缝/充填缝	5/2
17		2508.4~2522.8	14.4	斜交缝/充填缝	4/3
18		2528.2~2528.3	0.1	斜交缝	2
19		2539.8~2543.4	3.6	斜交缝	6
20		2550.5~2556.3	5.8	斜交缝	3
21		2566.3~2576.4	10.1	斜交缝/充填缝	数条/1
22		2581.7~2583.8	2.1	充填缝	2
23		2591.8~2593.9	2.1	斜交缝/充填缝	2/1
24		2609.5~2609.7	0.2	斜交缝	1
25		2610.0~2614.0	4.0	直劈缝/充填缝	发育/1
26		2618.0~2624.2	6.2	斜交缝/充填缝	4/1
27		2629.9~2634.4	4.5	斜交缝/充填缝	2/3
28		2635.0~2635.7	0.7	网状缝	欠发育

充填缝：由于电流扩散，充填矿物质的电阻率比周围岩石高，充填缝常常会在裂缝平面上的上下倾斜交汇处显示一个高、低电阻率交互区。充填缝是一种无效缝，不能作为储层流体的渗滤通道(图 2.7)。车 482 井石炭系全井段充填缝发育。人机交互解释结果表明：本井充填缝的倾向杂乱，倾角主要分布在 50°~80°之间，裂缝发育井段见表 2.13。

诱导缝：钻头钻开地层时，地层应力平衡被打破，很容易在平行于水平主应力方向上形成诱导缝，成像图像上表现为雁状排列的"八"字形或倒"八"字形的黑色低阻条带(图 2.7)。车 482 井诱导缝较发育，主要分布在石炭系下部。

直劈缝：倾角等于 90°的开口缝，在 XRMI 图像上通常表现为两道黑色竖线，缝宽忽大忽小，一般情况下两条线相互平行，延伸较长(图 2.7)。车 482 井直劈缝主要发育在石炭系中下部(表 2.13)。

网状缝：低角度与高角度裂缝同时发育或几组裂缝相交形成的网状裂缝系统，在 XRMI 图像上表现为暗色网状形态(图 2.7)。车 482 井网状缝欠发育，主要分布在石炭系下部(表 2.13)。

以车 471 井为例，利用扫描电镜观察车 471 井石炭系微观特征，天然裂缝发育(图 2.8 与图 2.9)。钻井液浸泡实验表明裂缝宽度有较为明显的增加，长时间堵漏影响井壁稳定(图 2.10)。

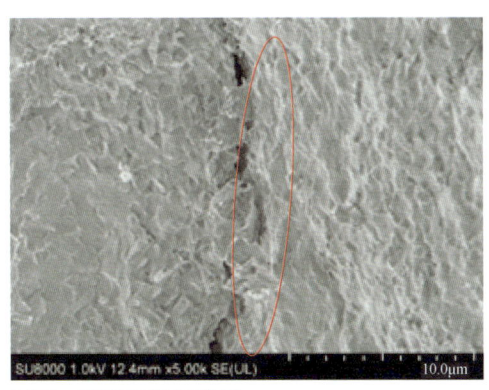

图 2.8　车 471 井 2660~2663m 石炭系微观特征

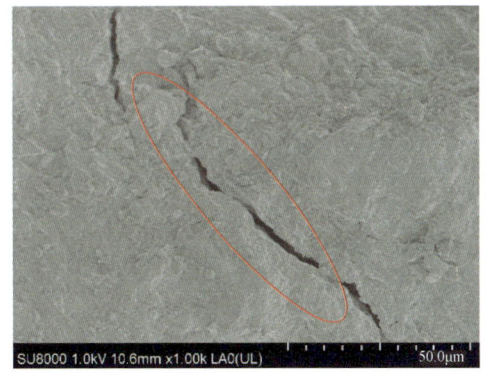

图 2.9　车 471 井 3029~3034m 石炭系微观特征

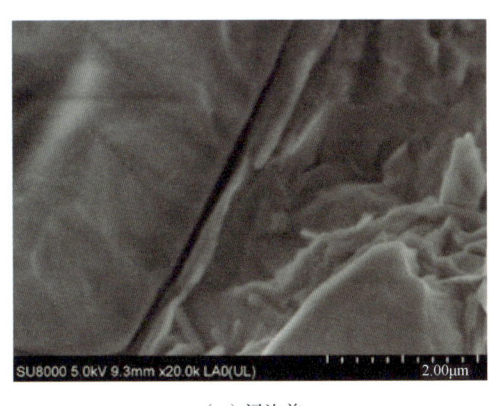

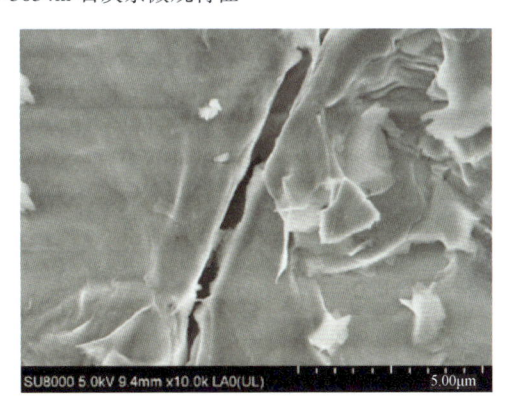

（a）浸泡前　　　　　　　　　　　　　　（b）浸泡后
图 2.10　钻井液浸泡实验（车 471 井 3029~3034m）

2.1.2　盆地勘探井漏层漏失通道特征分析

为了进一步了解准噶尔盆地各勘探区域钻井漏失情况，对 2016—2019 年盆地各探区勘探井钻井井史、地质总结、FMI 测井资料等相关实钻资料进行收集、整理，对盆地各探区内探井漏失层位分布情况及漏失通道特征进行分析。

2.1.2.1 盆地西北缘

盆地西北缘 2016—2019 年探井在侏罗系、三叠系、二叠系及石炭系的钻井过程中发生过漏失，各层系及层组内发生漏失的统计结果如图 2.11 至图 2.16 所示。

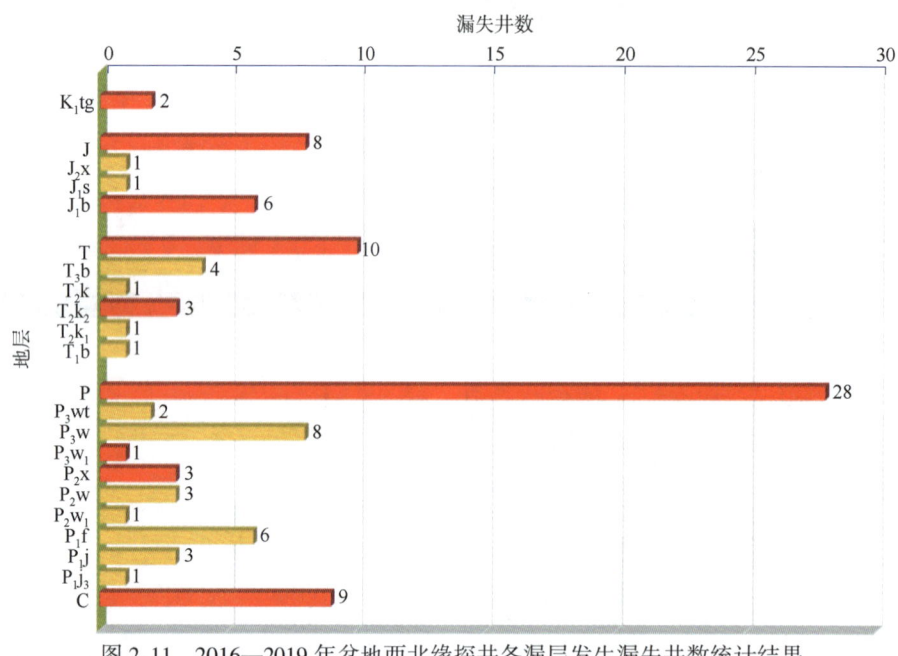

图 2.11　2016—2019 年盆地西北缘探井各漏层发生漏失井数统计结果

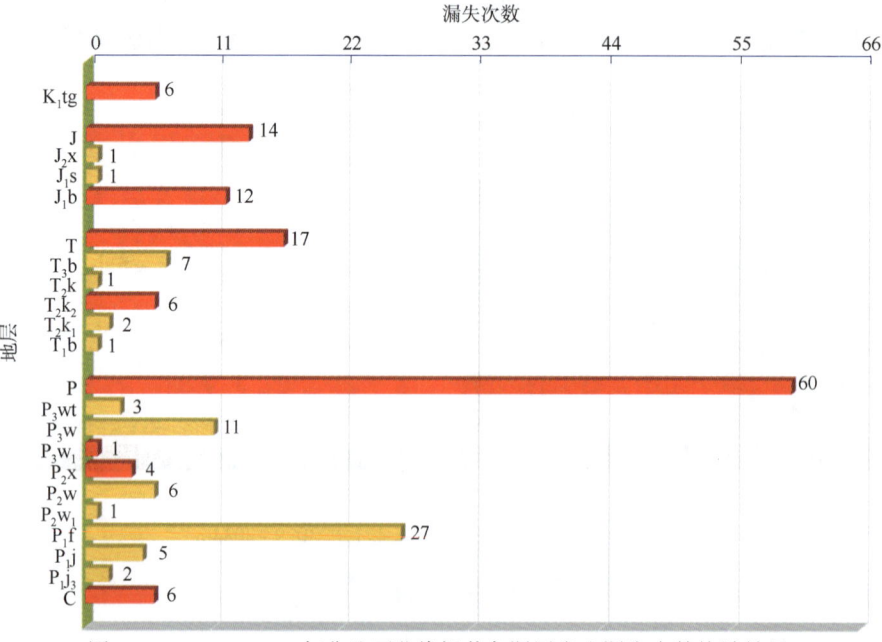

图 2.12　2016—2019 年盆地西北缘探井各漏层发生漏失次数统计结果

· 32 ·

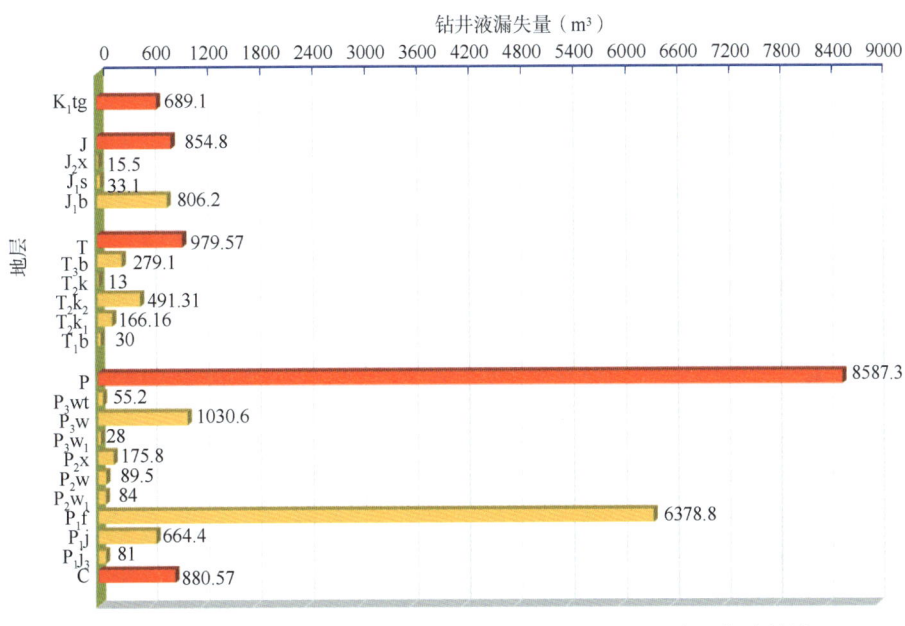

图 2.13　2016—2019 年盆地西北缘探井各漏层钻井液漏失量统计结果

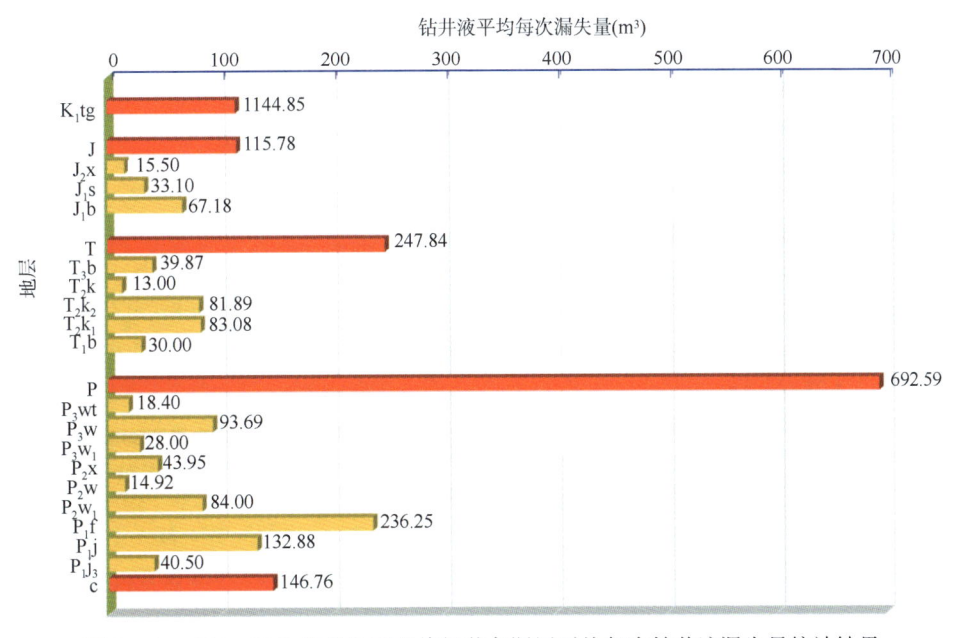

图 2.14　2016—2019 年盆地西北缘探井各漏层平均每次钻井液漏失量统计结果

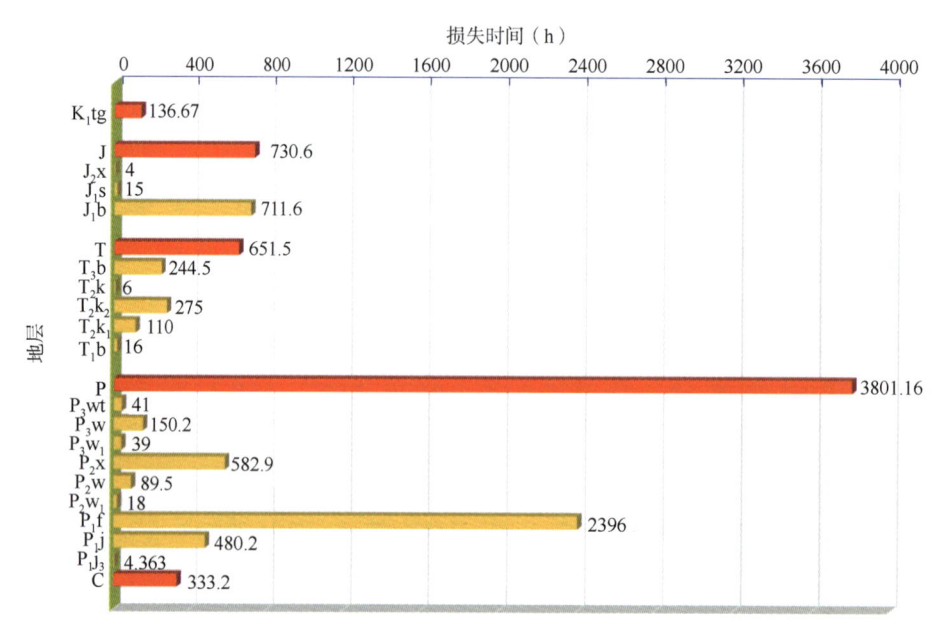

图 2.15　2016—2019 年盆地西北缘探井各漏层因井漏损失时间统计结果

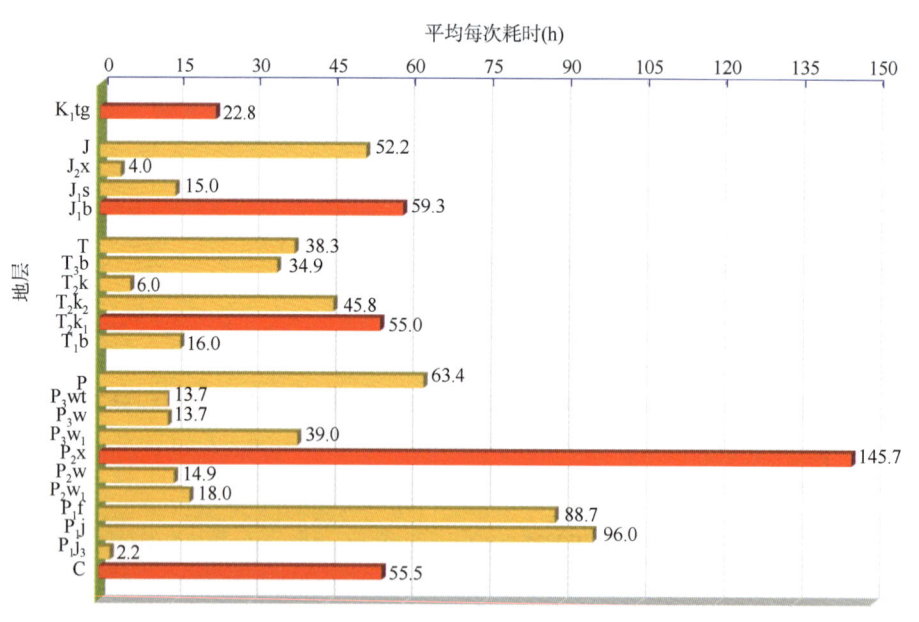

图 2.16　2016—2019 年盆地西北缘探井各漏层每次井漏损失时间对比

由图 2.11 至图 2.16 可见,二叠系地层在发生漏失井数、漏失次数、漏失量及损失时间方面均最大,三叠系地层次之,侏罗系和石炭系地层相当,表明盆地西北缘探井漏失最严重的地层为二叠系地层,其次为三叠系地层,侏罗系和石炭系相当。

白垩系:吐谷鲁群地层偶现失返性漏失(2016—2019 年仅 1 次井漏),但处理效果好,漏失浆密度 1.17g/cm³,桥浆浓度 10%。

侏罗系:八道湾地层含天然致漏裂缝,钻遇即漏,频繁失返,漏失量大,为主要漏层,漏速由 4m³/h 到失返,漏失浆密度 1.15~1.9g/cm³,平均 1.27g/cm³,桥浆浓度 5%~20%,平均 10%。

三叠系:以诱导裂缝性漏失为主,偶现上部漏层复漏,漏速 2.5m³/h 至失返,漏失浆密度 1.15~1.7g/cm³,平均 1.32g/cm³,桥浆浓度 2%~20%,平均 10.3%。

二叠系:天然致漏裂缝发育,漏失最频繁、漏失量最多、处理难度最大,漏速由 0.35m³/h 到失返,漏失浆密度 1.08~1.87g/cm³,平均 1.35g/cm³,桥浆浓度 3%~35%,平均 14%;其中,风城组地层 P_1f 漏失频繁,为主要漏层。

石炭系:天然裂缝发育,浅层裂缝天然致漏,深部裂缝天然不致漏但诱导致漏;漏速 0.5~54m³/h,平均 15m³/h,漏失浆密度 1.17~1.87g/cm³,平均 1.42g/cm³,桥浆浓度 3%~19%,平均 9%。

2.1.2.2 盆地腹部

盆地腹部探井近年在白垩系、侏罗系、三叠系、二叠系及石炭系地层这 5 个层系内的钻井过程中发生过漏失,各漏失层系及层组内的漏失情况统计结果如图 2.17 至图 2.22 所示。

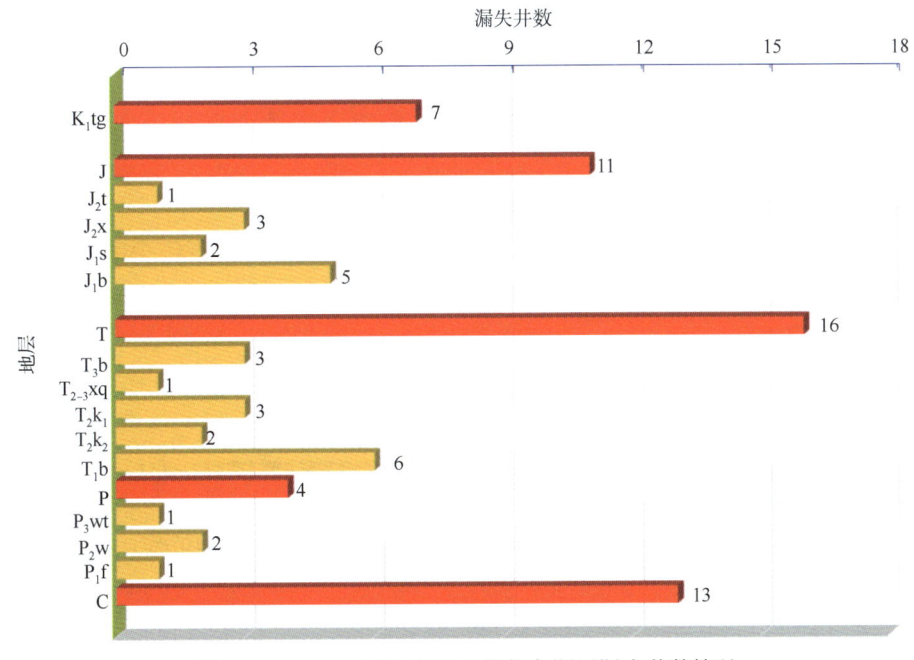

图 2.17　2016—2019 年盆地腹部各漏层漏失井数情况

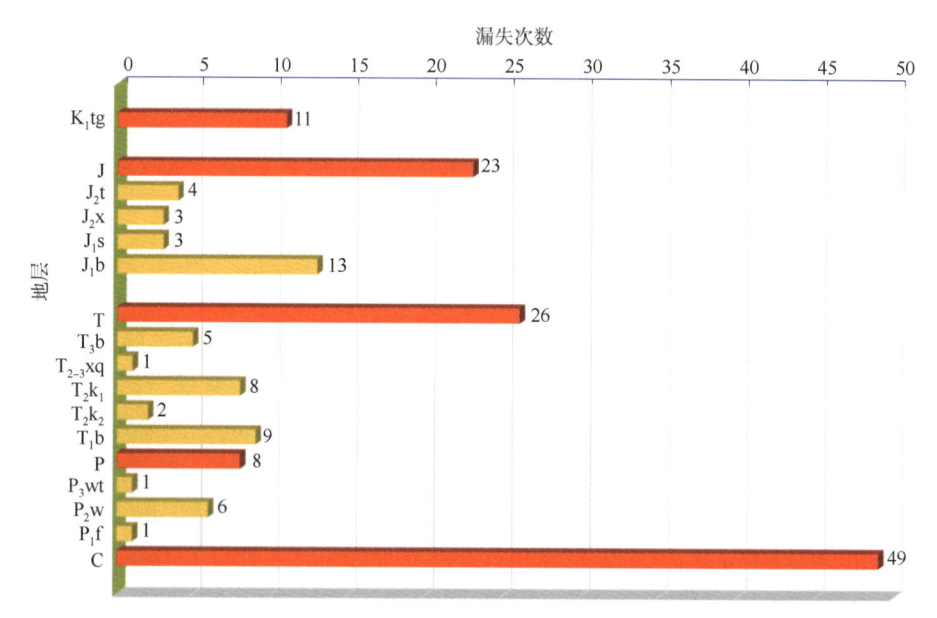

图 2.18　2016—2019 年盆地腹部各漏层发生漏失次数分布情况

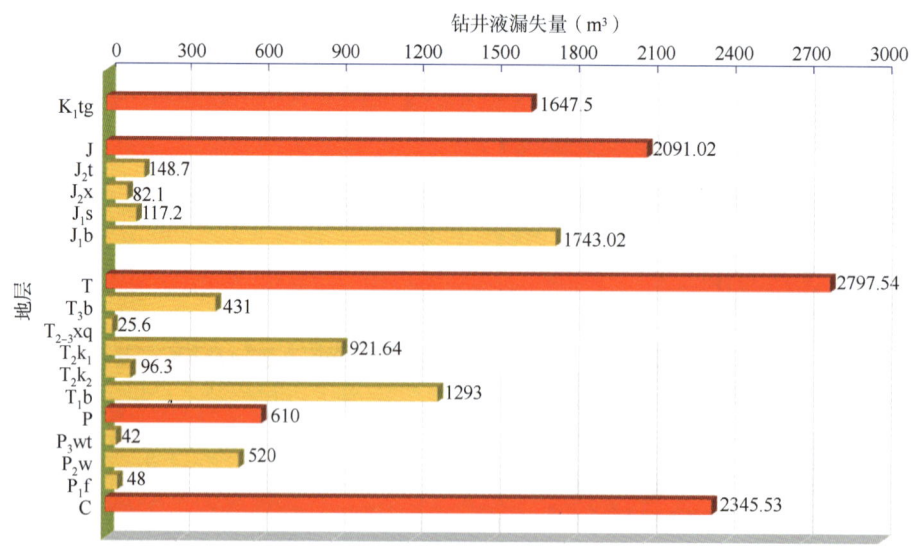

图 2.19　2016—2019 年盆地腹部各漏层钻井液漏失量分布情况

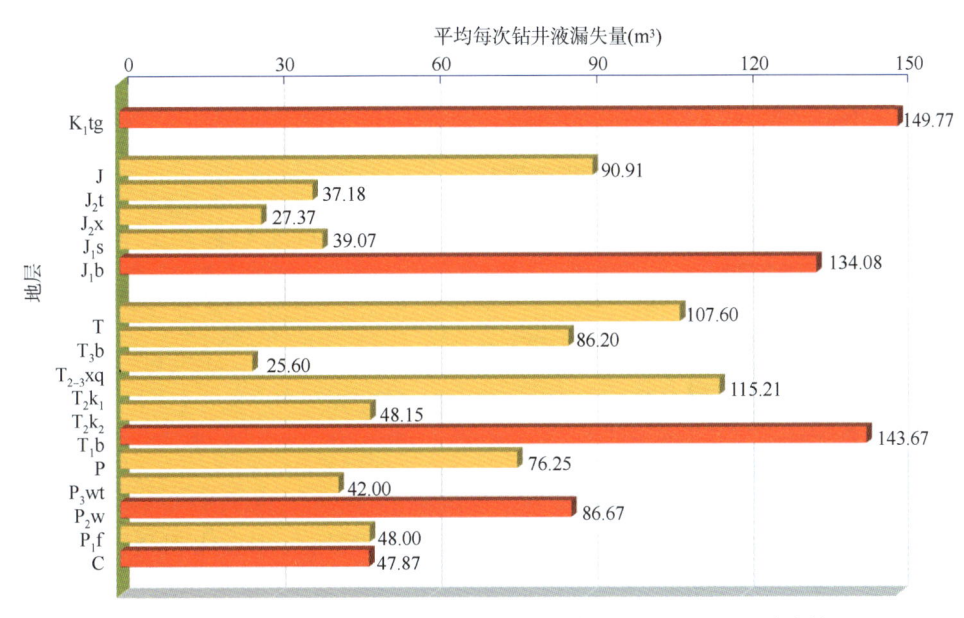

图 2.20　2016—2019 年盆地腹部各漏层平均每次钻井液漏失量分布情况

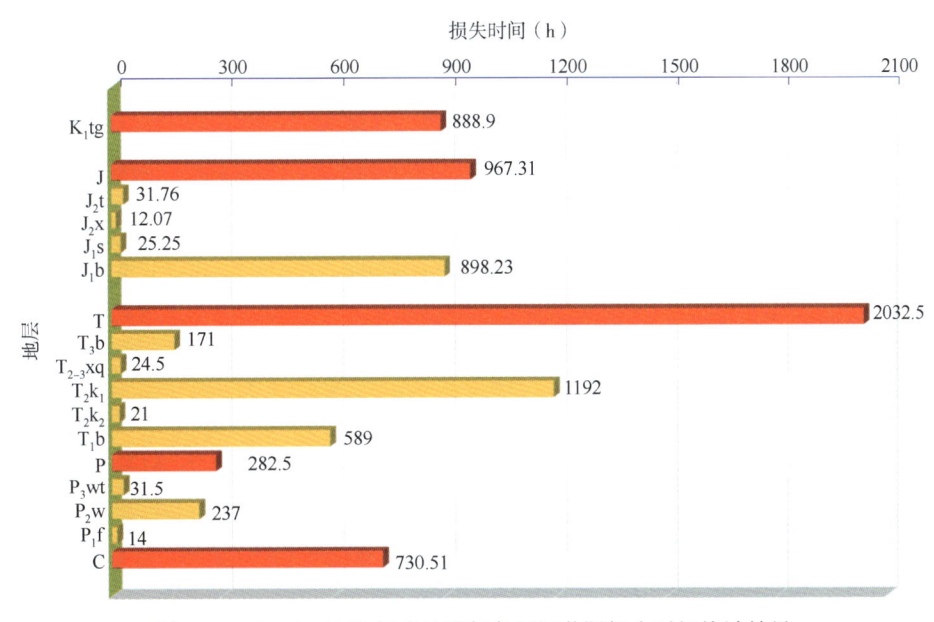

图 2.21　2016—2019 年盆地腹部各漏层井漏损失时间统计结果

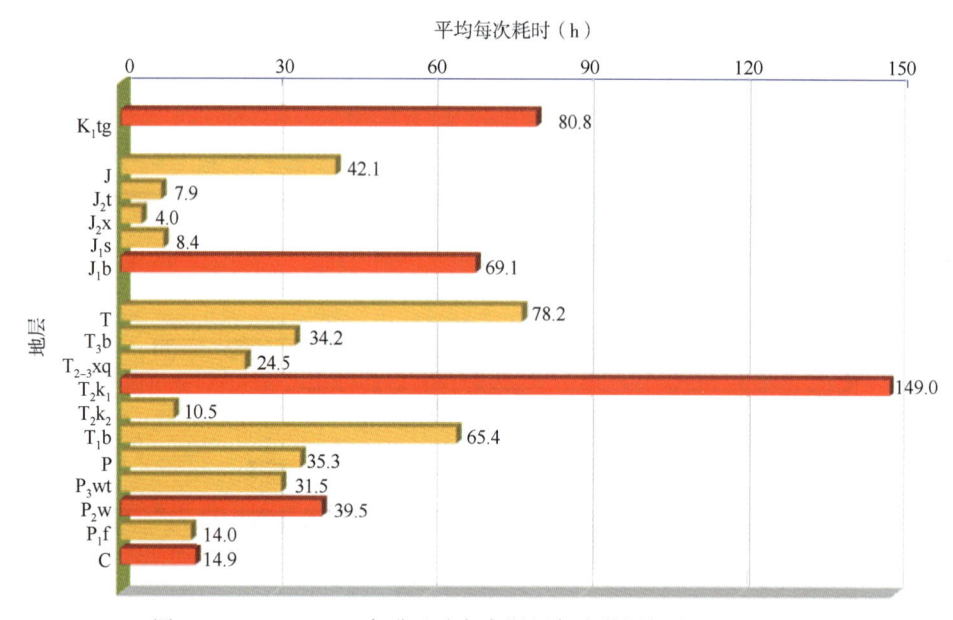

图 2.22　2016—2019 年盆地腹部各漏层每次井漏损失时间对比图

由图 2.17 至图 2.22 可见，盆地腹部勘探井钻井漏失各漏层表现出不同的漏失特征。利用 2016—2019 年勘探井实钻井资料，抽提出勘探井井漏数据，分别从整体和各漏层视域下，分析了盆地腹部勘探井钻井漏失特征。

（1）整体漏失特征。

漏失频率：石炭系地层漏失井数、漏失次数均为最高，在 11 口探井中共漏失 33 次，漏失钻井液 1769m³，表明腹部探井在石炭系地层的漏失最为频繁，石炭系为该探区防漏堵漏的重点层位；二叠系地层最低，三叠系、白垩系和侏罗系地层相当。

漏失强度：白垩系地层单次漏失量最大，三叠系和二叠系地层次之，侏罗系及石炭系地层相当且最低。

井漏处理时效或难易程度：三叠系地层井漏总损失时间和平均每次井漏耗时均最多，井漏处理时效最低，或是由于三叠系地层井漏处理的难度最大，表明三叠系地层为盆地腹部探井防漏堵漏的难点层系。

（2）各漏层漏失特征。

白垩系：断层和裂缝发育带，诱导加剧井漏，漏失量最大，单次漏失量最大，漏速 3m³/h 至失返，漏失浆密度 1.04~1.17g/cm³，平均 1.09g/cm³，桥浆浓度 5%~30%，平均 16%。

侏罗系地层承压能力低，易诱导致漏，漏速 10m³/h 至失返，漏失浆密度 1.07~1.24g/cm³，平均 1.12g/cm³，桥浆浓度 3%~20%，平均 12.7%。

三叠系：地层承压能力弱，多为诱导裂缝地层，处理时效低，漏速 3m³/h 至失返，漏失浆密度 1.11~1.8g/cm³，平均 1.59g/cm³，桥浆浓度 2%~38%，平均 13.5%；其中，百口泉组地层 T_1b，2016—2019 年共漏失 1184m³，平均每次井漏损失 169m³ 钻井液，三叠系地层漏失量主要由百口泉组地层"贡献"，表明百口泉组地层 T_1b 为三叠系地层防漏堵漏工作的重点对象地层；克拉玛依组 T_2k 地层虽然漏失频繁程度和强度不是最大的，但是该地层井漏处理时效最低（共损失时间1104h，平均每次井漏耗时220h），表明克拉玛依组地层 T_2k 在井漏处理难度较大，这可能是由于为了防止井壁坍塌而采用的钻井液密度过高，导致地层被憋漏，且塌漏安全压力窗口窄，该地层为难点层组。

二叠系：以天然裂缝为主，诱导加剧井漏，漏速 $2m^3/h$ 至失返，漏失浆密度 $1.13 \sim 1.62g/cm^3$，平均 $1.58g/cm^3$，桥浆浓度 $8\% \sim 20\%$，平均 14.4%。

石炭系：裂缝发育，主要为天然裂缝及钻井诱导缝，漏失最频繁，漏速 $0.2 \sim 73.2m^3/h$，平均 $16.8m^3/h$，漏失浆密度 $1.11 \sim 1.46g/cm^3$，平均 $1.35g/cm^3$，桥浆浓度 $1.5\% \sim 34\%$，平均 13.3%。

2.1.2.3 盆地东部

盆地东部探井 2016—2019 年在第四系、侏罗系、三叠系、二叠系及石炭系地层这 5 个层系内的钻井过程中发生过漏失，各漏失层系及层组内的漏失情况统计结果如图 2.23 至图 2.28 所示。

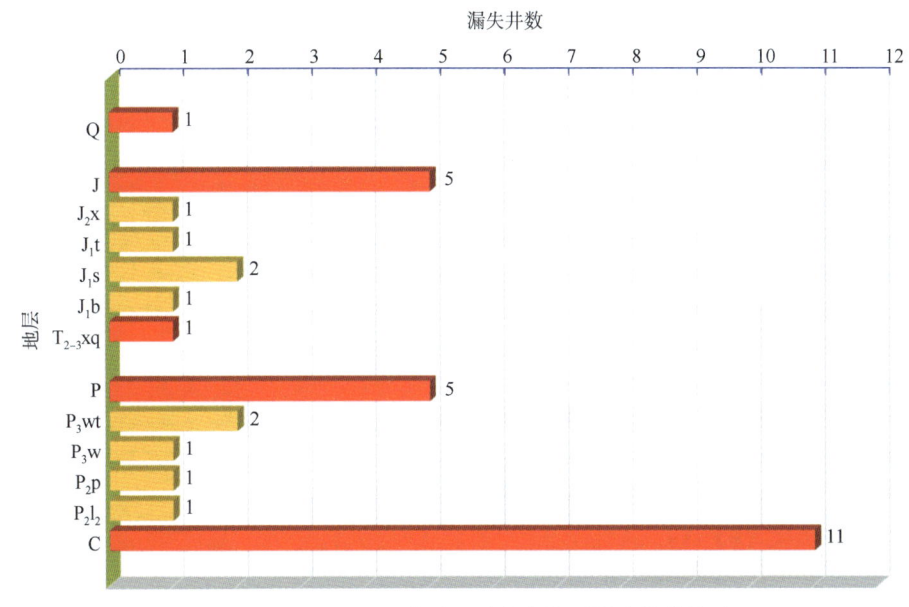

图 2.23　2016—2019 年盆地东部各漏层漏失井数情况

由图 2.23 至图 2.28 可见，盆地东部勘探井钻井漏失各漏层表现出不同的漏失特征。利用 2016—2019 年勘探井实钻井井史、测录井等资料，抽提出勘探井井漏相关数据，分别从整体和各漏层视角下，分析了盆地东部勘探井钻井漏失特征。

（1）整体漏失特征。

漏失频率：石炭系地层在 11 口探井中共漏失 29 次，漏失钻井液 $1278m^3$，石炭系地层漏失井数、漏失次数及漏失总量均为最多，表明盆地东部探井在石炭系地层的漏失最为频繁，其次为侏罗系地层。

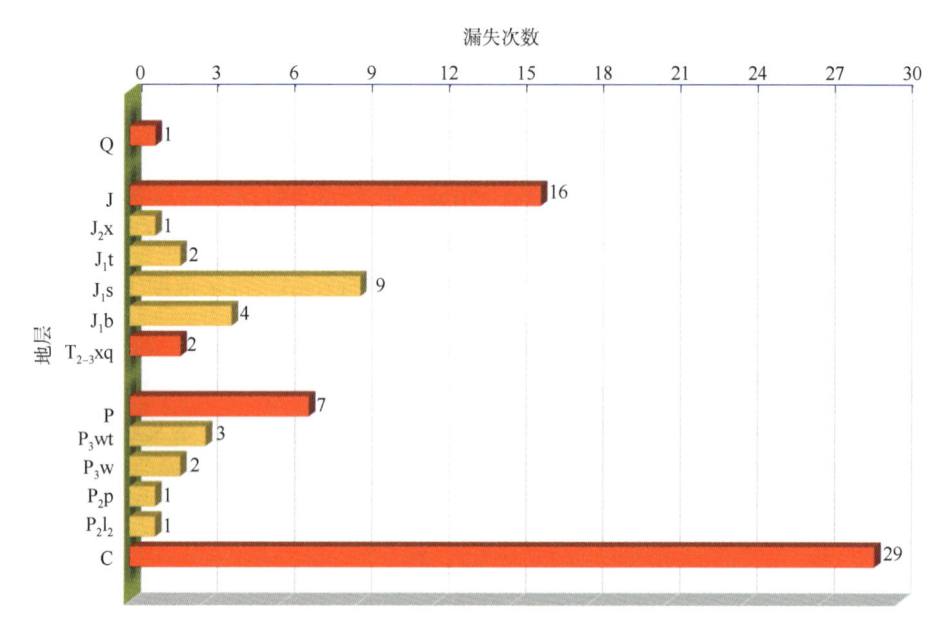

图 2.24　2016—2019 年盆地东部各漏层发生漏失次数分布情况

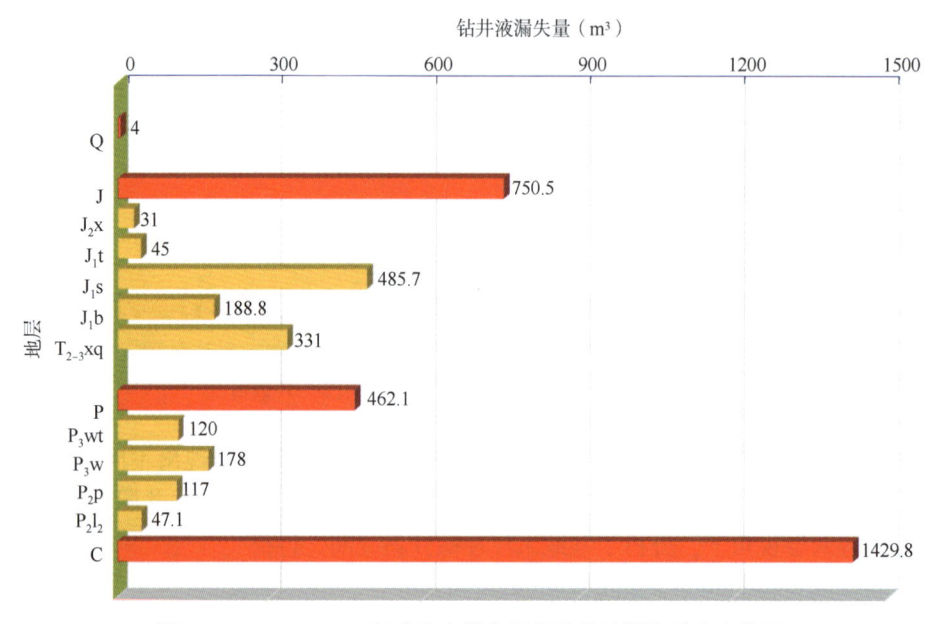

图 2.25　2016—2019 年盆地东部各漏层钻井液漏失量分布情况

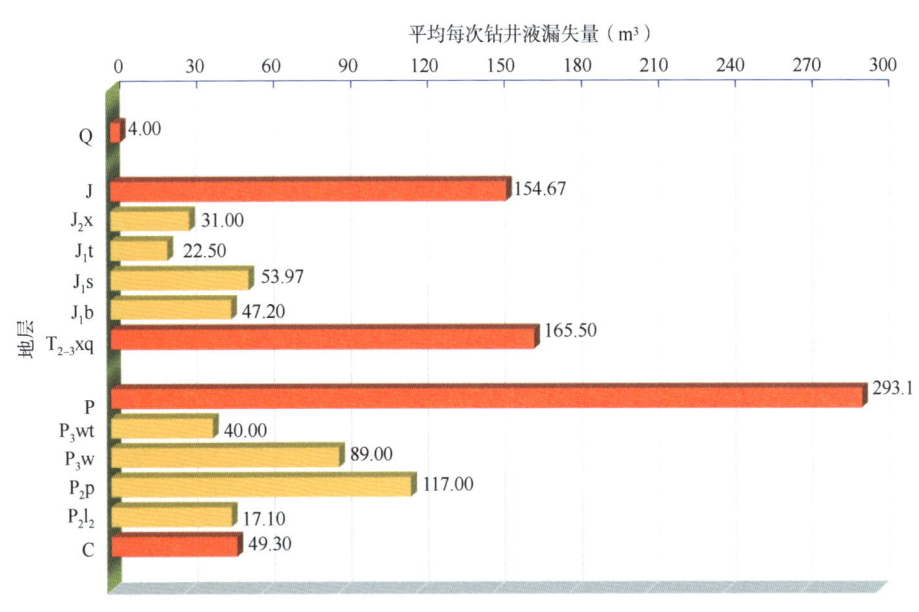

图 2.26　2016—2019 年盆地东部各漏层平均每次钻井液漏失量情况

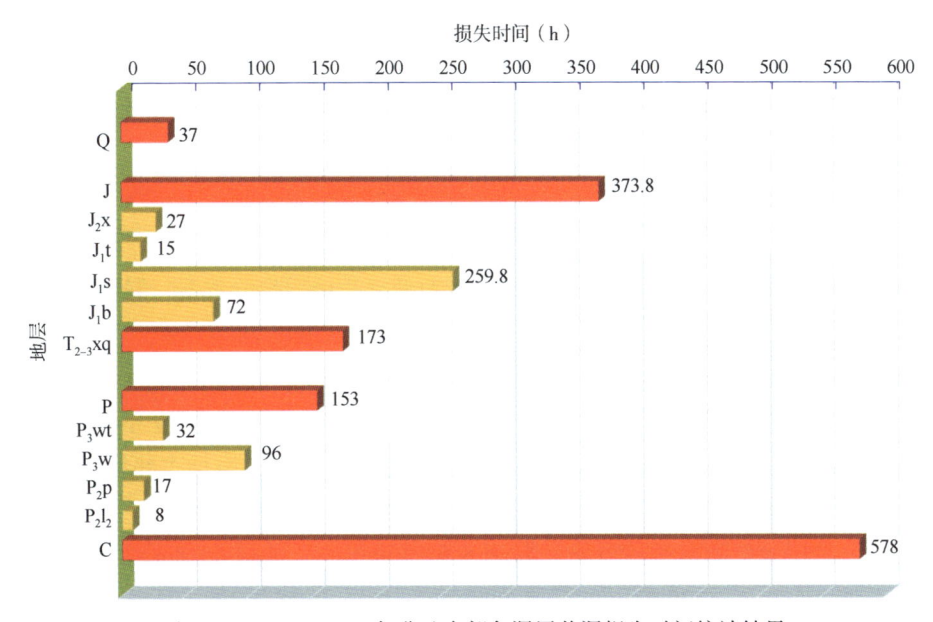

图 2.27　2016—2019 年盆地东部各漏层井漏损失时间统计结果

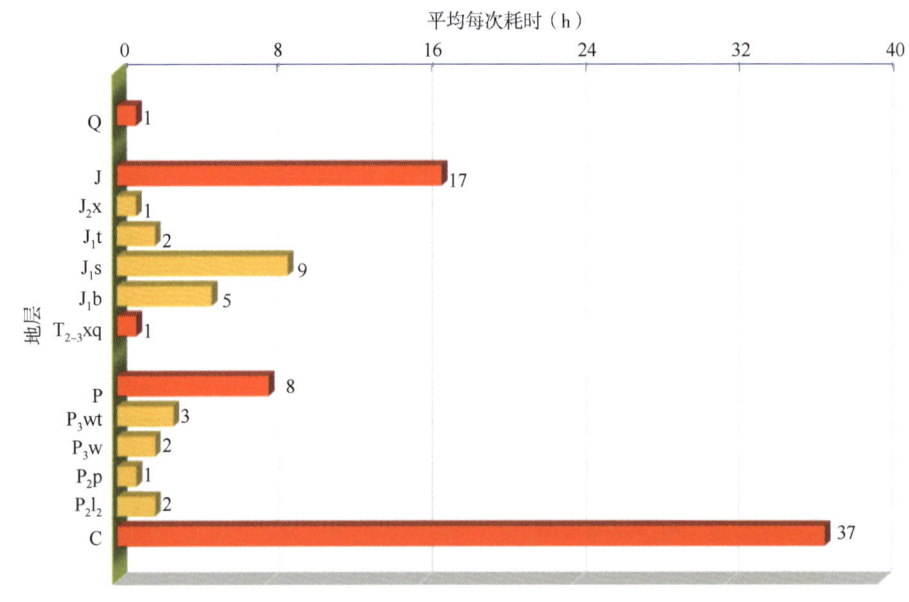

图 2.28　2016—2019 年盆地东部各漏层每次井漏损失时间对比

漏失强度：石炭系地层虽漏失总量和频率最高，但平均每次漏失量较少，表明该地层具有"少量多次"的漏失特点，该地层为盆地东部地区防漏堵漏的重点地层；三叠系地层虽漏失次数少，但单次漏失量最大（约165m³/次），表明该地层具有"不漏则已，漏则惊人"的特点；二叠系地层，侏罗系及石炭系地层的漏失强度相当，第四系地层最低。

井漏处理时效或难易程度：石炭系地层井漏总耗时最高，但该地层平均每次井漏的耗时并不算太多；相较而言，三叠系地层虽总耗时不是最多，但盆地东部探井在该地层平均单次井漏耗时最多，表明该地层井漏处理时效最低，这或许是由于三叠系地层井漏处理的难度最大，三叠系地层为防漏堵漏难点地层。

（2）各漏层漏失特征。

第四系：地层孔隙度大，渗漏，处理难度极小，漏失数据不详。

侏罗系：地层孔隙、裂缝发育，地层承压能力低，易诱导裂缝致漏，漏速0.01m³/h 至失返，漏失浆密度 1.15~1.87g/cm³，平均 1.51g/cm³，桥浆浓度 2%~18%，平均 9.8%。

三叠系：以诱导裂缝致漏为主，井漏频率低，但单次漏失量大，漏速 1.5~48m³/h，平均 32.5m³/h，漏失浆密度 1.21~1.8g/cm³，平均 1.3g/cm³，桥浆浓度 8%~30%，平均 14.6%；其中，三工河组地层漏失次数多、平均每次漏失量及平均每次井漏耗时均较大，表明三工河组地层漏失频繁、漏失强度大且处理时效较低。

二叠系：地层天然致漏裂缝发育，漏速 8.6~150m³/h，平均 65.8m³/h，漏失浆密度 1.37~1.55g/cm³，平均 1.46g/cm³，桥浆浓度 4%~10%，平均 6.2%；其中，上乌尔禾组、平地泉组地层的总漏失量、平均每次漏失量、平均每次井漏耗时均较大，表明上乌尔禾组及平地泉组地层是盆地东部二叠系中的重点漏层。

石炭系：地层天然致漏裂缝发育，总漏失量大，井漏频率最高，单次漏失量较少，

"少量多次",井漏耗时多,漏速 0.5m³/h 至失返,漏失浆密度 1.2~2.43g/cm³,平均 1.71g/cm³,桥浆浓度 4%~33.5%,平均 13%。

2.1.2.4 盆地南缘

盆地南缘探井 2016—2019 年在古近系、白垩系及侏罗系地层这三个层系内发生过漏失,各漏失层系及层组内的漏失情况统计结果如图 2.29 至图 2.34 所示。

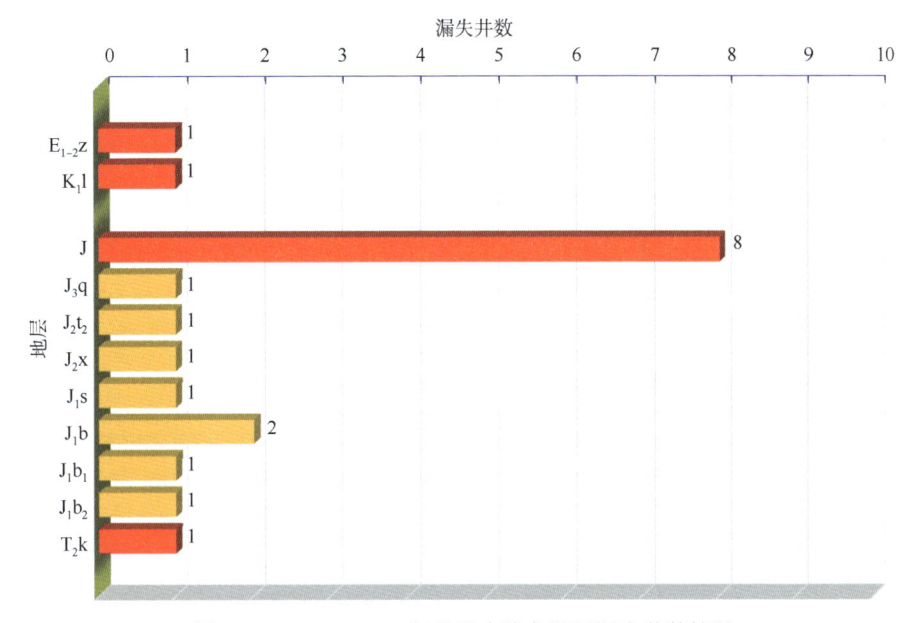

图 2.29　2016—2019 年盆地南缘各漏层漏失井数情况

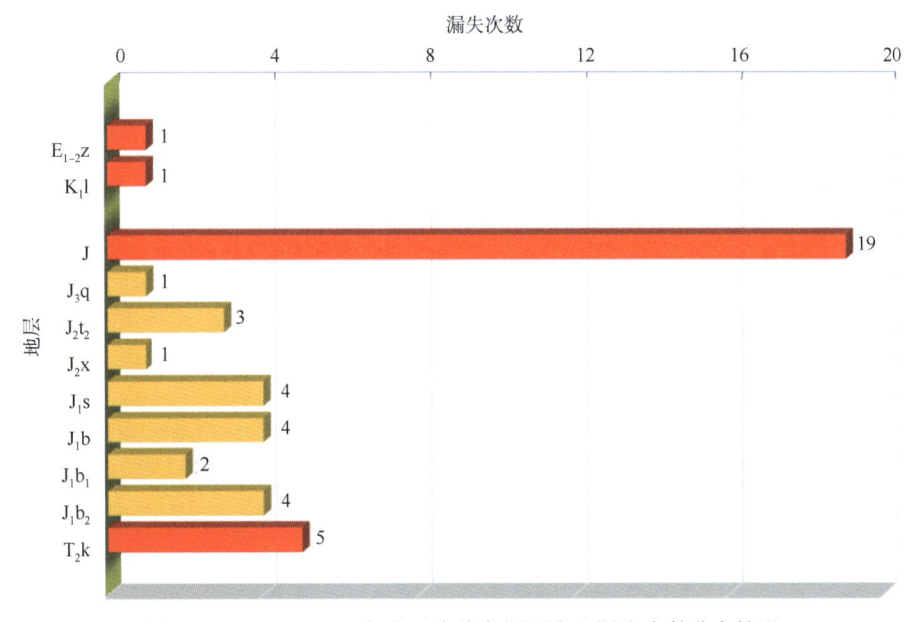

图 2.30　2016—2019 年盆地南缘各漏层发生漏失次数分布情况

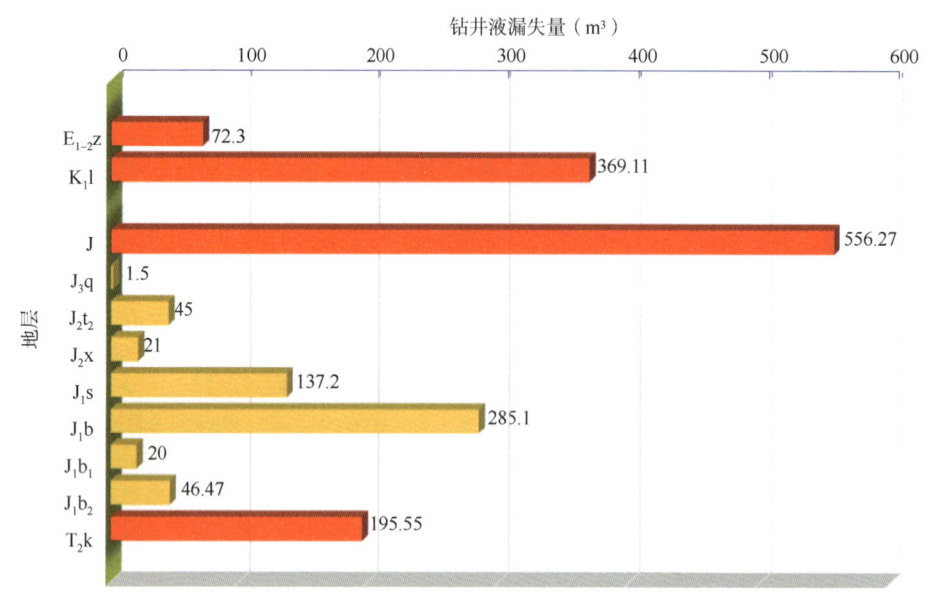

图 2.31　2016—2019 年盆地南缘各漏层钻井液漏失量分布情况

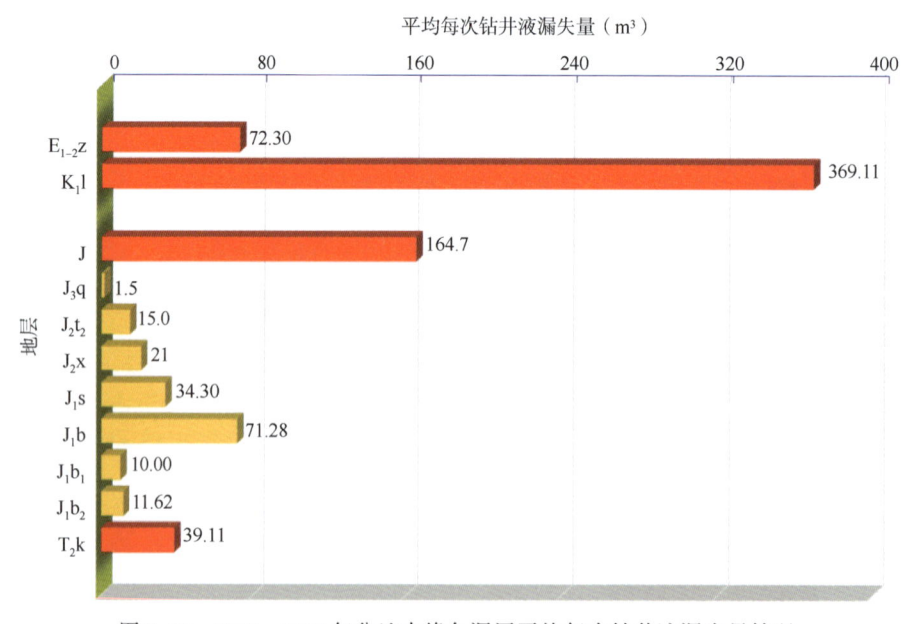

图 2.32　2016—2019 年盆地南缘各漏层平均每次钻井液漏失量情况

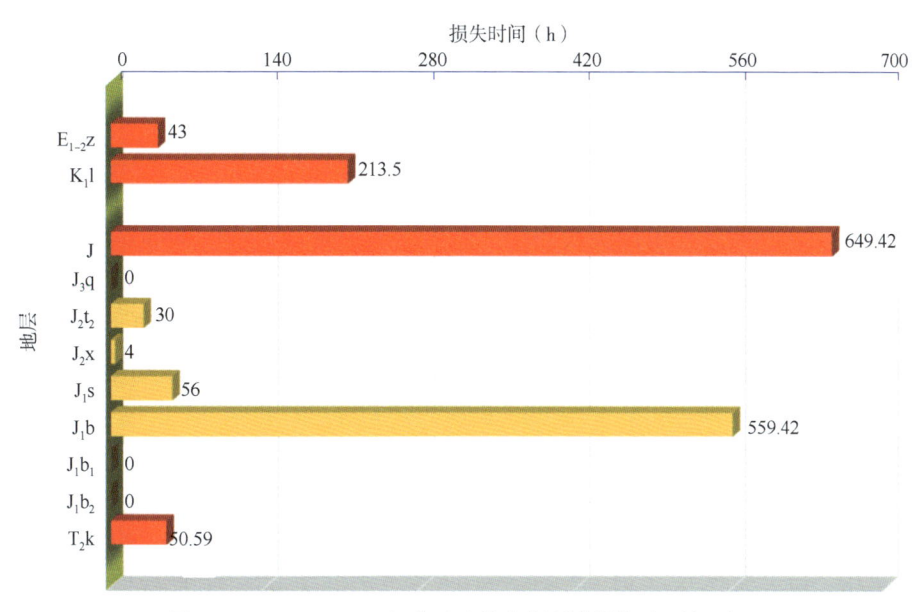

图 2.33 2016—2019 年盆地南缘各漏层井漏损失时间对比

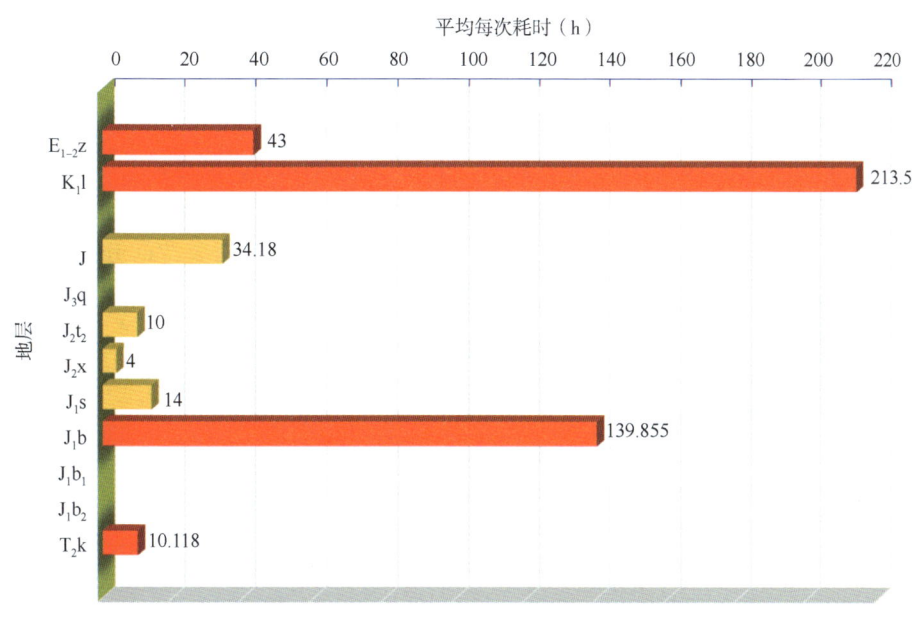

图 2.34 2016—2019 年盆地南缘各漏层平均每次井漏损失时间对比

由图 2.29 至图 2.34 可见，盆地南缘勘探井钻井漏失各漏层表现出不同的漏失特征。利用 2016—2019 年勘探井实钻井井史、测录井等资料，抽提出勘探井井漏相关数据，分别从整体和各漏层视角下，分析了盆地南缘勘探井钻井漏失特征。

（1）整体漏失特征。

漏失频率：侏罗系地层在 6 口探井中共漏失 15 次，漏失钻井液 271m^3，侏罗系地层漏失井数、漏失次数均为最多，表明盆地南缘探井在侏罗系地层的漏失最为频繁，侏罗系地层表现为"少量多次"的漏失特点，因此，侏罗系地层为盆地南缘探井钻井防漏堵漏的重点层位。

漏失强度：白垩系地层虽漏失次数少，但单次漏失量最大（约 369m^3/次），表明该地层具有"不漏则已，漏则惊人"的特点。

井漏处理时效或难易程度：白垩系地层井漏总耗时及平均每次井漏耗时最多，表明该地层井漏处理时效最低，白垩系地层为盆地南缘探井防漏堵漏的难点地层。

（2）各漏层漏失特征。

古近系：由于采用密度偏高诱导裂缝致漏，漏速 0.4~12m^3/h，平均 6.2m^3/h，漏失浆密度 2.5g/cm^3，桥浆浓度 20.3%~34%，平均 27%。

白垩系：断层和裂缝发育带，诱导加剧，"不漏则已，漏则惊人"，漏速 1~25.6m^3/h，平均 8.5m^3/h，漏失浆密度 2.21~2.25g/cm^3，平均 2.23g/cm^3，桥浆浓度 5%~30%，平均 11.6%。

侏罗系：裂缝发育，以天然致漏裂缝为主，漏失最频繁，"多次少量"漏失，漏速 0.2~60m^3/h，平均 23m^3/h，漏失浆密度 1.1~2.35g/cm^3，平均 1.25g/cm^3，桥浆浓度 22%~53%，平均 40%；其中，八道湾组地层发生漏失的井数及次数多，表明该地层漏失频繁、漏失强度大，八道湾组地层为盆地南缘探井侏罗系地层中的重点防漏堵漏层位；三工河组地层的总漏失量、平均每次漏失量、平均每次井漏耗时均较大，表明三工河组地层是盆地南缘探井漏层中的难点层位。

三叠系：以诱导裂缝致漏为主，漏失量大，单次处理耗时最多，漏速 8.3~34.5m^3/h，平均 19m^3/h，漏失浆密度 2.35~2.38g/cm^3，平均 2.36g/cm^3，桥浆浓度 4%~16%，平均 7.4%。

综上，利用 2016—2019 年来盆地各探区勘探井在各漏层的漏失特征分析结果，将盆地勘探井漏失通道特征归纳起来，结果见表 2.14。

表 2.14　准噶尔盆地勘探井漏层特征

漏　层	西北缘	腹部	准东	南缘
古近系				诱导裂缝
第四系			孔隙性	
白垩系	偶现漏失	天然裂缝		天然裂缝
侏罗系	天然裂缝	诱导裂缝	孔隙性、诱导裂缝	天然裂缝
三叠系	诱导裂缝	诱导裂缝	诱导裂缝	诱导裂缝
二叠系	天然裂缝	压力敏感天然裂缝	天然裂缝	
石炭系	天然裂缝	天然裂缝	天然裂缝	

2.2 准噶尔盆地漏失机理分析

2.2.1 准噶尔盆地漏失发生当时工况分析

国内外钻井实践表明，油气钻井过程发生井漏的工况无外乎以下 6 类。

（1）钻进过程中井漏。在正常钻进施工作业过程中，若钻遇天然漏失通道，就会突然发生井漏，表现为井口钻井液返出量小于泵入量，或井口没有钻井液返出，这是经常遇到的井漏。

（2）提高钻井液密度过程中井漏。钻井过程中，按钻井设计要求，进入一个新的高压地层前，将钻井液密度提高，在提高钻井液密度过程中，由于作用在井筒与地层之间的压差升高，引起较低压力地层发生井漏。

（3）关井过程中井漏。当钻遇高地层，发生溢流或井涌时关井，因井口关井压力过高而导致较低压力地层井漏。

（4）压井过程中井漏。当钻遇高压地层，发生溢流或井涌压井时，因钻井液密度或井口回压过高而导致较低压力地层井漏。

（5）下钻或开泵时井漏。由于钻井液静切力高、井深、循环阻力大，下钻或开泵时，造成瞬时激动压力过高而引起井漏。

（6）由于其他操作不当引起井漏。

本节对准噶尔盆地 2016—2019 年勘探井钻井漏失时工况进行了统计，结果如图 2.35 所示。

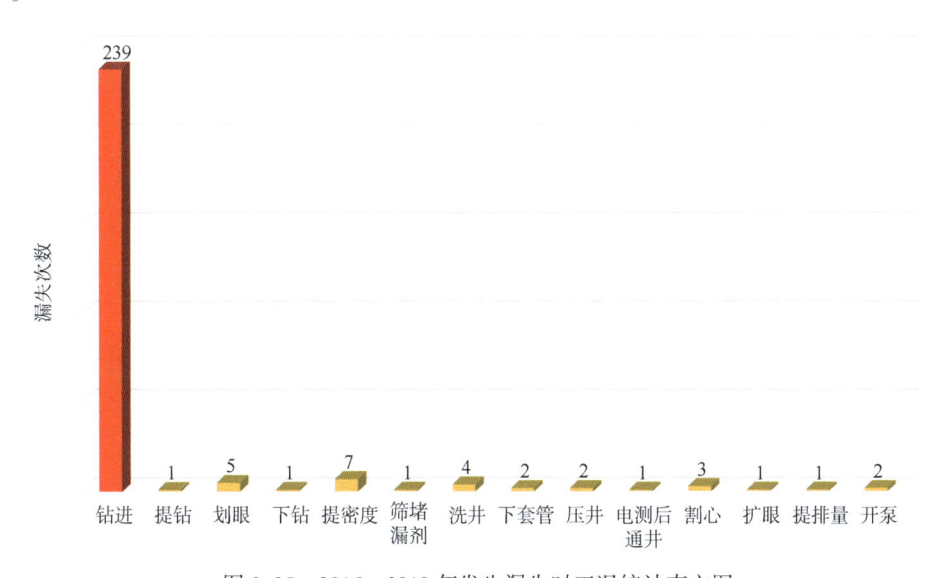

图 2.35 2016—2019 年发生漏失时工况统计直方图

由图 2.35 可见，盆地探井钻井作业发生的漏失，大部分(占 90%)是在钻进过程中发生的，少部分(占 10%左右)是在起下钻、划眼、循环、提高钻井液密度、反循环压井等工况下发生的,个别情况是在开泵、憋压、试压时将地层压破造成漏失。综上所述,可以推测盆地探井发生漏失以钻遇天然漏失通道地层为主,少数为地层承压能力低引起的诱导性井漏。

2.2.2 压裂致漏机理分析

薄弱地层是指井眼周围地层岩石的抗张能力较低,原本不漏的地层因被压裂而发生漏失,需要依靠特定技术手段来提高其承受较高钻井液压力的地层。

2.2.2.1 薄弱地层水压致裂机理

地层破裂压力,是指井内工作液所产生的压力升高到足以压裂地层,地层形成新的裂缝或使原有裂缝张开延伸的井内流体压力。因此,地层破裂应当包括两层含义:(1)无裂纹地层的破裂;(2)预存原生或诱导裂纹地层的破裂。

(1) 无裂纹地层的水力压裂机理。

理想无裂纹地层的水力压裂,可用经典弹性力学方法解释,该方法是建立在各向同性均质介质中的孔周应力分布的弹性解答基础之上的。在地层破裂前,井壁上的应力为由于井眼的存在两个水平应力的差别而形成的应力、井内注入压力及工作液渗滤所引起的周向应力之和,即

$$\sigma_{\theta,t} = (3\sigma_h - \sigma_H) - p_w + (p_w - p_p)\alpha\frac{1-2\nu}{1-\nu} \tag{2.1}$$

$$\alpha = 1 - \frac{C_r}{C_b}$$

式中:$\sigma_{\theta,t}$ 为周向应力,MPa;σ_h、σ_H 分别为最小、最大水平有效主应力,MPa;p_w 为井内流体压力,MPa;p_p 为孔隙压力,MPa;C_r、C_b 分别为岩石骨架压缩系数和岩石体积压缩系数;ν 为地层岩石的泊松比。

研究表明,深部地层内形成的裂缝多为垂直裂缝或高陡裂缝。根据最大拉应力准则,井壁岩石周向有效应力超过岩石的水平最小抗张强度 σ_t^h 时,井壁岩石就会张性破裂而形成垂直裂缝,即

$$\overline{\sigma}_\theta = -\sigma_t^h \tag{2.2}$$

式中:$\overline{\sigma}_\theta$ 为周向有效应力,MPa;σ_t^h 为地层水平方向上的最小抗拉强度,MPa。

若钻井液不向地层滤失时,井壁岩石孔隙流体压力不变,有效周向应力为

$$\overline{\sigma}_\theta = \sigma_\theta - p_p \tag{2.3}$$

此时,地层破裂压力 p_f 为

$$p_f = 3\overline{\sigma}_h - \overline{\sigma}_H + \sigma_t^h + p_p \tag{2.4}$$

式中:p_f 为地层破裂压力,MPa;$\overline{\sigma}_h$、$\overline{\sigma}_H$ 分别为最小、最大水平有效主应力,MPa。

若钻井液明显地向地层滤失,则井壁岩石孔隙压力增大到井内压力,有效周向应力为

$$\overline{\sigma}_\theta = \sigma_\theta - p_w \tag{2.5}$$

此时,地层破裂压力为

$$p_f = \frac{3\overline{\sigma}_h - \overline{\sigma}_H + \sigma_t^h}{2 - \alpha \dfrac{1-2\nu}{1-\nu}} + p_p \tag{2.6}$$

$$0 < \alpha \frac{1-2\nu}{1-\nu} < 1$$

(2) 有裂纹地层的水力压裂机理。

经典的方法忽略了这样的事实，即在像岩石这样的天然实际材料中，常存在一定程度的原生裂隙，高压液体可以渗入井壁周围的这些预存裂纹，并在地层破裂前对裂缝尖端产生一应力集度，从而使井壁岩石原生裂隙优先开裂。因此，在一定条件下，地层破裂问题并非理想介质中裂纹的形成问题，而应为地层岩石中预存原生裂隙的临界扩展问题。

岩石中裂纹的临界扩展问题可利用断裂力学理论求解。由于裂纹尖端的应力具有奇异性，在有裂纹存在的情况下，常规的强度准则已不再适用。而对于带有裂纹的岩石来说，其受载程度和极限状态不能用常规的应力来表征，而必须代之以应力强度因子。因此，带有裂纹的岩石的张性断裂准则可以表示为

$$K_I \geqslant K_{IC} \tag{2.7}$$

式中：K_I 为 I 型裂纹尖端的应力强度因子，$MPa \cdot m^{1/2}$；K_{IC} 为临界应力强度因子，也称为地层岩石的 I 型断裂韧性，可以通过实验测得，$MPa \cdot m^{1/2}$。

基于线弹性岩石断裂力学，结合经典力学中各应力分量的计算方法，研究考虑裂纹存在时的地层岩石破裂压力计算公式。由于问题的复杂性，首先作如下假设：①岩石为均质各向同性的线弹性材料；②假设水力压裂为无限大板内孔壁两侧的双对称裂缝扩展问题；③裂缝的开裂和扩展方向垂直于最小主应力方向；④不考虑孔隙压力的作用。

基于上述基本假设，可将裂缝简化为一远场压应力场（σ_H，σ_h，$\sigma_H \geqslant \sigma_h$）和流体压力作用下的均质弹性无限板内孔两侧的轴对称双裂缝，如图 2.36 所示。裂缝的法线与最小主应力 σ_h 的方向平行，井内流体压力为 p_w 且作用在井壁上，井内高压流体可渗入裂纹内，并在裂纹面上产生的流体压力分布为 $p_{fi}(x)$，选取与最大主应力 σ_H 平行的方向为 x 坐标方向。

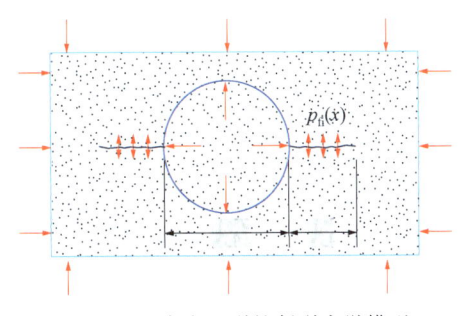

图 2.36 水力压裂的断裂力学模型

水力压裂裂纹的扩展为一典型的纯 I 型断裂（张性断裂）问题。尽管如图 2.36 所示的应力系统仍较复杂，但应用叠加原理，可将该应力系统视为各种简单载荷的叠加，如图 2.37 所示。

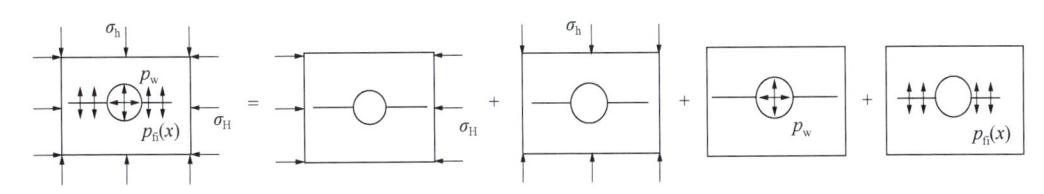

图 2.37 水力压裂模型中载荷的叠加

因此，裂纹端部的应力强度因子，可表达为各种简单载荷引起的应力强度因子的叠加，即

$$K_{\mathrm{I}} = K_{\mathrm{I}}(\sigma_{\mathrm{H}}, \sigma_{\mathrm{h}}, p_{\mathrm{w}}, p_{\mathrm{fi}}) = K_{\mathrm{I}}(\sigma_{\mathrm{H}}) + K_{\mathrm{I}}(\sigma_{\mathrm{h}}) + K_{\mathrm{I}}(p_{\mathrm{w}}) + K_{\mathrm{I}}(p_{\mathrm{fi}}) \tag{2.8}$$

式中：p_{fi}为缝内压力，MPa；$K_{\mathrm{I}}(\sigma_{\mathrm{H}}, \sigma_{\mathrm{h}}, p_{\mathrm{w}}, p_{\mathrm{fi}})$为裂缝尖端总应力强度因子，MPa·m$^{1/2}$；$K_{\mathrm{I}}(\sigma_{\mathrm{H}})$、$K_{\mathrm{I}}(\sigma_{\mathrm{h}})$、$K_{\mathrm{I}}(p_{\mathrm{w}})$、$K_{\mathrm{I}}(p_{\mathrm{fi}})$分别为$\sigma_{\mathrm{H}}$、$\sigma_{\mathrm{h}}$、$p_{\mathrm{w}}$、$p_{\mathrm{fi}}$引起的裂缝尖端应力强度因子分量，MPa·m$^{1/2}$。

求解裂纹尖端应力强度因子的过程中，采用计算无限大板内一半长为L_{f}的拉伸裂纹尖端应力强度因子的一般公式：

$$K_{\mathrm{I}} = -(\pi L_{\mathrm{f}})^{-1/2} \int_{-L_{\mathrm{f}}}^{L_{\mathrm{f}}} \sigma_y(x, 0) \left(\frac{L_{\mathrm{f}} + x}{L_{\mathrm{f}} - x} \right)^{1/2} \mathrm{d}x \tag{2.9}$$

式中：$\sigma_y(x, 0)$为裂缝面$y=0$上的法向应力，按照岩土力学中的一般习惯，取压应力为正，拉应力为负，MPa。

因此，K_{I}的求解转化为每种载荷在裂缝面上的应力分布函数$\sigma_y(x, 0)$的确定及各种载荷引起的应力强度因子的计算。

① $K_{\mathrm{I}}(\sigma_{\mathrm{H}})$，$K_{\mathrm{I}}(\sigma_{\mathrm{h}})$分量。

根据弹性力学中孔眼周围应力分布的Kirsch公式，远场应力σ_{H}和σ_{h}作用下，无限板中半径为r_{w}的圆孔周围沿r轴(取极坐标的r轴与x坐标轴重合)的切向应力$\sigma_{\theta}(r, 0)$为

$$\sigma_{\theta}(r, 0) = \frac{1}{2}(\sigma_{\mathrm{H}} + \sigma_{\mathrm{h}}) \left[1 + \left(\frac{r_{\mathrm{w}}}{r} \right)^2 \right] - \frac{1}{2}(\sigma_{\mathrm{H}} - \sigma_{\mathrm{h}}) \left[1 + 3\left(\frac{r_{\mathrm{w}}}{r} \right)^4 \right] \tag{2.10}$$

令x轴上$\sigma_{\mathrm{h}}=0$，可得σ_{H}在裂缝面上产生的法向等效应力为

$$\sigma_y(x, 0) = \sigma_{\theta}(r, 0) = \frac{1}{2}\sigma_{\mathrm{H}} \left[\left(\frac{r_{\mathrm{w}}}{x} \right)^2 - 3\left(\frac{r_{\mathrm{w}}}{x} \right)^4 \right] \tag{2.11}$$

将式(2.11)代入式(2.9)，并在$\{-(r_{\mathrm{w}}+L_{\mathrm{f}}), -r_{\mathrm{w}}\} \cup \{r_{\mathrm{w}}, (r_{\mathrm{w}}+L_{\mathrm{f}})\}$范围内积分，得

$$\begin{aligned} K_{\mathrm{I}}(\sigma_{\mathrm{H}}) &= -\frac{\sigma_{\mathrm{H}}}{2[\pi(r_{\mathrm{w}}+L_{\mathrm{f}})]^{1/2}} \int_{-(r_{\mathrm{w}}+L_{\mathrm{f}})}^{r_{\mathrm{w}}+L_{\mathrm{f}}} \left[\left(\frac{r_{\mathrm{w}}}{x} \right)^2 - 3\left(\frac{r_{\mathrm{w}}}{x} \right)^4 \right] \left(\frac{r_{\mathrm{w}}+L_{\mathrm{f}}+x}{r_{\mathrm{w}}+L_{\mathrm{f}}-x} \right)^{1/2} \mathrm{d}x \\ &= 2\sigma_{\mathrm{H}} \sqrt{r_{\mathrm{w}}} \left(\frac{b^2-1}{\pi b^7} \right)^{1/2} \end{aligned} \tag{2.12}$$

$$b = 1 + \frac{L_{\mathrm{f}}}{r_{\mathrm{w}}}$$

定义一个为正值的σ_{H}对应的无量纲应力强度因子函数$f_{\mathrm{H}}(b)$，它直接反映了最大水平主应力作用下，应力强度因子随裂纹尺寸变化的关系，即

$$f_{\mathrm{H}}(b) = 2\left(\frac{b^2-1}{\pi b^7} \right)^{1/2} \tag{2.13}$$

因此，水平最大主应力σ_{H}在裂纹尖端产生的应力强度因子分量$K_{\mathrm{I}}(\sigma_{\mathrm{H}})$可表示为

$$K_{\mathrm{I}}(\sigma_{\mathrm{H}}) = \sigma_{\mathrm{H}} \sqrt{r_{\mathrm{w}}} f_{\mathrm{H}}(b) \tag{2.14}$$

同理，令$\sigma_{\mathrm{H}}=0$，可得σ_{h}在裂缝面上产生的法向等效应力为

$$\sigma_y(x,\ 0)=\frac{1}{2}\sigma_h\left[2+\left(\frac{r_w}{x}\right)^2+3\left(\frac{r_w}{x}\right)^4\right] \tag{2.15}$$

将式(2.15)代入式(2.9)，并在$\{-(r_w+L_f),\ -r_w\}\cup\{r_w,\ (r_w+L_f)\}$上积分，得

$$K_I(\sigma_h)=-\sigma_h\sqrt{r_w}\left[(\pi b)^{1/2}\left(1-\frac{2}{\pi}\arcsin\frac{1}{b}\right)+2(b^2+1)\left(\frac{b^2-1}{\pi b^7}\right)^{1/2}\right] \tag{2.16}$$

式中

$$b=1+\frac{L_f}{r_w} \tag{2.17}$$

类似地，引入一个σ_h对应的无量纲应力强度因子函数$f_h(b)$，即

$$f_h(b)=\left[(\pi b)^{1/2}\left(1-\frac{2}{\pi}\arcsin\frac{1}{b}\right)+2(b^2+1)\left(\frac{b^2-1}{\pi b^7}\right)^{1/2}\right] \tag{2.18}$$

因此，水平最小主应力σ_h在裂纹尖端产生的应力强度因子分量$K_I(\sigma_h)$可表示为

$$K_I(\sigma_h)=-\sigma_h\sqrt{r_w}f_h(b) \tag{2.19}$$

② $K_I(p_w)$分量。

仅考虑井内流体压力p_w的作用，即假设裂纹内无钻井液渗入的情形。利用井内流体压力p_w在裂缝面上产生的法向等效应力，即不计裂纹存在时，井周岩石切向应力为

$$\sigma_y(x,\ 0)=-\left(\frac{r_w}{x}\right)^2 p_w \tag{2.20}$$

将式(2.20)代入式(2.9)，并在$\{-(r_w+L_f),\ -r_w\}\cup\{r_w,\ (r_w+L_f)\}$上积分，则有

$$K_I(p_w)=p_w\sqrt{r_w}\frac{2}{\sqrt{\pi}}\sqrt{\frac{b^2-1}{b^3}} \tag{2.21}$$

同样，引入p_w对应的一个无量纲应力强度因子函数$f_w(b)$，即

$$f_w(b)=\frac{2}{\sqrt{\pi}}\sqrt{\frac{b^2-1}{b^3}} \tag{2.22}$$

因此，井内压力p_w在裂纹尖端应力强度因子分量$K_I(p_w)$可表示为

$$K_I(p_w)=p_w\sqrt{r_w}f_w(b) \tag{2.23}$$

③ $K_I(p_{fi})$分量。

井壁滤饼对压力的阻挡及裂纹内液体向地层基岩渗滤的压力消耗，使裂纹内压力降低，因此，裂纹内压力小于或等于井内压力，设

$$p_{fi}(x)=\lambda p_w \quad (0<\lambda\leqslant 1) \tag{2.24}$$

式中：λ为裂纹内压力系数，$\lambda=1$代表了滤饼质量较差或基岩渗透率较低时，裂纹内压力等于井内压力的情况。

将式(2.24)代入式(2.9)，并在$\{-(r_w+L_f),\ -r_w\}\cup\{r_w,\ (r_w+L_f)\}$上积分，得：

$$K_I(p_{fi})=\lambda p_w\sqrt{r_w}(\pi b)^{1/2}\left(1-\frac{2}{\pi}\arcsin\frac{1}{b}\right) \tag{2.25}$$

类似地，引入p_{fi}对应的无量纲应力强度因子函数$f_{fi}(b)$，即

$$f_{\text{fi}}(b) = (\pi b)^{1/2}\left(1 - \frac{2}{\pi}\arcsin\frac{1}{b}\right) \qquad (2.26)$$

则裂纹内部流体压力在裂纹尖端产生的应力强度因子分量 $K_{\text{I}}(p_{\text{fi}})$ 为

$$K_{\text{I}}(p_{\text{fi}}) = \lambda p_{\text{w}}\sqrt{r_{\text{w}}}f_{\text{fi}}(b) \qquad (0 < \lambda \leq 1) \qquad (2.27)$$

④ 应力强度因子的叠加。

根据叠加原理，将推导出的各种载荷引起的应力强度因子分量按式(2.27)进行叠加，即可得到裂纹尖端的应力强度因子：

$$K_{\text{I}} = \{\sigma_{\text{H}}f_{\text{H}}(b) - \sigma_{\text{h}}f_{\text{h}}(b) + p_{\text{w}}[f_{\text{w}}(b) + \lambda f_{\text{fi}}(b)]\}\sqrt{r_{\text{w}}} \qquad (2.28)$$

$$b = 1 + \frac{L_{\text{f}}}{r_{\text{w}}}$$

式中：λ 为裂纹内压力系数，$0 < \lambda \leq 1$；$f_{\text{H}}(b)$，$f_{\text{h}}(b)$，$f_{\text{w}}(b)$，$f_{\text{fi}}(b)$ 分别为 σ_{H}、σ_{h}、p_{w}、p_{fi} 对应的无量纲应力强度因子函数。

⑤ 地层破裂压力计算公式。

根据断裂力学中的裂纹扩展准则，令

$$K_{\text{I}} = K_{\text{IC}} \qquad (2.29)$$

可得到裂纹失稳扩展的临界压力，即存在裂纹的井壁岩石破裂压力为

$$p_{\text{f}} = \frac{1}{f_{\text{w}}(b) + \lambda f_{\text{fi}}(b)}\left[\frac{K_{\text{IC}}}{\sqrt{r_{\text{w}}}} + \sigma_{\text{h}}f_{\text{h}}(b) - \sigma_{\text{H}}f_{\text{H}}(b)\right] \qquad (2.30)$$

将该破裂压力计算公式进一步化简，可得类似于经典计算方法的破裂压力公式：

$$p_{\text{f}} = k_1\sigma_{\text{h}} - k_2\sigma_{\text{H}} + S'_{\text{T}} \qquad (2.31)$$

其中

$$S'_{\text{T}} = \frac{K_{\text{IC}}}{[f_{\text{w}}(b) + \lambda f_{\text{fi}}(b)]\sqrt{r_{\text{w}}}}$$

$$k_1 = \frac{f_{\text{h}}(b)}{f_{\text{w}}(b) + \lambda f_{\text{fi}}(b)}$$

$$k_2 = \frac{f_{\text{H}}(b)}{f_{\text{w}}(b) + \lambda f_{\text{fi}}(b)}$$

式中：k_1，k_2 为水力压裂的破裂系数；S'_{T} 为有裂纹存在的地层岩石抗拉强度，MPa。

2.2.2.2 地层破裂压力的影响因素研究

地层岩石水力压裂机理研究结果表明，除了前章所述地层承压能力的影响因素以外，井眼尺寸、钻井液的滤失作用、井壁岩石裂纹及裂纹内压力也对地层破裂压力有明显的影响。

（1）井眼尺寸的影响。

对无裂纹地层而言，地层破裂压力不随井眼尺寸变化而变化。而由有裂纹地层破裂压力计算式(2.30)可知，有裂纹地层的破裂压力与井眼尺寸有关。对于一定的岩石（K_{IC} 为常数），式(2.31)表明 S'_{T} 值随井眼半径增大而减小，表明破裂压力随井眼半径增大而减小。

然而，在实际钻井过程中，同一裸眼井段内的井眼半径的变化通常不大，因此，地层破裂压力受井眼半径的影响实际上是可以忽略的。

（2）钻井液滤失的影响。

钻井液滤失作用不仅可以改变岩石本身的力学性能，而且会引起井壁岩石应力分布发生改变。若地层岩石内含有大量的黏土矿物尤其是水敏性黏土矿物，与钻井液滤液接触后，会产生水化作用，一方面改变该类地层岩石的力学强度，另一方面会形成水化应力改变地层岩石的应力分布，使地层破裂压力急剧降低。

由于地层岩石为多孔介质，钻井液滤液在正压差的作用下，将会向井壁岩石中渗入，形成一个滤失应力区，此应力增大了井壁上的周向应力，其增量 $\Delta\sigma_\theta$ 为

$$\Delta\sigma_\theta = \alpha(p_w - p_p)\frac{1-2\nu}{1-\nu} \qquad (2.32)$$

同时，由于钻井液的滤失，使井壁上多孔介质内流体压力发生改变，可近似认为等于井内压力值，从而使井壁上的周向有效应力也发生变化。

比较考虑钻井液滤失作用和不考虑钻井液滤失的破裂压力计算公式，可见，由于钻井液滤失于井壁地层孔隙中，使得地层的破裂压力有所降低。这是由于带有压力的液体进入地层后，相当于增加了岩石的受压面积，从而降低了破裂压力。有研究表明，在裸眼井中，由于钻井液的滤失而使地层破裂压力降低的幅度可达到25%~40%。

（3）裂纹长度的影响。

各种成因裂纹的存在，对井壁岩石破裂压力有明显的影响。由式（2.30）可知，在相同其他条件下，地层破裂压力随裂纹的长度变化而变化。

为了更加深刻地认识裂纹长度对地层破裂压力的影响规律，取 r_w = 108mm、σ_H = 42MPa、σ_h = 31MPa、K_{IC} = 50MPa·mm$^{1/2}$，裂纹长度 L_f 取 0.1~20mm，计算了对应裂纹长度条件下的地层破裂压力，其计算结果如图 2.38 所示。

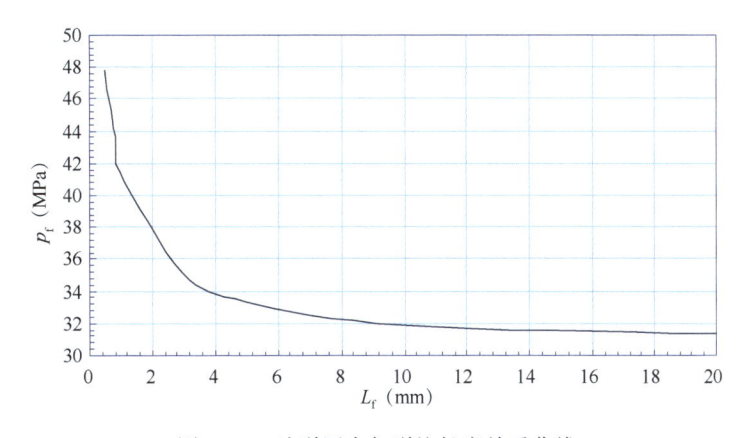

图 2.38　破裂压力与裂纹长度关系曲线

由图 2.38 可见，在裂纹长度较小时，地层破裂压力随着裂纹的长度增加而急剧降低，当裂纹长度增大到一定程度以后，地层破裂压力变化较小，此时的破裂压力反映了裂纹的延伸压力。

（4）裂纹内压力的影响。

由地层破裂压力计算公式（2.31）可知，地层破裂压力与裂纹内压力有关。可用 λ 值的大小反映裂纹内压力相对于井内压力的大小。

为了深刻理解裂纹内压力对地层破裂压力的影响，取 r_w = 108mm、σ_H = 42MPa、σ_h = 31MPa、K_{IC} = 50MPa·mm$^{1/2}$，裂纹长度 L_f 取 4mm，利用式（2.31），计算了不同裂纹内压力系数条件下的地层破裂压力，其计算结果如图 2.39 所示。

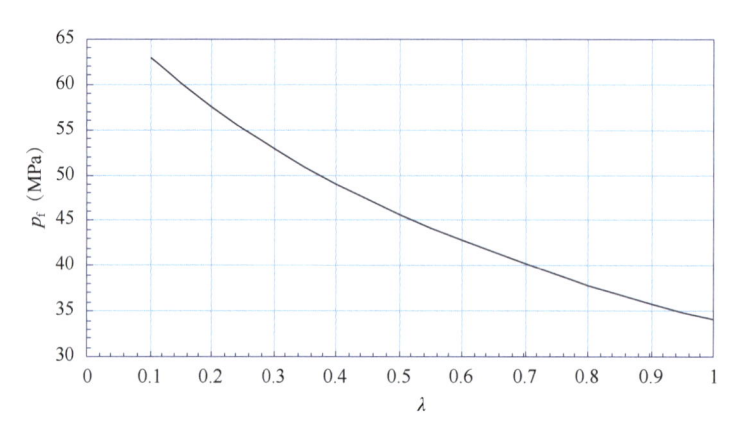

图 2.39　破裂压力与裂纹内压力系数关系曲线

由图 2.39 可见，随着裂纹内压力系数 λ 值的增加，地层破裂压力急剧下降，即地层破裂压力随裂纹内压力的增加而降低。这表明如果能够降低裂纹内压力，就可以大幅提高地层的破裂压力，因此，尽可能地降低裂纹内压力对地层破裂压力的影响，就成了提高薄弱地层破裂压力的主要任务。

2.2.3　压差致漏机理分析

致漏天然裂缝的开口度通常都较大，并且裂缝的长度较长或与地层中的预存的裂缝或溶洞相连通，构成了钻井液漏失的通道和容纳空间，如图 2.40 所示。

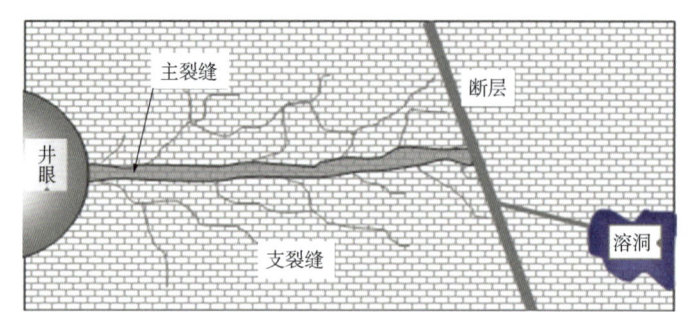

图 2.40　致漏天然裂缝形态示意图

钻井过程中钻遇致漏天然裂缝性地层，井漏速度很大，甚至会出现有进无出的恶性漏失，造成钻井液的大量损失和钻井进度的减缓。

2.2.3.1 天然裂缝性漏失模型

地下裂缝极其复杂，这给建立漏失模型带来了巨大的麻烦。面对这种复杂的漏失通道，为了研究天然裂缝漏失机理和规律，有必要进行一些适当的简化，尽可能地模拟地下裂缝性漏失的规律。为此，作如下假设：

（1）钻井液在裂缝中呈平行层流流动；
（2）裂缝壁面为非渗透性面；
（3）漏失流动为定常流动；
（4）裂缝的长度很长，即忽略裂缝端部的影响；
（5）裂缝纵向上的开口尺寸为不变值 W_f，但沿裂缝的长度方向的裂缝宽度是不规则变化的。

基于以上假设，建立如图 2.41 所示的裂缝模型，虽然沿裂缝的长度方向的裂缝宽度不规则变化，但是，在局部区域内，裂缝的宽度可以视为不变的。因此，变宽度的裂缝模型可以视为是由 N 个平行板型的短裂缝构成。

经过上述的假设和简化以后，天然裂缝性漏失的裂缝模型就转化为 N 个平行板型裂缝漏失模型的叠加，如图 2.42 所示。平板型裂缝漏失模型是已经熟知的经典模型，这样就将一个复杂的问题转化为多个简单问题了。

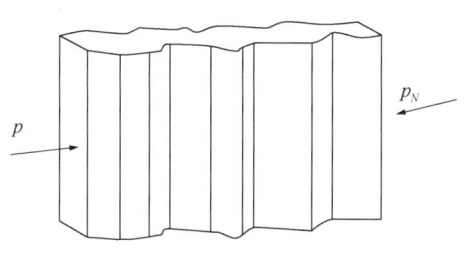

图 2.41 变宽度的裂缝模型

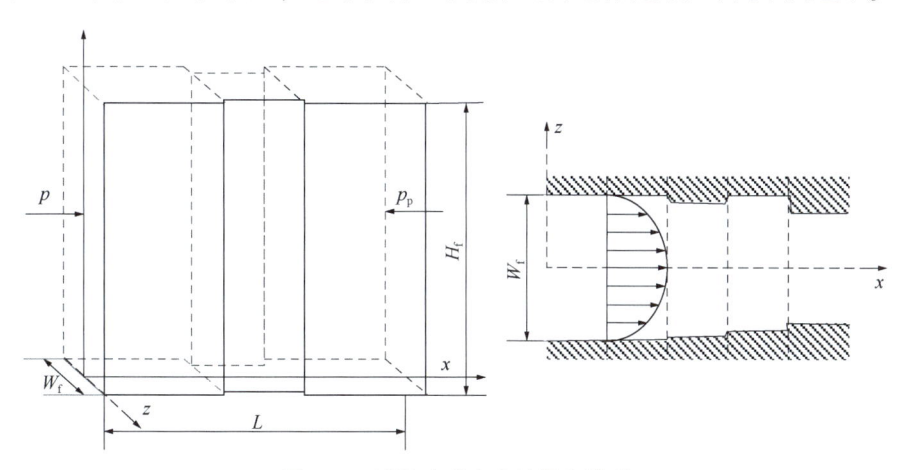

图 2.42 裂缝宽度变化的漏失模型

下面将从简单的单一平行板模型着手，再将简单的平板型模型推广到复杂的不规则裂缝模型，以研究钻井液在天然裂缝性地层的漏失规律。

先考虑钻井液在单个平行板型裂缝中的漏失模型，此次仅以幂律模式钻井液为例，研究钻井液在如图 2.43 所示的平行板裂缝中的流动规律。

由力的平衡关系，可知

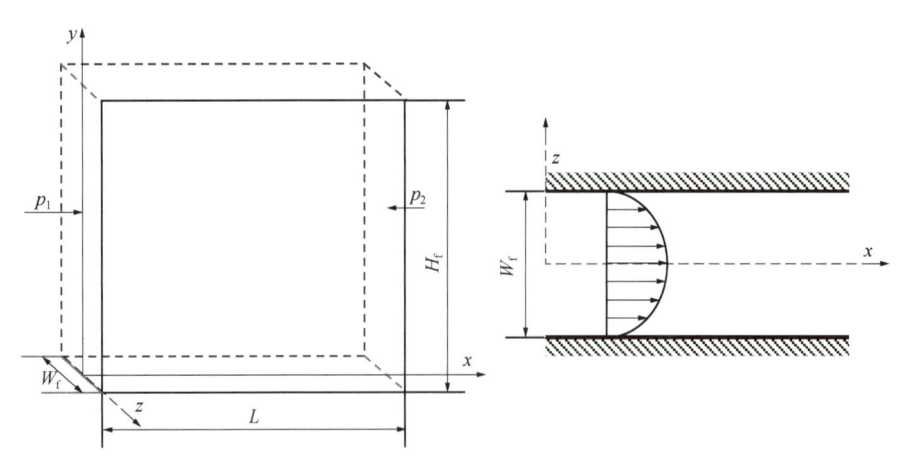

图 2.43 平行板型漏失模型

$$\frac{W_f}{z} \cdot H_f(p_1-p_2) = H_f \cdot L \cdot \tau \tag{2.33}$$

式中：τ 为剪切力，MPa。

对于幂律模式的钻井液，剪切力为：

$$\tau = k\left(-\frac{\mathrm{d}v}{\mathrm{d}z}\right)^n \tag{2.34}$$

式中：k 为稠度系数，$Pa \cdot s^n$；n 为流性指数；v 为流速，m/s；z 为 z 坐标方向的位置，m。

式(2.34)中，$\frac{\mathrm{d}v}{\mathrm{d}z}$ 前取负号，是由于随着 z 的增加，速度 v 是减小的，$\frac{\mathrm{d}v}{\mathrm{d}z}$ 为负值。

将式(2.34)代入式(2.33)，整理得

$$-\frac{\mathrm{d}V}{\mathrm{d}z} = \left(\frac{\Delta p}{kL}\right)^{\frac{1}{n}} z^{\frac{1}{n}} \tag{2.35}$$

式(2.35)这个微分方程的边界条件为

$$v \mid_{z=\frac{W_f}{2}} = 0 \tag{2.36}$$

求解式(2.35)，并由式(2.36)得

$$v = \frac{n}{n+1}\left(\frac{\Delta p}{kL}\right)^{\frac{1}{n}}\left[\left(\frac{W_f}{2}\right)^{\frac{n+1}{n}} - z^{\frac{n+1}{n}}\right] \tag{2.37}$$

此外，缝中钻井液的体积流量为

$$Q = 2\int_0^{\frac{W_f}{2}} v \cdot H_f \cdot \mathrm{d}z \tag{2.38}$$

式中：Q 为裂缝中钻井液的体积流量，即漏失速度；H_f 为裂缝高度。

将式(2.37)代入式(2.38)，积分可得

$$Q = \frac{2H_f n}{2n+1}\left(\frac{\Delta p}{kL}\right)^{\frac{1}{n}}\left(\frac{W_f}{2}\right)^{\frac{2n+1}{n}} \tag{2.39}$$

因为，$\lim\limits_{L \to 0} \dfrac{\Delta p}{L} = -\dfrac{\mathrm{d}p}{\mathrm{d}x}$。

所以，对式（2.39）两端取极限，就得到钻井液在平行板型裂缝内流动的压降方程：

$$\frac{\mathrm{d}p}{\mathrm{d}x} = -2^{n+1} \left[\frac{(2n+1)Q}{nH_\mathrm{f}}\right]^n \frac{k}{W_\mathrm{f}^{2n+1}} \tag{2.40}$$

现在考虑变宽度的裂缝模型：沿裂缝长度方向，将裂缝划分为 N 个单元体，每个单元的裂缝宽度假设相等，则第 i 个单元的裂缝宽度为 W_fi，由质量守恒原理可以知道，钻井液在每个单元体的体积流量应该相等。这样，运用单一平板型裂缝模型的压降方程，可得每一单元的压降方程为

$$\frac{\Delta p_i}{\Delta L_i} = -2^{n+1} \left[\frac{(2n+1)Q}{nH_\mathrm{f}}\right]^n \frac{k}{W_\mathrm{fi}^{2n+1}} \tag{2.41}$$

由于平均压力梯度为

$$\frac{\Delta p}{L} = \frac{1}{N} \sum_{i=1}^{N} \frac{\Delta p_i}{\Delta L_i}$$

所以有

$$\frac{\Delta p}{L} = -2^{n+1} \left[\frac{(2n+1)Q}{nH_\mathrm{f}}\right]^n \frac{k}{N} \sum_{i=1}^{N} W_\mathrm{fi}^{-(2n+1)} \tag{2.42}$$

$$Q = H_\mathrm{f} \left(\frac{\dfrac{\Delta p}{L}}{2^{n+1}k}\right)^{1/n} \frac{n}{2n+1} \frac{1}{N} \left[\sum_{i=1}^{N} W_\mathrm{fi}^{-(2n+1)}\right]^{-1} \tag{2.43}$$

当划分的单元数很多时，令 $N \to \infty$，上式趋于一极限值：

$$Q = H_\mathrm{f} \left(\frac{\dfrac{\Delta p}{L}}{2^{n+1}k}\right)^{1/n} \frac{n}{2n+1} W_\mathrm{f}^{\frac{2n+1}{n}} \tag{2.44}$$

$$\frac{\Delta p}{L} = \left[\frac{Q(2n+1)}{H_\mathrm{f} n}\right]^n 2^{n+1} k \frac{1}{W_\mathrm{f}^{2n+1}} \tag{2.45}$$

式中：n 为幂律型钻井液的流性指数；k 为幂律型钻井液的稠度系数；H_f 为裂缝高度；Q 为裂缝中钻井液的体积流量，即漏失速度。

2.2.3.2 天然裂缝性漏失的影响因素

由前述漏失模型可知，影响天然裂缝性漏失的主要因素主要包括井底压差、裂缝开口度和钻井液的性能。

（1）压差对漏速的影响。

井底压差不仅是漏失发生的至关重要的先决条件，也是影响漏失速度大小的重要因素。由式（2.43）和图 2.44 可见，当裂缝开口度和钻井液性能条件相同时，井底压差越大，漏失速度也就越大。

（2）裂缝开口度对漏速的影响。

地下裂缝是漏失发生的另一先决条件，而裂缝的大小，特别是裂缝的开口度的大小，也是影响漏速大小的重要因素。式（2.43）和图 2.45 清楚地反映了裂缝开口度对漏失速度

的影响。而且，随着裂缝开口度的增大，漏失速度曲线的变化率逐渐增大，说明裂缝宽度对漏失速度的影响也变的越大。

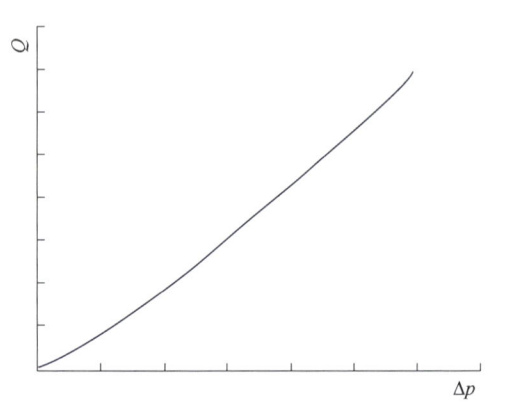

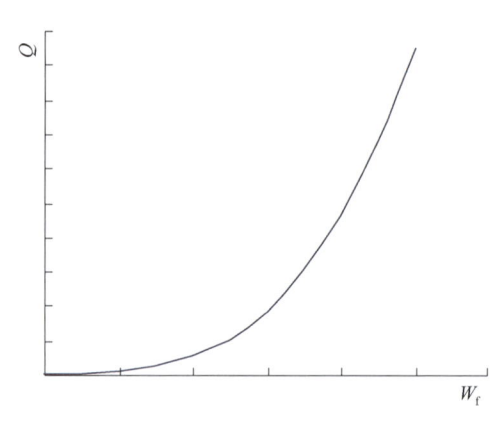

图 2.44　井底压差对漏失速度的影响

图 2.45　裂缝开口度对漏失速度的影响

（3）钻井液性能对漏速的影响。

钻井液的性能也是影响漏失速度的重要因素。由式（2.43）可见，漏失速度是钻井液流变参数的函数。如图 2.46 和图 2.47 所示分别为幂律流体的流变参数 n、k 对漏速的影响关系。同时由式（2.44）也可见，钻井液的流变参数也影响缝内的压力梯度，所以在钻进裂缝性地层时，必须调整好钻井液的性能，预防井漏的发生。

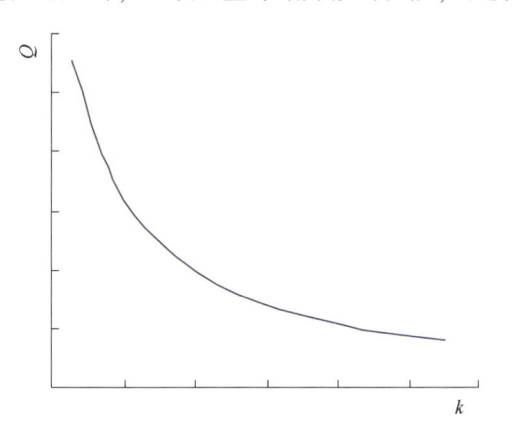

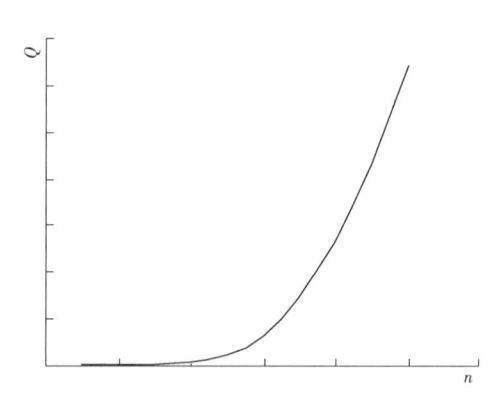

图 2.46　钻井液稠度系数 k 对漏速的影响

图 2.47　钻井液流性指数 n 对漏速的影响

2.3　准噶尔盆地勘探井钻井防漏堵漏对策及作用原理研究

2.3.1　压裂致漏对策及作用原理

2.3.1.1　"阻劈裂"封堵防漏

为了将薄弱地层破裂压力提高到满足工程要求的设计值，即地层能够承受更高的井内压力而不发生井漏，就必须防止地层中预存裂纹发展为到致漏程度的较大诱导裂缝。因此，防止诱导致漏裂缝形成成为防漏技术的重要内容。

影响薄弱地层的破裂压力的因素较多，然而，当薄弱地层被钻开以后，其井眼半径 r_w、原地地应力 σ_H 和 σ_h、地层中的各种成因的裂纹均已客观存在，为不可调控因素。因此，薄弱地层的破裂压力就取决于裂缝内的流体压力 p_{fi} 的大小，而裂纹内压力是可以通过控制钻井液的滤失造壁性能来控制的。

裂纹内压力越大，薄弱地层越容易被压裂，地层的破裂压力越低，这是因为带有压力的钻井液液相侵入裂纹内部，会对地层裂纹产生"水力劈裂"作用。若钻井液能够在井壁形成渗透率极低的封堵隔离带（如滤饼），则可有效阻止钻井液压力向裂纹内部传递，如图 2.48 所示。

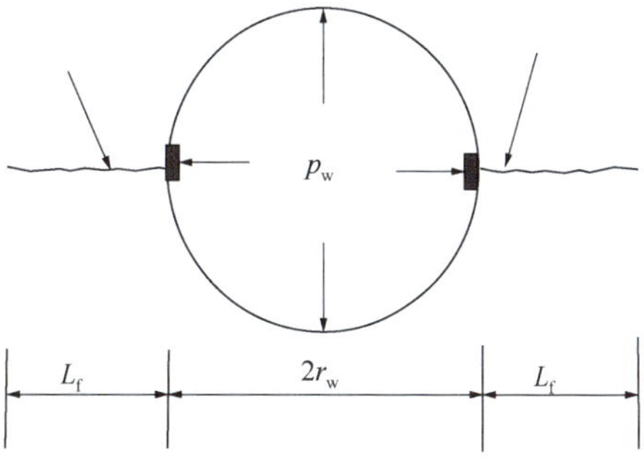

若裂纹内压力保持近似等于地层孔隙流体压力，即

$$p_{fi} = p_p \tag{2.46}$$

图 2.48 "阻劈裂"原理示意图

则缝内压力引起的裂纹尖端的应力强度因子为

$$K_I(p_{fi}) = p_p \sqrt{r_w} (\pi b)^{1/2} \left(1 - \frac{2}{\pi} \arcsin \frac{1}{b}\right) \tag{2.47}$$

此时，地层裂纹尖端应力强度因子是相同条件下的最低水平。

利用前述水力压裂断裂力学模型，地层的破裂压力为

$$p_f = \frac{1}{f_w(b) + \lambda f_{fi}(b)} \left[\frac{K_{IC}}{\sqrt{r_w}} + \sigma_h f_h(b) - \sigma_H f_H(b)\right] \tag{2.48}$$

$$\lambda = \frac{p_p}{p_w}$$

此时，裂纹内的压力值最低，且地层破裂压力为能够提高的最大值，实际破裂压力的大小与井壁形成的封堵隔离带（滤饼）的渗透性有关。由此可以推断，如果钻井液能够在井壁岩石上形成渗透率极低的滤饼，岩石破裂压力必然较高。在具有良好造壁封堵性能的钻井液体系作用下，有裂纹地层岩石的封堵和破裂过程，可以描述为如下三个阶段。

（1）封堵层的形成阶段。

钻井液在正压差的作用下，以较低滤失量在岩石表面形成一层薄、密、韧的封堵层（如滤饼），其厚度取决于钻井液的性质，如滤失造壁性或封堵性能。随着井内压力的增加，井壁上的应力由压应力逐渐过渡为拉应力，使井壁岩石上原有裂纹呈张开的趋势或产生新的微裂纹，如图 2.49 所示。

（2）裂纹开启阶段。

随着注入压力继续增加，当注入压力大于最小水平主应力时，井壁岩石上形成的新裂纹或原有裂纹将开启，其宽度不断增加，如图 2.50 所示。由于滤饼内固相颗粒具有一定

的机械强度，滤饼整体也表现出具有一定的强度，如果井壁岩石裂纹宽度不太大时，井壁上的滤饼将横跨在裂纹开口处，阻挡钻井液介质与压力向裂纹深部传递。此时，岩石和滤饼的强度共同抵抗井内压力，岩石仍表现为未被压裂。

（3）水力劈裂阶段。

当井内压力增大到滤饼能够承受的最大的临界压力时，井壁上的滤饼将发生破坏，沟通了井眼与地层裂纹，井内流体压力将向裂纹内传递，从而对地层裂纹产生"水力劈裂"作用，如图2.51所示。此时，地层岩石很容易在水力劈裂作用下被压裂，直到裂纹尺寸发展到致漏尺寸时，表现出明显的钻井液漏失。

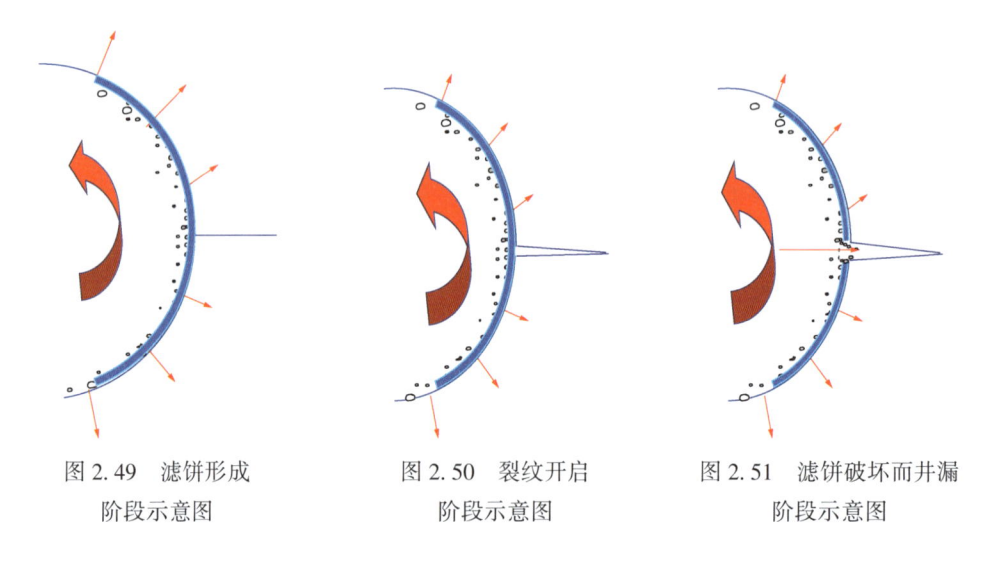

图2.49　滤饼形成阶段示意图

图2.50　裂纹开启阶段示意图

图2.51　滤饼破坏而井漏阶段示意图

可见，钻井液作用下，薄弱地层岩石被压裂而井漏的过程可以概括为"先破后漏"的过程。钻井液在井壁上形成的封堵隔离带，使井壁的渗透率降低，增加了井壁岩石的完整程度，有利于阻止或减缓压力向裂纹内部的传递，可阻止或减缓井壁裂纹的水力劈裂作用，因此，"阻劈裂"作用可提高地层岩石"破而不漏"的能力。钻井液的封堵对地层裂纹的"阻劈裂"作用对地层破裂压力的影响，如图2.52所示。

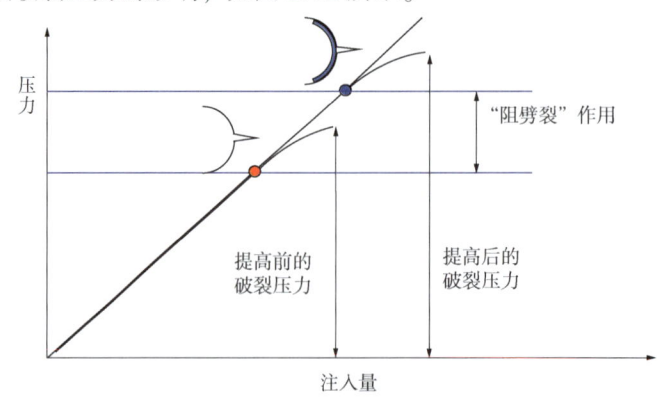

图2.52　"阻劈裂"作用对地层破裂压力的影响示意图

由图 2.52 可见，钻井液的封堵作用对防止诱导裂缝的形成具有"阻劈裂"作用，能显著提高地层岩石的破裂压力。因此，在薄弱地层中钻进时，采用滤失造壁性能良好的钻井液体系，比使用造壁性能较差的相同密度钻井液更不容易压裂地层，地层的破裂压力更高，具有一定的防漏作用。

2.3.1.2 强化井壁承压堵漏

压裂致漏的主要特点是裂缝延伸和扩张，因此，封堵诱导裂缝的关键就在于阻止裂缝的延伸和扩张。根据裂缝的断裂判据，当裂缝尖端的应力强度因子小于岩石的断裂韧度时，裂缝就停止延伸。而裂缝尖端的应力强度因子是由各方面因素共同决定的。

对于特定井段和地层，其井眼半径 r_w、最大水平地应力 σ_H 和最小水平地应力 σ_h 都是确定的，则裂缝尖端的应力强度因子 K_I 就取决于井内钻井液压力 p_w 和裂缝内的流体压力 p_{frac} 的分布，即可控因素为 p_w 和 p_{frac}。然而，在堵漏施工过程中，井内钻井液压力 p_w 是提高地层承压能力所要求的井内压力值，即地层必须能够承受的最大井内钻井液压力，是设计要求的压力值，不允许随意调整，因此，改善缝内压力 $p_{frac}(x)$ 分布就是改变裂缝尖端的应力强度因子的唯一途径。

理论与实践表明，堵漏钻井液在诱导裂缝内建立的"人工隔墙"，可以改善缝内压力的分布。当缝内压力 $p_{frac}(x)$ 和其他载荷（σ_h、σ_H、p_w）在裂缝尖端共同产生的应力强度因子满足裂缝止裂的断裂力学条件时，裂缝停止延伸。

"人工隔墙"可以封堵在裂缝的不同位置，"人工隔墙"对裂缝延伸的阻止作用自然也不尽相同。基于岩石断裂力学基本理论，结合工程实际，对"人工隔墙"的不同封堵深度及由此产生的不同裂缝内压力分布 $p_{frac}(x)$ 对裂缝延伸的阻止作用展开讨论。

采用的封堵模型为无限地层内双翼裂缝的一翼，如图 2.53 所示，假设堵漏材料在缝内某位置 $x_b(r_w \leqslant |x_b| \leqslant L_f + r_w)$ 处开始封堵，裂缝被分为"隔墙段"和"尖端段"两部分。

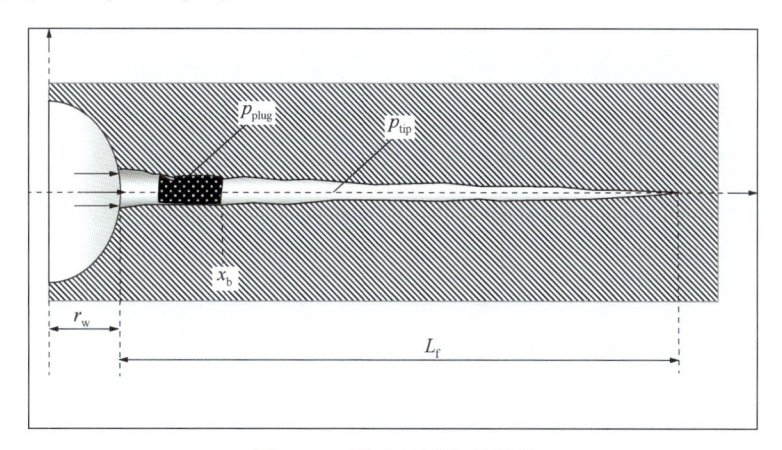

图 2.53 裂缝封堵物理模型

设"隔墙"段对裂缝的支撑应力为 p_{plug}，"尖端段"内的流体压力为 p_{tip}，缝内压力分布可以表示为：

$$p_{\text{frac}}(x) = \begin{cases} p_{\text{plug}} & r_{\text{w}} \leqslant |x| \leqslant x_{\text{b}} \\ p_{\text{tip}} & x_{\text{b}} < |x| \leqslant r_{\text{w}} + L_{\text{f}} \end{cases} \quad (2.49)$$

无限大板内一半长为 a 的拉伸裂缝尖端应力强度因子的一般公式为：

$$K_{\text{I}} = -(\pi a)^{-1/2} \int_{-a}^{a} \sigma_y(x, 0) \left(\frac{a+x}{a-x}\right)^{1/2} \mathrm{d}x \quad (2.50)$$

将式(2.50)代入式(2.49)，得

$$K_{\text{I}}(p_{\text{frac}}) = \frac{1}{\sqrt{\pi(L+r_{\text{w}})}} \int_{-(r_{\text{w}}+L_{\text{f}})}^{r_{\text{w}}+L_{\text{f}}} p_{\text{frac}}(x) \left(\frac{L_{\text{f}}+r_{\text{w}}+x}{L_{\text{f}}+r_{\text{w}}-x}\right)^{1/2} \mathrm{d}x$$

$$= \frac{1}{\sqrt{\pi(L_{\text{f}}+r_{\text{w}})}} \left[\int_{-(L_{\text{f}}+r_{\text{w}})}^{-x_{\text{b}}} p_{\text{tip}} \left(\frac{L_{\text{f}}+r_{\text{w}}+x}{L_{\text{f}}+r_{\text{w}}-x}\right)^{1/2} \mathrm{d}x + \int_{-x_{\text{b}}}^{-r_{\text{w}}} p_{\text{plug}} \left(\frac{L_{\text{f}}+r_{\text{w}}+x}{L_{\text{f}}+r_{\text{w}}-x}\right)^{1/2} \mathrm{d}x \right.$$

$$\left. + \int_{r_{\text{w}}}^{x_{\text{b}}} p_{\text{plug}} \left(\frac{L_{\text{f}}+r_{\text{w}}+x}{L_{\text{f}}+r_{\text{w}}-x}\right)^{1/2} \mathrm{d}x + \int_{x_{\text{b}}}^{r_{\text{w}}+L_{\text{f}}} p_{\text{tip}} \left(\frac{L_{\text{f}}+r_{\text{w}}+x}{L_{\text{f}}+r_{\text{w}}-x}\right)^{1/2} \mathrm{d}x \right] \quad (2.51)$$

查积分公式表，对式(2.51)积分得

$$K_{\text{I}}(p_{\text{frac}}) = 2\sqrt{\frac{L_{\text{f}}+r_{\text{w}}}{\pi}} \left[p_{\text{plug}} \left(\arcsin\frac{x_{\text{b}}}{L_{\text{f}}+r_{\text{w}}} - \arcsin\frac{r_{\text{w}}}{L_{\text{f}}+r_{\text{w}}} \right) + p_{\text{tip}} \left(\frac{\pi}{2} - \arcsin\frac{x_{\text{b}}}{L_{\text{f}}+x_{\text{b}}} \right) \right] \quad (2.52)$$

令 $\lambda = \dfrac{p_{\text{tip}}}{p_{\text{w}}}$，则式(2.49)改写成：

$$p_{\text{frac}}(x) = \begin{cases} p_{\text{plug}} & r_{\text{w}} \leqslant |x| \leqslant x_{\text{b}} \\ \lambda p_{\text{w}} & x_{\text{b}} < |x| \leqslant r_{\text{w}} + L_{\text{f}} \end{cases} \quad (2.53)$$

为了将缝内压力 p_{frac} 与井内压力 p_{w} 联系起来，需要讨论"隔墙段"对裂缝壁面的支撑应力 p_{plug} 与井内压力之间的关系。"人工隔墙"在裂缝中的形成过程，是原先由流体占据的部分裂缝空间被钻井液中的堵漏材料所填充，原先的钻井液的液压支撑裂缝转变成由钻井液中的堵漏材料支撑裂缝的过程。"人工隔墙"与原先的钻井液应该对裂缝壁面发挥着同样的支撑作用，它们的区别仅在于原先钻井液的液压是使裂缝张开的压力，"人工隔墙"对裂缝的支撑应力则是阻止已经张开的裂缝闭合的压力，而这两个压力产生的效果是等价的。因此，"隔墙段"对裂缝的支撑应力应等于钻井液的液压，即 $p_{\text{plug}} = p_{\text{w}}$。实际缝内压力分布为

$$p_{\text{frac}}(x) = \begin{cases} p_{\text{plug}} = p_{\text{w}} & r_{\text{w}} \leqslant |x| \leqslant x_{\text{b}} \\ \lambda p_{\text{w}} & x_{\text{b}} < |x| \leqslant r_{\text{w}} + L_{\text{f}} \end{cases} \quad (2.54)$$

由于封堵隔离带对流体压力的阻挡作用，裂缝"尖端段"的流体压力应该低于井内钻井液的压力，而且高于地层的流体压力 p_{p}，即满足下式条件：

$$p_{\text{p}} < p_{\text{tip}} < p_{\text{w}} \quad (2.55)$$

得到 λ 的取值范围为

$$\frac{p_{\text{p}}}{p_{\text{w}}} < \lambda < 1 \quad (2.56)$$

所以裂缝缝内压力引起的裂缝尖端应力强度因子为

$$K_\mathrm{I}(p_\mathrm{frac}) = 2p_\mathrm{w}\sqrt{\frac{L_\mathrm{f}+r_\mathrm{w}}{\pi}}\left[\left(\arcsin\frac{x_\mathrm{b}}{L_\mathrm{f}+r_\mathrm{w}}-\arcsin\frac{r_\mathrm{w}}{L_\mathrm{f}+r_\mathrm{w}}\right)+\lambda\left(\frac{\pi}{2}-\arcsin\frac{x_\mathrm{b}}{L_\mathrm{f}+x_\mathrm{b}}\right)\right] \quad (2.57)$$

其中
$$r_\mathrm{w} \leqslant |x_\mathrm{b}| \leqslant L_\mathrm{f}+r_\mathrm{w}$$

（1）当 $|x_\mathrm{b}| = r_\mathrm{w}$ 时，即堵漏材料在裂缝入口外封堵（亦称"封门"），如图 2.54 所示，这种情况下裂缝内压力分布为

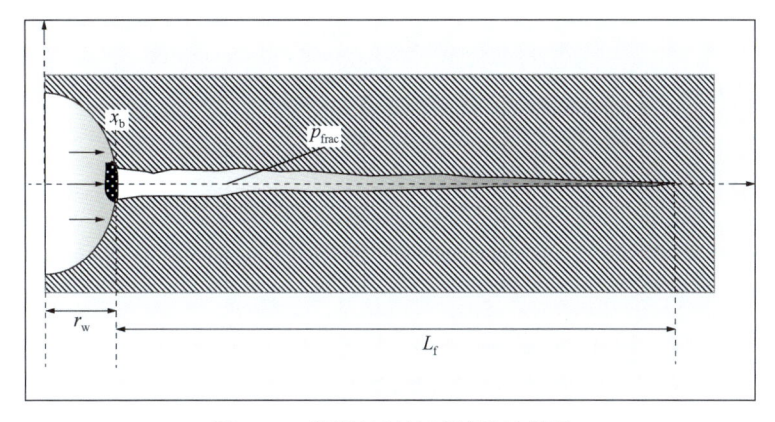

图 2.54　堵漏材料的"封门"示意图

$$p_\mathrm{frac}(x) = p_\mathrm{tip} = \lambda p_\mathrm{w} \quad r_\mathrm{w} \leqslant |x| \leqslant r_\mathrm{w}+L_\mathrm{f} \quad (2.58)$$

裂缝内压力引起裂缝尖端的应力强度因子 $K_\mathrm{I}(p_\mathrm{frac})$ 为

$$K_\mathrm{I}(p_\mathrm{frac}) = 2\sqrt{\frac{L_\mathrm{f}+r_\mathrm{w}}{\pi}}\lambda p_\mathrm{w}\left(\frac{\pi}{2}-\arcsin\frac{r_\mathrm{w}}{L_\mathrm{f}+r_\mathrm{w}}\right) \quad \frac{p_\mathrm{p}}{p_\mathrm{w}}<\lambda<1 \quad (2.59)$$

这种情况下裂缝尖端处的应力强度因子 K_I 可以取得最小值，仅从断裂力学的角度考虑，"封门"是最有利于阻止裂缝延伸和钻井液漏失的。

然而，由于钻井液循环对井壁的冲刷作用和钻具与井壁的碰撞，堵漏材料"封门"作用很容易被破坏，所以工程上不允许堵漏材料"封门"；另外，若钻井液中固相堵漏材料停留在裂缝入口外，钻井液中液相必然会由于失水所用而进入裂缝，这将导致裂缝的进一步扩张，若裂缝的开口度扩张到允许堵漏材料进入裂缝的程度后，堵漏材料的"封门"作用将会被破坏。所以，堵漏材料的"封门"既在工程上是不允许的，同时也是难以实现的。

（2）当 $|x_\mathrm{b}| = r_\mathrm{w}+L_\mathrm{f}$，即堵漏材料在裂缝尾端封堵（亦称"封尾"），如图 2.55 所示，这种情况下裂缝内压力分布为

$$p_\mathrm{frac}(x) = p_\mathrm{w} \quad r_\mathrm{w} \leqslant |x| \leqslant r_\mathrm{w}+L_\mathrm{f} \quad (2.60)$$

裂缝内压力引起裂缝尖端的应力强度因子 $K_\mathrm{I}(p_\mathrm{frac})$ 为

$$K_\mathrm{I}(p_\mathrm{frac}) = 2\sqrt{\frac{L_\mathrm{f}+r_\mathrm{w}}{\pi}}p_\mathrm{w}\left(\frac{\pi}{2}-\arcsin\frac{r_\mathrm{w}}{L_\mathrm{f}+r_\mathrm{w}}\right) \quad (2.61)$$

这种情况下裂缝尖端处的应力强度因子 K_I 将取得最大值，从断裂力学的角度考虑，"封尾"是最不利于阻止裂缝的延伸和钻井液的漏失的。另外，若钻井液中堵漏材料是固相

材料,如桥塞堵漏材料,固相材料在裂缝尖端封堵,必然会伴随着钻井液的失水作用。对于像碳酸盐岩这样的基岩渗透率极低的地层,钻井液中的液相部分很难渗滤到基岩中去,这就导致钻井液中的固相堵漏材料很难在裂缝内形成封堵带。因此,在基岩渗透率极低的地层中,固相堵漏材料的"封尾"在实际工程实践中也是难以实现的。

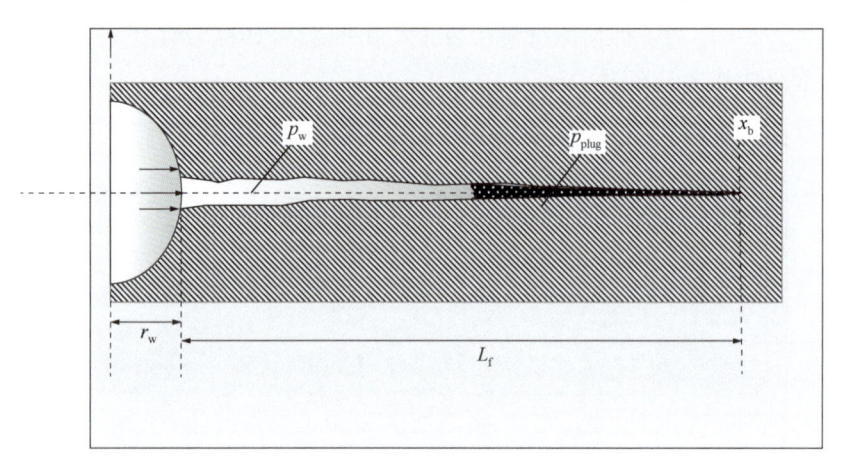

图 2.55 堵漏材料的"封尾"示意图

(3)当 $r_w < |x_b| < L_f + r_w$,即堵漏材料在裂缝内某位置 x_b 处开始封堵(亦称"封喉"),如图 2.56 所示,这种情况下裂缝内压力分布为

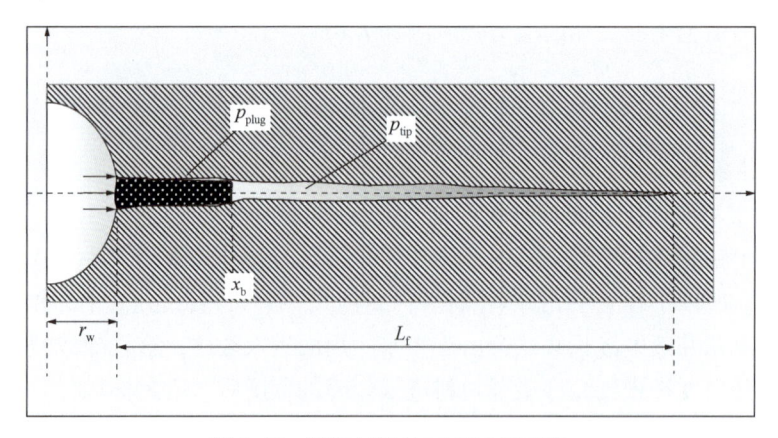

图 2.56 堵漏材料的"封喉"示意图

$$p_{\text{frac}}(x) = \begin{cases} p_{\text{plug}} = p_w & r_w \leqslant |x| \leqslant x_b \\ \lambda p_w & x_b < |x| \leqslant r_w + L_f \end{cases} \quad (2.62)$$

裂缝内压力引起裂缝尖端的应力强度因子 $K_I(p_{\text{frac}})$ 为

$$K_I(p_{\text{frac}}) = 2p_w \sqrt{\frac{L_f + r_w}{\pi}} \left[\left(\arcsin \frac{x_b}{L_f + r_w} - \arcsin \frac{r_w}{L_f + r_w} \right) + \lambda \left(\frac{\pi}{2} - \arcsin \frac{x_b}{L_f + x_b} \right) \right] \quad \frac{p_p}{p_w} < \lambda < 1$$

(2.63)

裂缝尖端的应力强度因子为各载荷引起的应力强度因子的叠加,由于影响裂缝的延伸

的主要载荷为最小水平地应力 σ_h 和裂缝内的压力，分别考察 $\frac{\sigma_h}{p_w}<\lambda<1$、$\lambda=\frac{\sigma_h}{p_w}$ 和 $\frac{p_p}{p_w}<\lambda<\frac{\sigma_h}{p_w}$ 三种情形下的裂缝尖端应力强度因子随裂缝长度的延伸的变化情况，如图 2.57 所示。

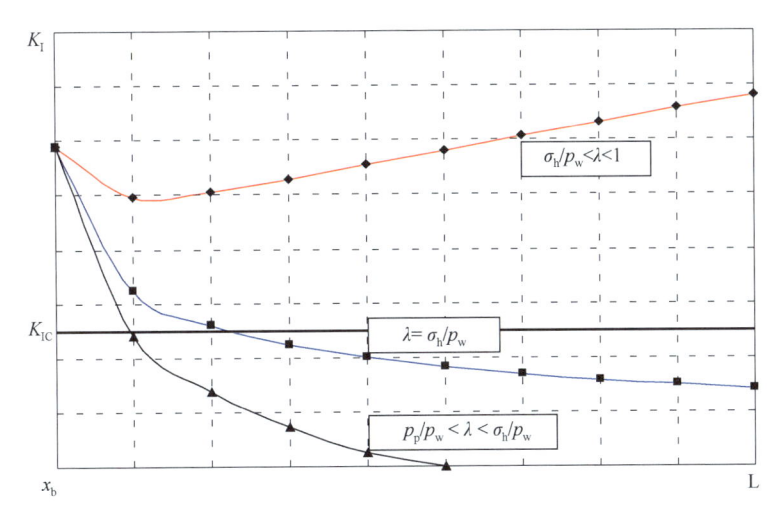

图 2.57 应力强度因子与裂缝长度关系曲线

可以发现，对于封堵深度 x_b 一定时，裂缝"尖端段"的流体压力 p_{tip} 的大小明显地影响了裂缝的延伸能力。

当 $\frac{\sigma_h}{p_w}<\lambda<1$，即 $\sigma_h<p_{tip}<p_w$ 时，裂缝尖端的引力强度因子大于岩石的断裂韧度 K_{IC}，裂缝的延伸是不能有效地阻止的。

当 $\lambda=\frac{\sigma_h}{p_w}$，即 $p_{tip}=\sigma_h$ 时，裂缝尖端的应力强度因子随着裂缝的延伸会逐渐较小，当减小到岩石断裂韧度 K_{IC} 以下时，裂缝的延伸也就停止，这种情形下的裂缝内压力分布有利于阻止裂缝的延伸。

当 $\frac{p_p}{p_w}<\lambda<\frac{\sigma_h}{p_w}$，即 $p_p<p_{tip}<\sigma_h$ 时，裂缝尖端的应力强度因子随着裂缝的延伸会急剧减小，当减小到岩石断裂韧度 K_{IC} 以下时，裂缝就停止延伸，且裂缝的长度很短，这种情形下的裂缝内压力分布更加有利于阻止裂缝的延伸。

可见，只有满足 $p_{tip} \leq \sigma_h$ 时，裂缝的延伸才可能得到有效的阻止，且"尖端段"的压力越低，裂缝的长度就越短，越有利于阻止裂缝的延伸。

"裂缝尖端段"的流体压力 p_{tip} 的具体大小，应根据不同地层的渗透率而论。对于基岩渗透率非常低的地层，如碳酸盐岩地层，由于裂缝"尖端段"的钻井液很难通过渗滤的形式进入岩石的基岩，通常这部分钻井液的压力的耗散较少，常最终与水平最小地应力 σ_h 相近；若基岩内预存了较小的微裂纹，"裂缝尖端段"的钻井液会在压差的作用下进入这些微裂纹中，该段流体压力也会很快降低。所以裂缝"尖端段"的最大流体压力值为最小水平地

应力 σ_h，即

$$p_{tip} \leq \sigma_h \tag{2.64}$$

而对于基岩渗透率非常高的地层，如疏松砂岩地层，由于裂缝"尖端段"的钻井液液相很容易通过渗滤的形式进入岩石基岩深部，通常这部分钻井液的压力很快降低，最终与地层流体压力 p_p 平衡。所以裂缝"尖端段"的最小值流体压力值为地层流体压力 p_p，即

$$p_{tip} \geq p_p \tag{2.65}$$

对于实际地层，若 $p_p < \sigma_h$，则裂缝"尖端段"的流体压力应该满足条件：

$$p_p \leq p_{tip} \leq \sigma_h \tag{2.66}$$

这样才能有效地阻止裂缝的延伸。综上所述，堵漏材料的"封喉"为堵漏材料的最佳封堵形式，且 $p_{tip} \leq \sigma_h$ 是裂缝的延伸能得到有效阻止的必要条件。

2.3.2 压差致漏对策及作用原理

对于压差致漏来讲，漏失发生时的流体容纳空间条件已经具备，漏失与否主要在于是否具有钻井液流入地层的动力条件，即钻井液压力的大小。

漏失发生后，如果钻井液压力在裂缝较短距离内降至地层的漏失压力，破坏漏失发生的动力条件，漏失将会停止。然而，由于钻井工程的要求，常规钻井液的流动压降都很低，不能满足在裂缝较短距离内压力降至很低这一要求。因此，必须采用专门的堵漏钻井液才能实现对钻井液压力的阻挡作用。

根据堵漏材料的性质，堵漏钻井液包括固体材料的堵漏钻井液和液体材料的堵漏钻井液，如桥塞堵漏钻井液和凝胶堵漏钻井液。

2.3.2.1 桥塞堵漏钻井液的增阻作用

桥塞堵漏钻井液的增阻作用主要是通过桥接堵漏材料在裂缝内架桥，堆积和填充，在裂缝中形成一段封堵隔墙，变缝为孔，使钻井液的流动由原先在裂缝中的管流变成在封堵隔墙中堵漏颗粒材料形成的孔隙中的渗流。

如图 2.58 所示，桥塞堵漏封堵隔墙形成过程中，设某一时刻封堵隔墙有效渗透率为 $K(t)$，钻井液入口端面的有效孔隙度为 $\Phi(t)$，封堵隔墙的长度为 $L_p(t)$，钻井液液相在封堵隔离带的流动满足达西流动规律，且钻井液在封堵隔墙中的流量为 $Q(t)$，缝内流体压力为 $p_{frac}(t)$。

根据渗流力学基本理论，可以得到任意时刻钻井液液相漏失速度：

$$Q(t) = W_f H_f \Phi(t) \frac{K(t)}{\mu} \cdot \frac{[p_w - p_{frac}(t)]}{L_p(t)} \tag{2.67}$$

式中：μ 为液相有效黏度，Pa·s。

随着桥塞材料不断进入裂缝，并在裂缝内架桥和堆积，封堵隔墙的长度 $L_p(t)$ 将不断增大，若在桥接堵漏材料中加入变形材料和填充材料，钻井液入口端面的有效孔隙度 $\Phi(t)$ 将随着变形材料和填充材料的充填作用而减小，封堵隔墙的有效渗透率 $K(t)$ 也将随着 $\Phi(t)$ 的减小而降低。由式(2.67)可以清楚地看出，钻井液在封堵隔墙中的漏失速度

$Q(t)$ 也将显著降低。若堵漏材料的级配合理，就能满足 $\Phi(t)=0$ 和 $K(t)=0$，此时 $Q(t)=0$，即钻井液的漏失停止，此时缝内流体压力 $p_{\text{frac}}(t)$ 也降低为地层流体压力 p_{p}。

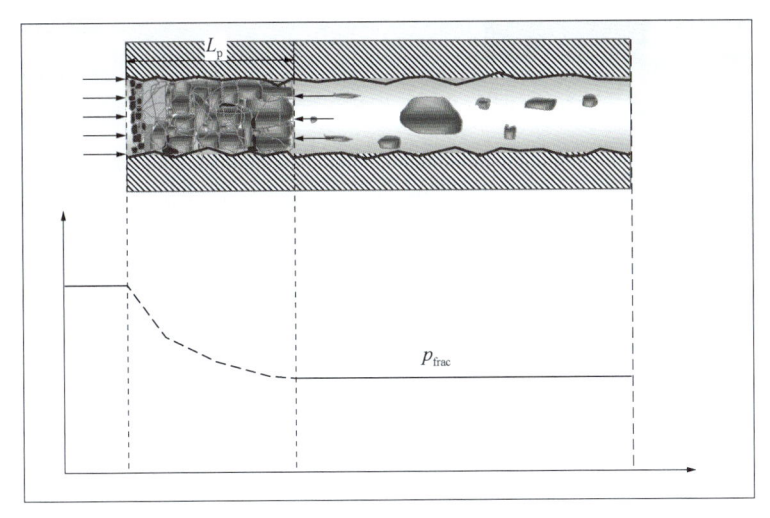

图 2.58 桥塞封堵裂缝物理模型

设桥塞段钻井液入口端面的有效孔隙度为 Φ_0，出口端面的有效孔隙度为 Φ_1，根据力学平衡原理，桥塞两端面的作用力的差值应该由桥塞与裂缝面之间的摩擦力 F_f 来平衡，即

$$p_{\text{w}}W_{\text{f}}H_{\text{f}}(1-\Phi_0)=p_{\text{frac}}W_{\text{f}}H_{\text{f}}(1-\Phi_1)+F_\text{f} \tag{2.68}$$

$$F_\text{f}=p_{\text{w}}W_{\text{f}}H_{\text{f}}(1-\Phi_0)-p_{\text{frac}}W_{\text{f}}H_{\text{f}}(1-\Phi_1) \tag{2.69}$$

当 $\Phi_0=0$ 时，桥塞与裂缝面之间的摩擦力达到最大值，即

$$F_{\text{fmax}}=W_{\text{f}}H_{\text{f}}[p_{\text{w}}-p_{\text{p}}(1-\Phi_1)] \tag{2.70}$$

因此，桥塞堵漏要求增大桥塞与裂缝面之间的最大静摩擦力以克服桥塞两端面的作用力之差。

2.3.2.2 凝胶堵漏钻井液的增阻作用

凝胶堵漏钻井液的增阻作用主要是利用了凝胶钻井液的强剪切稀释性，凝胶的黏度、切力随着凝胶向裂缝中流动而不断增大，增大到足以克服凝胶段塞两端的压差时，凝胶失去了流动性而减少钻井液的漏失。

如图 2.59 所示，结合平板型漏失模型，根据力学平衡原理，则有：

$$(p_{\text{w}}-p_{\text{frac}})W_{\text{f}}H_{\text{f}}=2\tau L_{\text{p}}H_{\text{f}} \tag{2.71}$$

对于宾汉模式的钻井液，剪切应力 τ 为

$$\tau=\tau_0+\mu_{\text{p}}\gamma \tag{2.72}$$

经过简单的推导过程，可以得出凝胶钻井液在裂缝内流动的压降梯度与钻井液流变参数之间的关系：

$$\frac{\Delta p}{\Delta L}=\frac{12Q\mu_{\text{p}}}{W_{\text{f}}^2 H_{\text{f}}}+\frac{2\tau_{\text{o}}}{W_{\text{f}}} \tag{2.73}$$

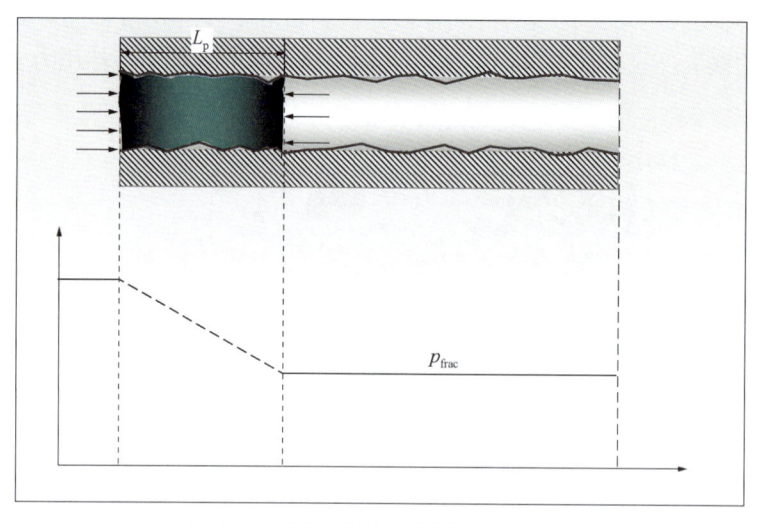

图 2.59 凝胶段塞封堵裂缝物理模型

式中：τ_0 为宾汉型钻井液的动切力，MPa；μ_p 为宾汉型钻井液的塑性黏度，mPa·s；H_f 为裂缝高度，m；W_f 为裂缝的宽度，m；Q 为裂缝中钻井液的体积流量（即漏失速度），m³/s。

由式（2.73）可见，凝胶堵漏钻井液在裂缝中的流动压降梯度随着钻井液的塑性黏度和动切力的增大而增大。这反映了凝胶钻井液的黏度和剪切稀释性对缝内压降的影响。对于段塞两端压差确定的情况下，压降梯度的增大意味着凝胶段塞长度的减小，所需要的凝胶堵漏钻井液的量也减少。

凝胶堵漏钻井液通常具有较高的黏度和切力，在裂缝中流动具有较高的启动压力。当凝胶段塞两端的压差不足以克服凝胶段塞的流动阻力时，即满足：

$$p_w - p_{frac} < \frac{12Q\mu_p L_p}{W_f^2 H_f} + \frac{2\tau_o L_p}{W_f} \tag{2.74}$$

钻井液将停止向裂缝流动，裂缝得到封堵。

通过对准噶尔盆地勘探井漏失地层及漏失通道分析，发现盆地探井发生漏失以钻遇天然漏失通道地层为主，少数为地层承压能力低引起的诱导裂缝性井漏。通过对天然致漏裂缝性地层钻井防漏堵漏对策及其作用机理分析发现，裂缝性漏失的共同特点是足够大的钻井液压力构成了钻井液大量流入地层的动力条件，而裂缝的延伸与扩张构成了漏失发生的流体容纳空间条件，因此增大缝内流体压力降和阻止裂缝延伸是减少裂缝性地层漏失的主要方法。

对于承压能力低的地层应用钻井液的封堵作用对防止诱导裂缝的形成具有"阻劈裂"作用的原理，采用滤失造壁性能良好的钻井液体系，可降低地层漏失的概率，起到防漏的作用。

第3章 现用防漏堵漏材料优选与配方优化

3.1 防漏堵漏材料基本理化性质评价实验研究

3.1.1 防漏堵漏材料粒度分布

堵漏材料的粒度分布直接关系着防漏堵漏配方的应用效果。若堵漏材料的粒度过大，堵漏材料将在裂缝入口外堆积，称为"封门"，这是地层承压能力被提高的一种假象，"封门"极易被钻井液的冲刷或钻柱与井壁的碰撞破坏；当堵漏材料尺寸过小，堵漏材料不能在裂缝内尽快堵塞，因而不能提高地层的承压能力。因此，对各防漏堵漏材料的粒度分布进行了测试，对各防漏堵漏材料的组成分布和累计分布进行了测算，实验结果如图 3.1 至图 3.36。其中，利用激光粒度测试微小颗粒分布结果如图 3.23 至图 3.36 所示。

根据实测堵漏材料粒度分布曲线，可以读取出各堵漏材料的特征 D10、D50 及 D90 值，见表 3.1 与表 3.2。

表 3.1 盆地探井常用防漏堵漏材料筛分粒度值

材　　料	D10(mm)	D50(mm)	D90(mm)
大理石(1~2mm)	0.83	1.01	1.25
ZS(0.3~1mm)	0.27	0.47	0.74
刚性材料(20~40目)	0.46	0.5	0.71
刚性材料(40~60目)	0.04	0.14	0.36
核桃壳(0.074~0.3mm)	0.03	0.15	0.27
核桃壳(0.3~1mm)	0.1	0.47	0.39
核桃壳(1~3mm)	0.69	1.05	1.46
核桃壳(3~5mm)	1.42	2.32	2.87
核桃壳(5~7mm)	2.75	3.42	4.2
核桃壳	0.45	1.38	2.85
橡胶粒	1.22	2.5	3.68
ZS(2~4mm)	0.82	1.46	2.85

续表

材　料	D10(mm)	D50(mm)	D90(mm)
等四面体	4.1	4.55	4.9
SQD-98	0.51	0.55	0.59
大理石(0.054~1mm)	0.57	0.75	0.86
大理石(2~5mm)	1.1	2.15	2.85
云母(3~5mm)	1.3	2.05	2.58
云母(1~3mm)	0.9	1.24	1.53
云母(0.3~1mm)	0.44	0.52	0.75
FD-9	0.04	0.16	0.33
TP-10	0.06	0.34	0.55

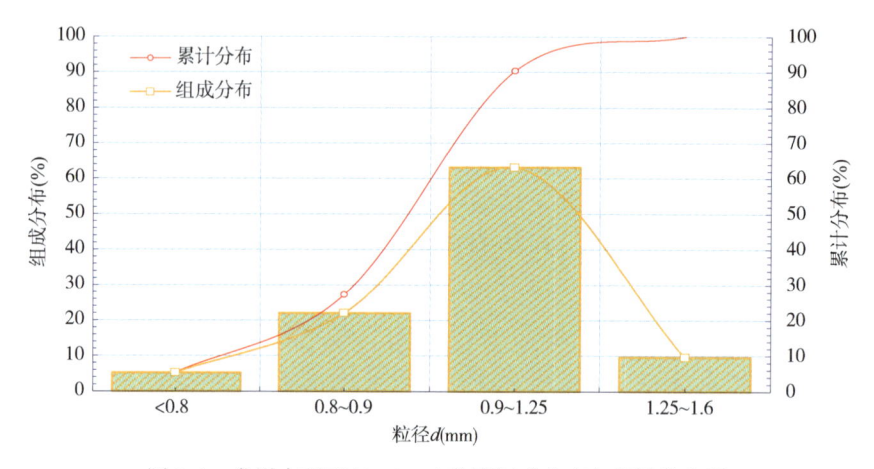

图 3.1　奥泽大理石(1~2mm)粒度组成分布与累计分布图

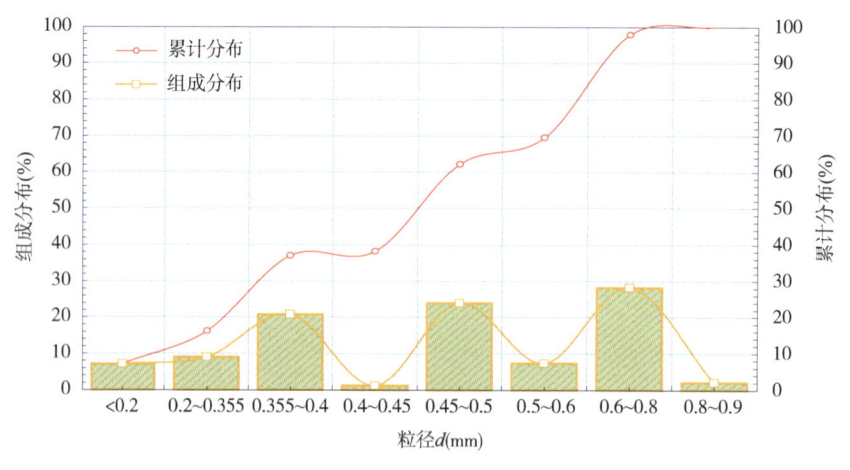

图 3.2　ZS(0.3~1mm)粒度组成分布与累计分布图

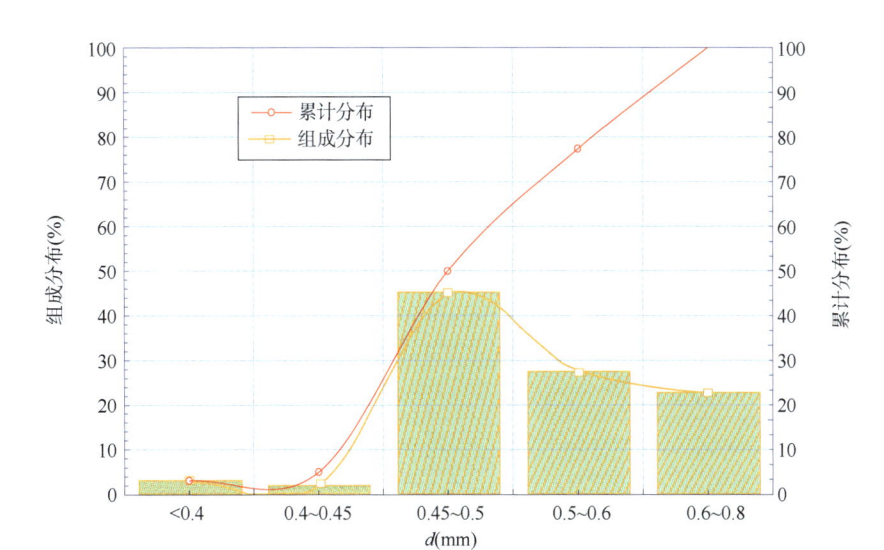

图 3.3　刚性(20~40目)材料粒度组成分布与累计分布图

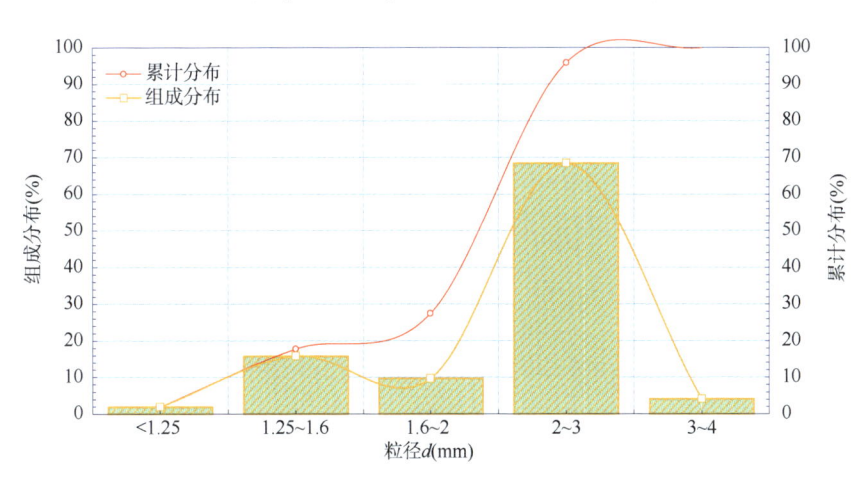

图 3.4　核桃壳(3~5mm)粒度组成分布与累计分布图

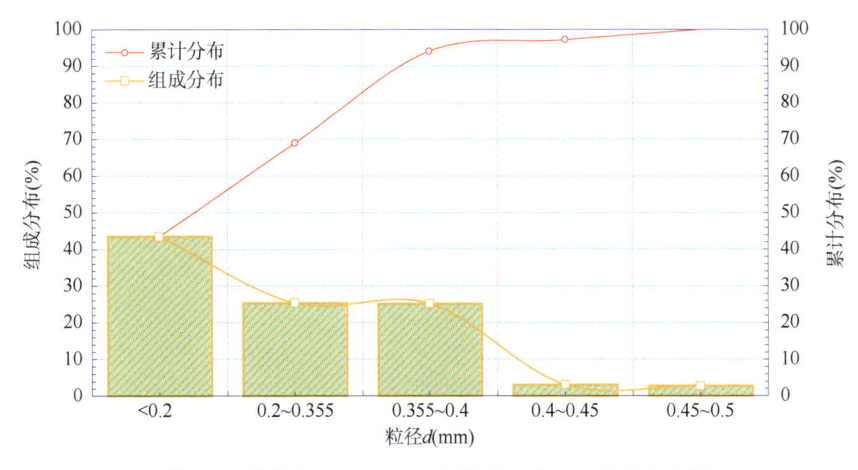

图 3.5　核桃壳(0.3~1mm)粒度组成分布与累计分布图

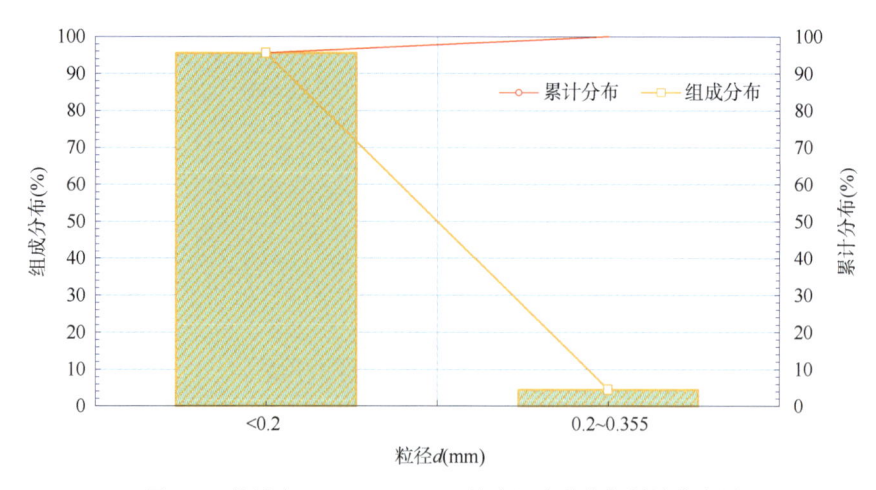

图 3.6　核桃壳(0.074~0.3mm)粒度组成分布与累计分布图

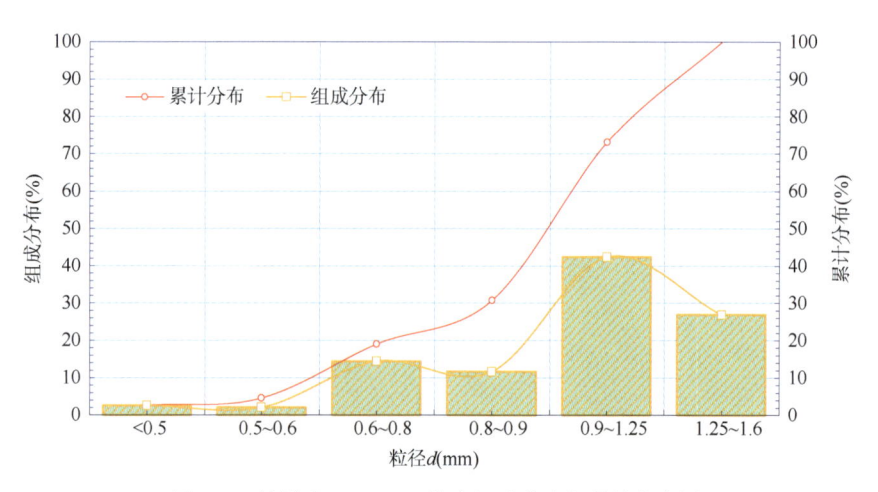

图 3.7　核桃壳(1~3mm)粒度组成分布与累计分布图

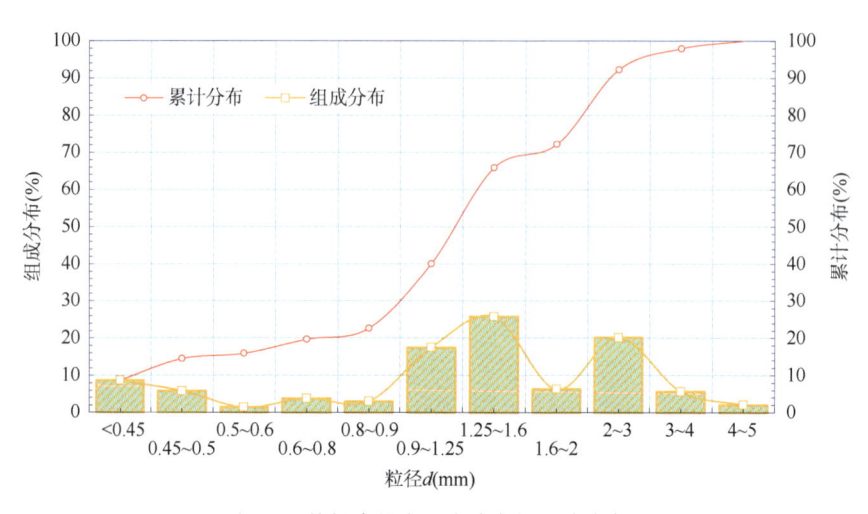

图 3.8　核桃壳粒度组成分布与累计分布图

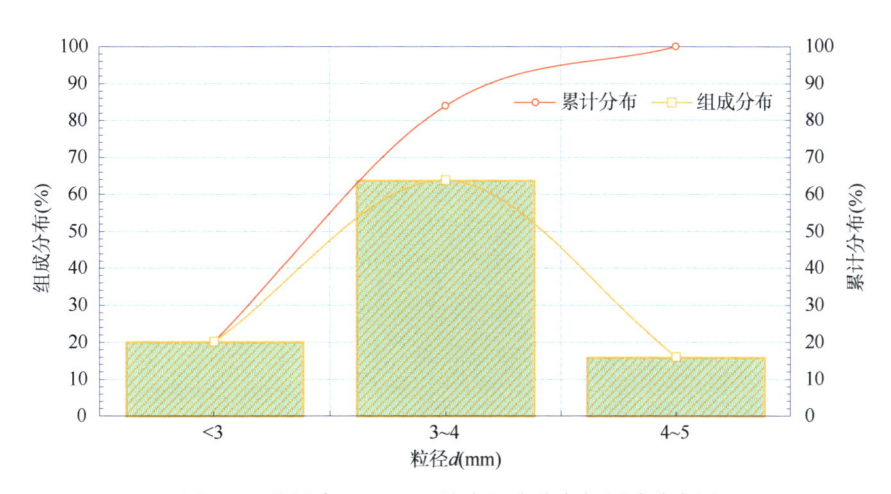

图 3.9　核桃壳(5~7mm)粒度组成分布与累计分布图

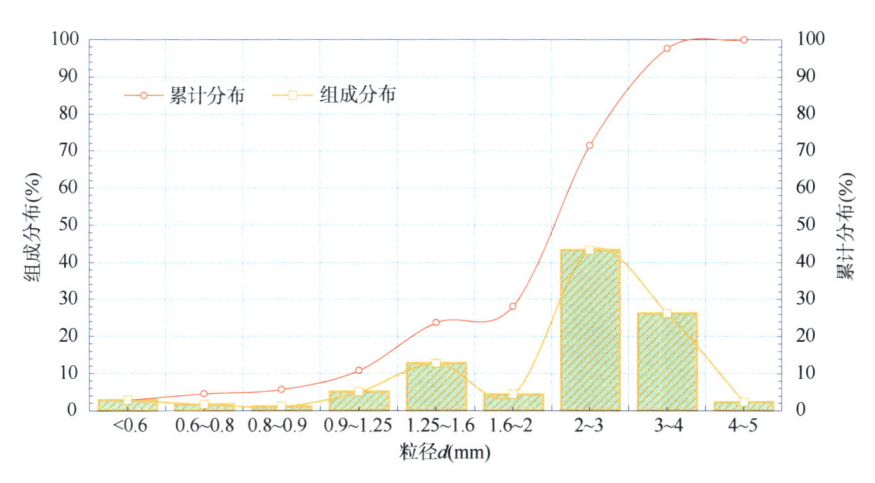

图 3.10　橡胶粒粒度组成分布与累计分布图

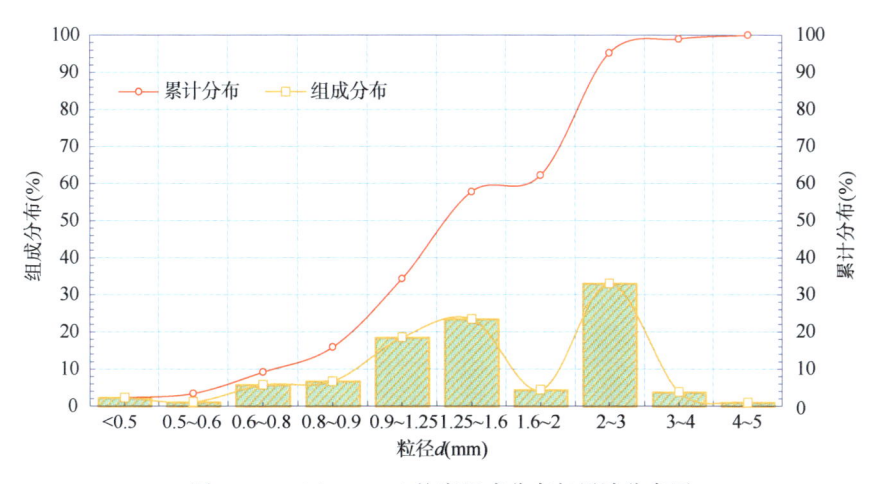

图 3.11　ZS(2~4mm)粒度组成分布与累计分布图

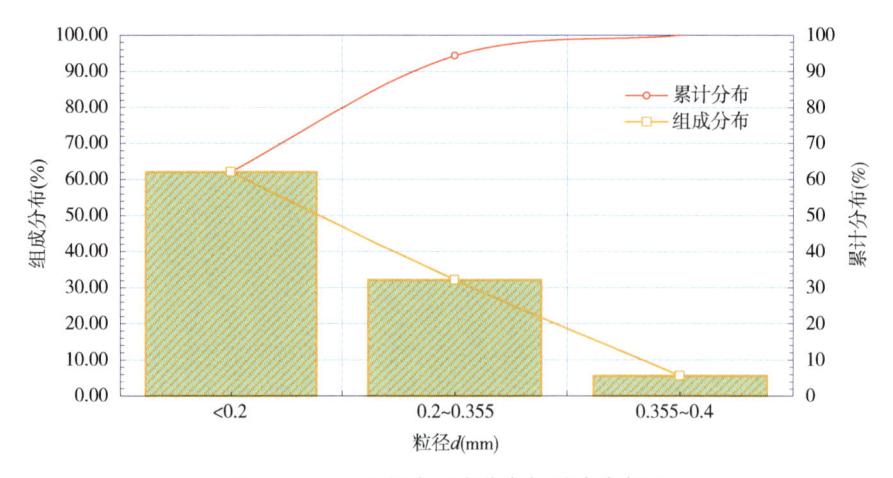

图 3.12　FD-9 粒度组成分布与累计分布图

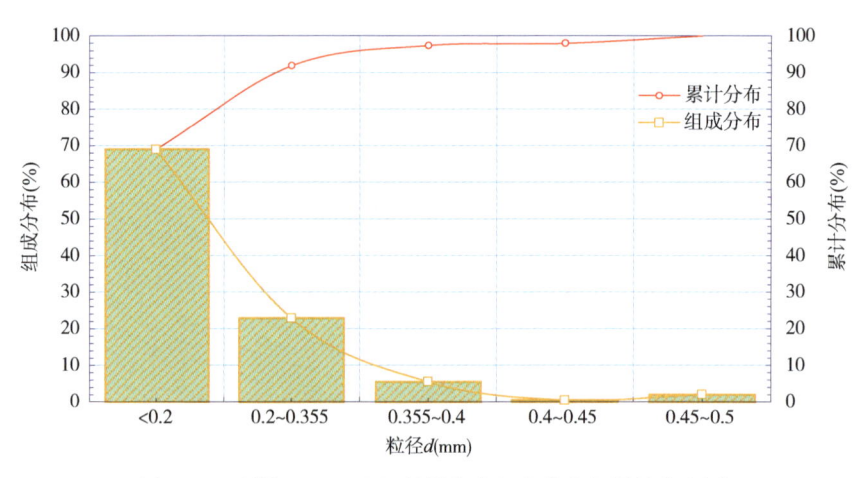

图 3.13　刚性(40~60 目)材料粒度组成分布与累计分布图

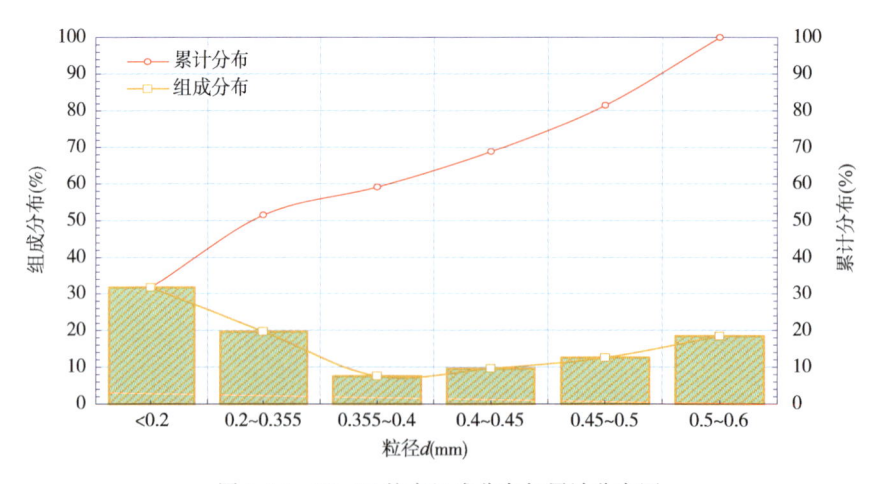

图 3.14　TP-10 粒度组成分布与累计分布图

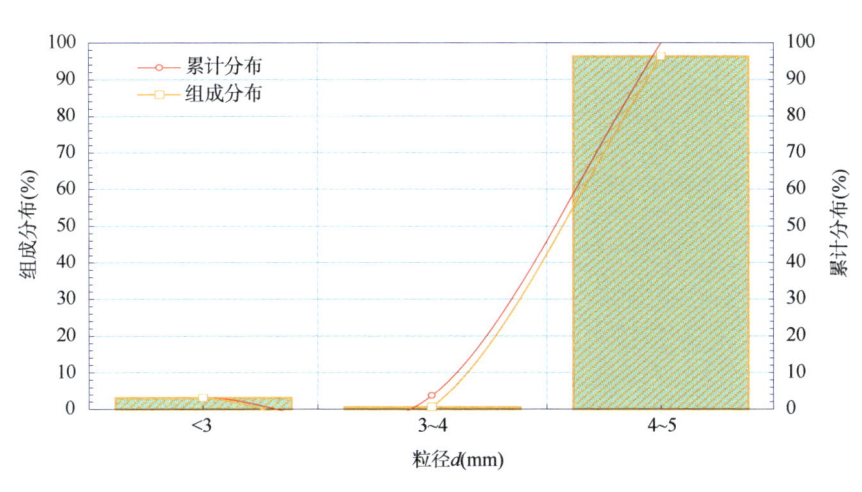

图 3.15　等四面体粒度组成分布与累计分布图

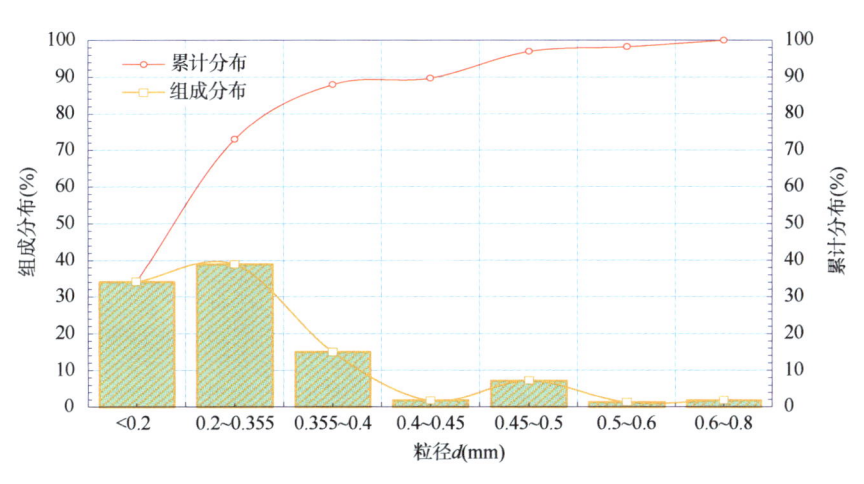

图 3.16　SP-8 粒度组成分布与累计分布图

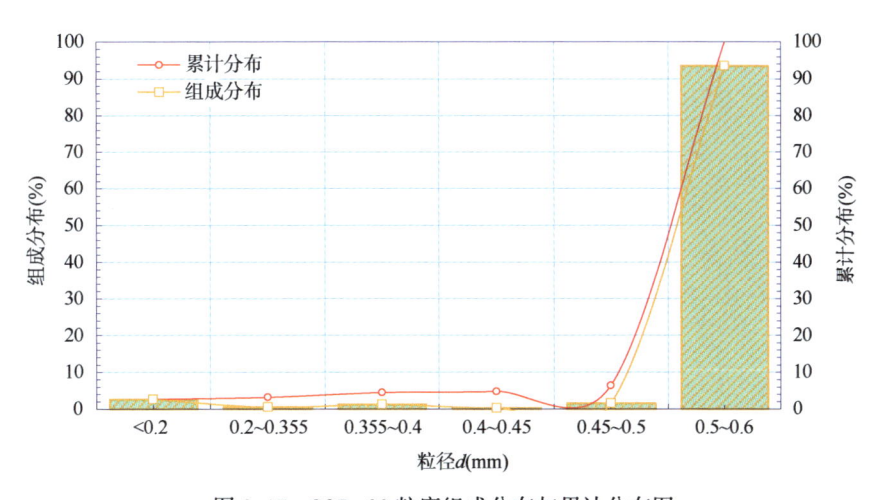

图 3.17　SQD-98 粒度组成分布与累计分布图

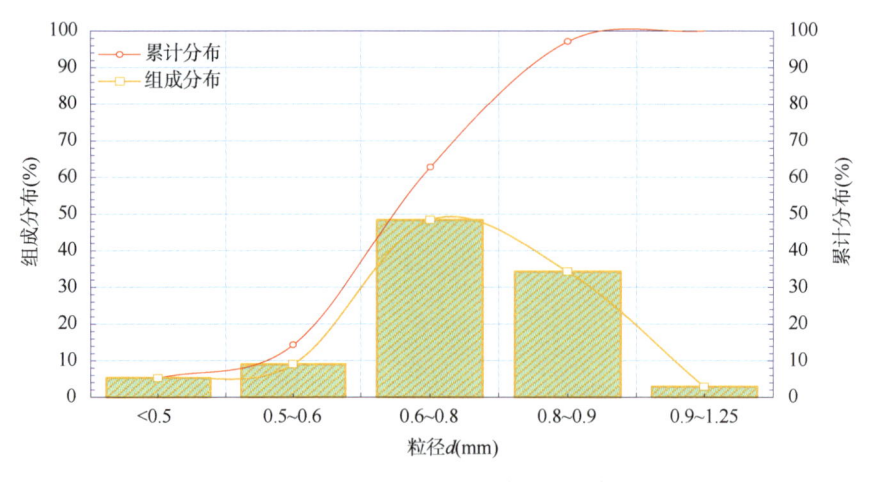

图 3.18　奥泽大理石(0.054~1mm)粒度组成分布与累计分布图

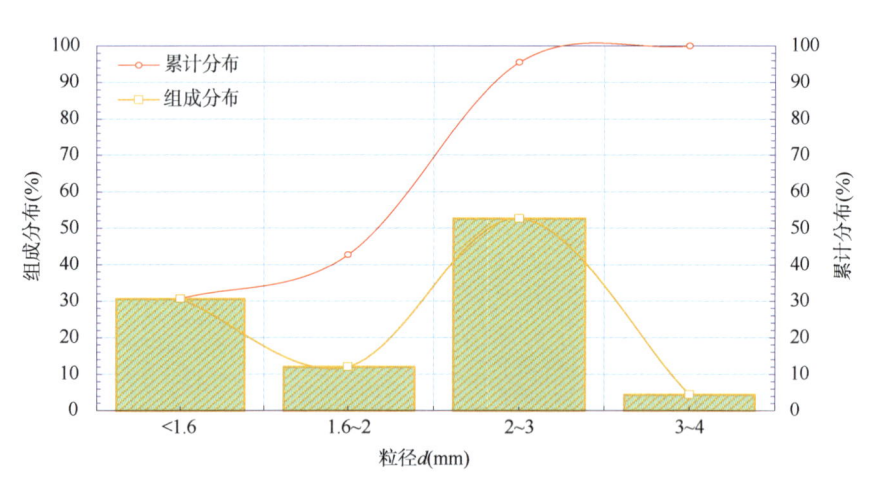

图 3.19　奥泽大理石(2~5mm)粒度组成分布与累计分布图

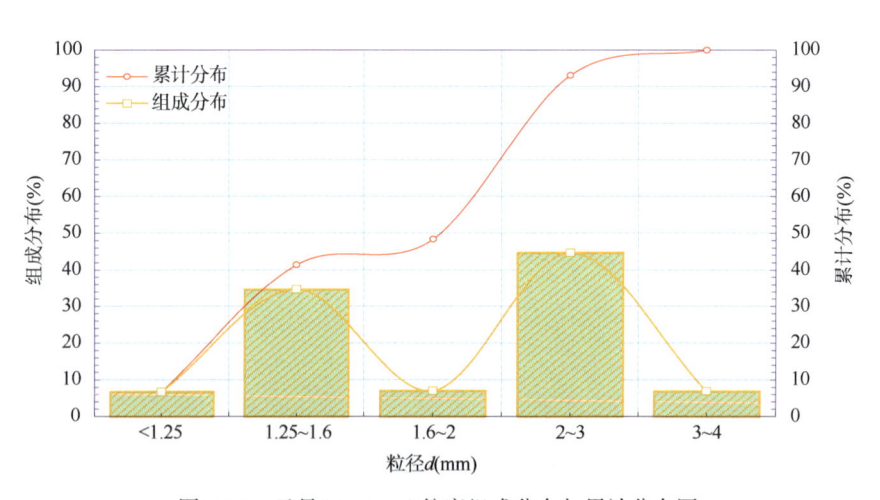

图 3.20　云母(3~5mm)粒度组成分布与累计分布图

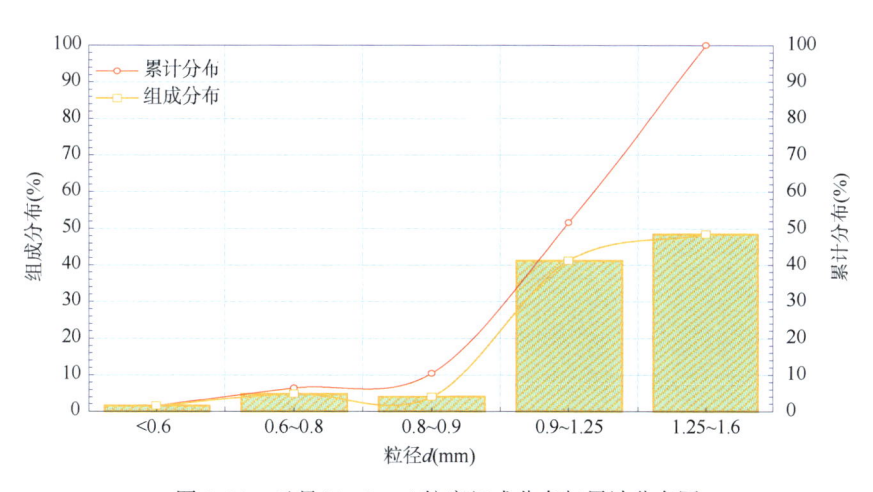

图 3.21　云母(1~3mm)粒度组成分布与累计分布图

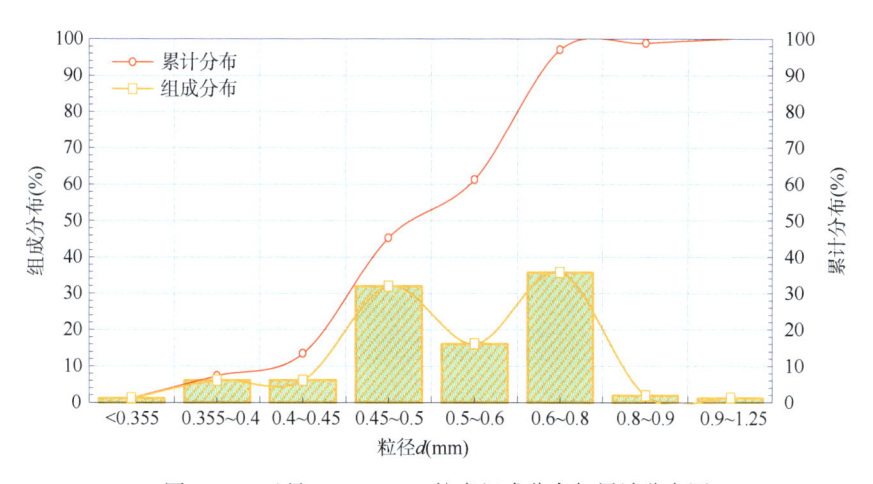

图 3.22　云母(0.3~1mm)粒度组成分布与累计分布图

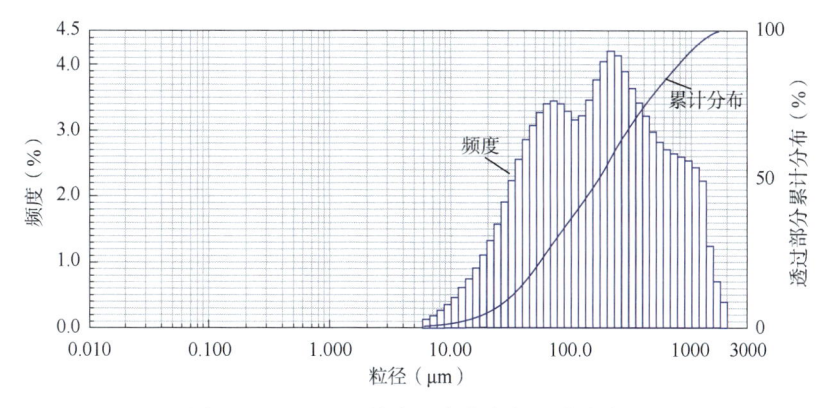

图 3.23　BKT0.5 粒度组成分布与累计分布图

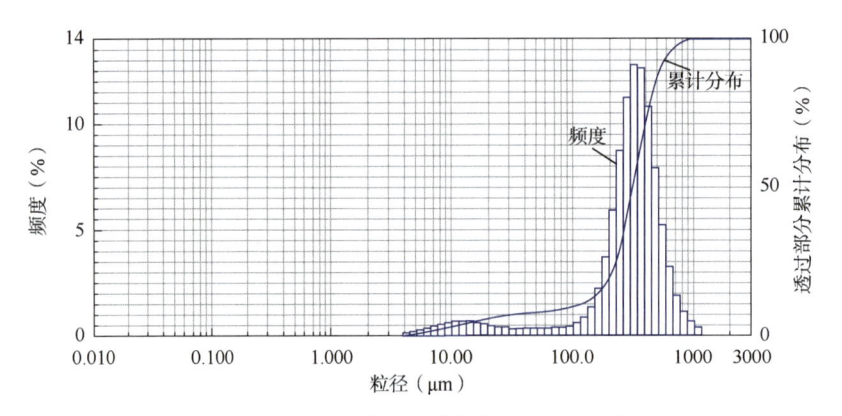

图 3.24　KZ-1 粒度组成分布与累计分布图

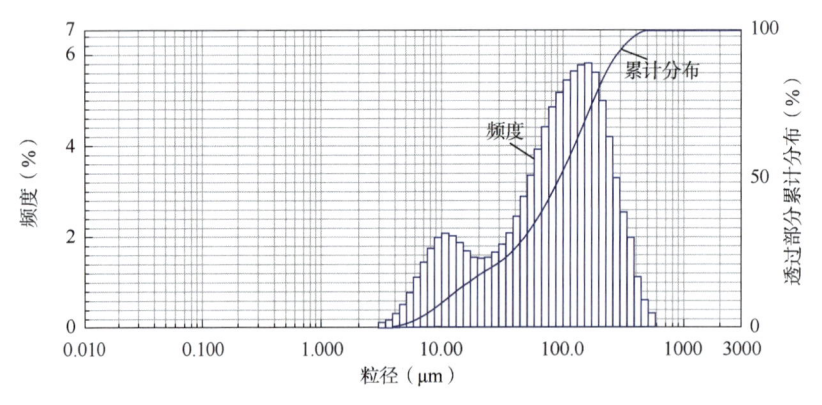

图 3.25　KZ-5 粒度组成分布与累计分布图

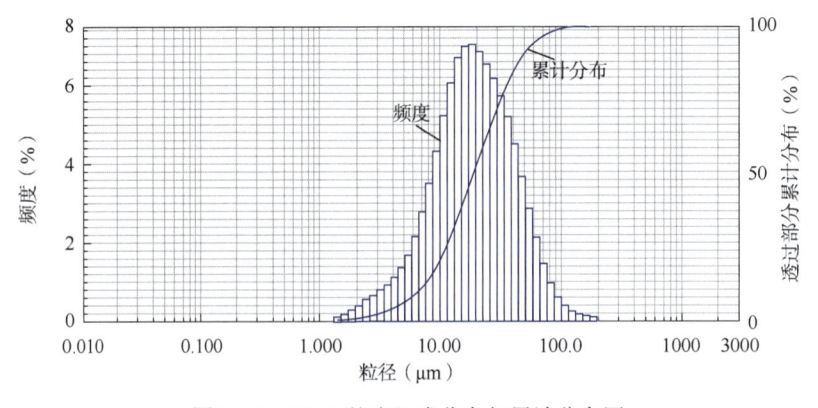

图 3.26　QS-2 粒度组成分布与累计分布图

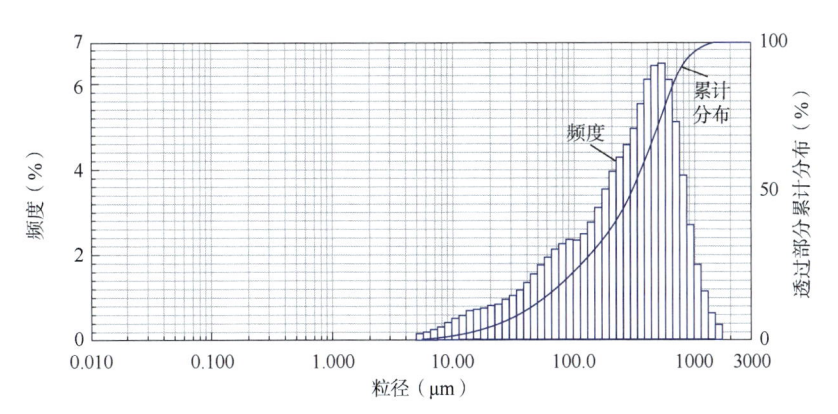

图 3.27 改性密胺片(0.45mm 以下)粒度组成分布与累计分布图

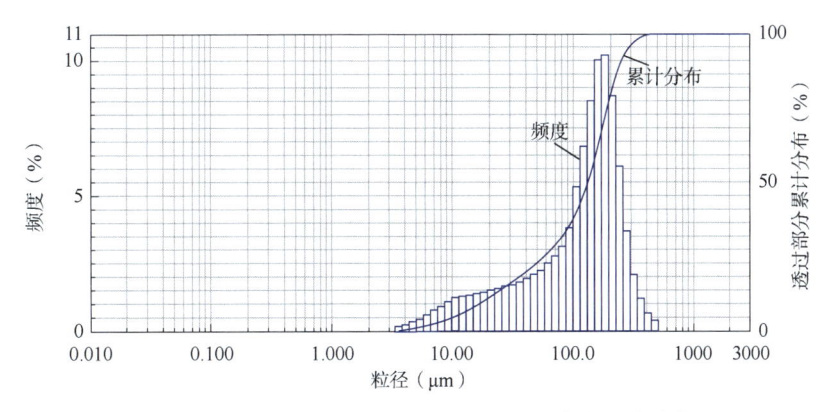

图 3.28 刚性(80目以下)材料粒度组成分布与累计分布图

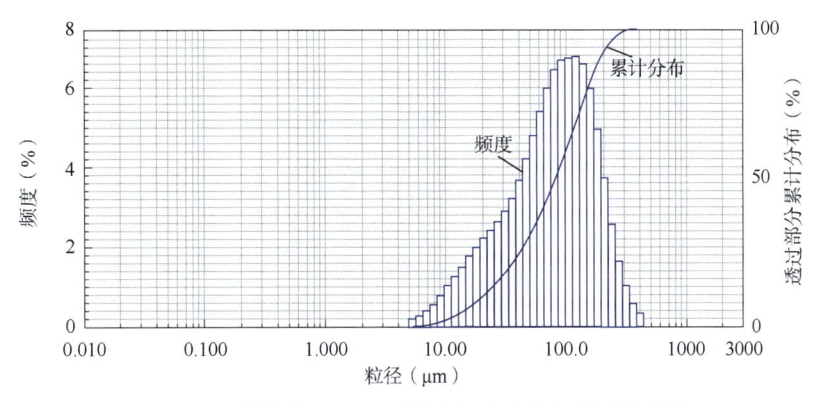

图 3.29 核桃壳 80 目以下粒度组成分布与累计分布图

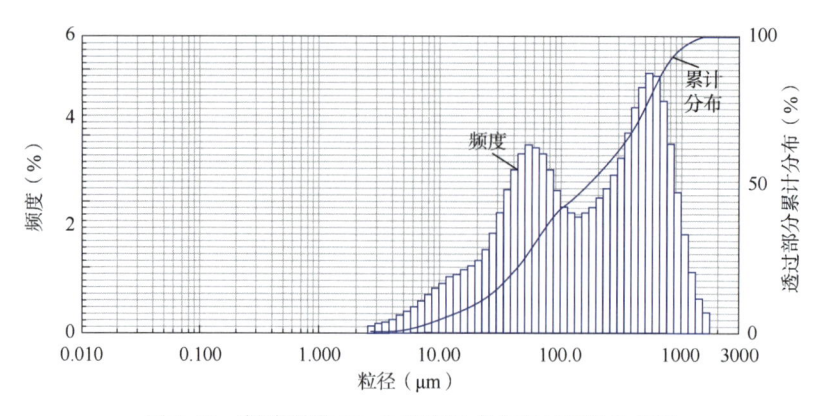

图 3.30 凝胶纤维 FD-8 粒度组成分布与累计分布图

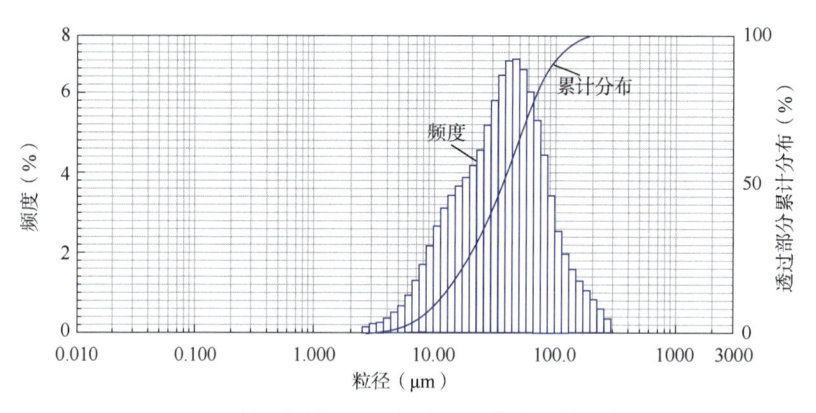

图 3.31 凝胶纤维 FD-9 粒度组成分布与累计分布图

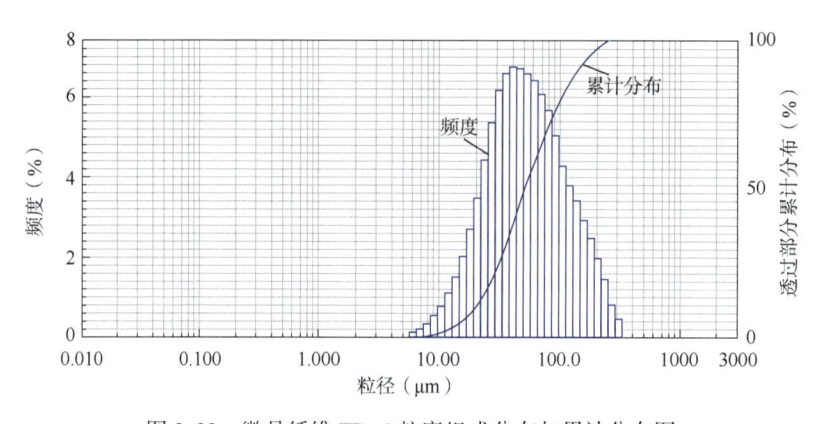

图 3.32 微晶纤维 TP-6 粒度组成分布与累计分布图

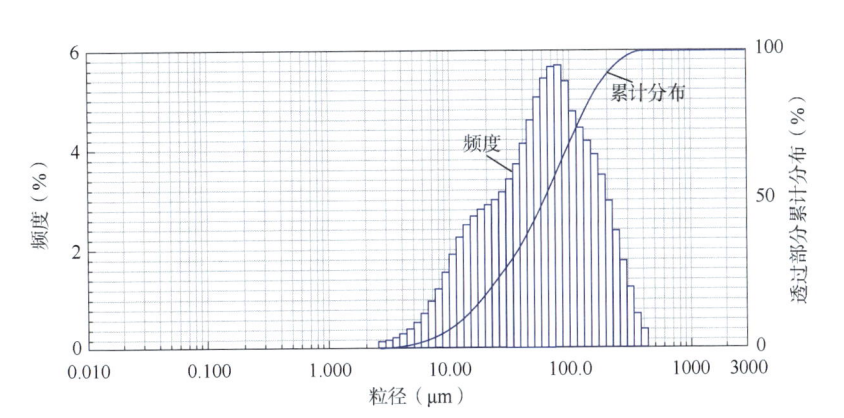

图 3.33 植物纤维 TP-2 粒度组成分布与累计分布图

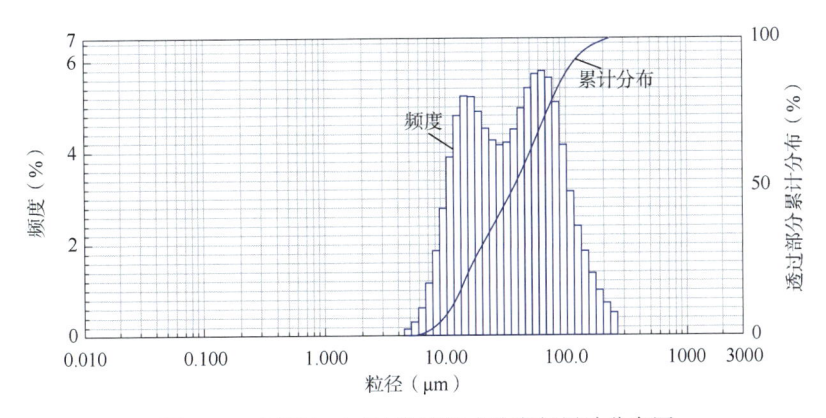

图 3.34 蛭石(100目)粒度组成分布与累计分布图

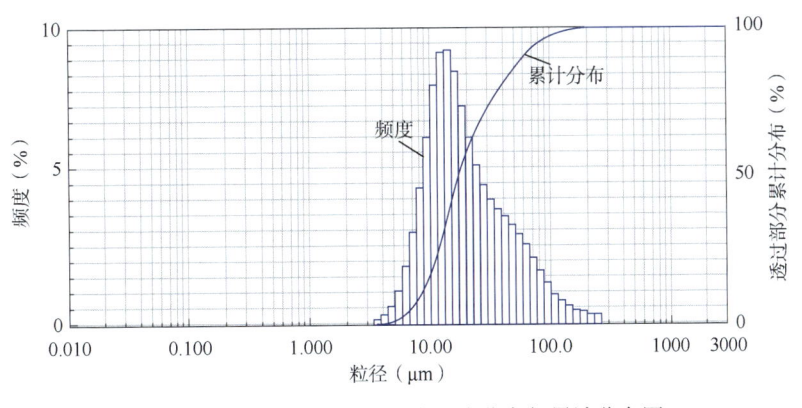

图 3.35 蛭石(1500目)粒度组成分布与累计分布图

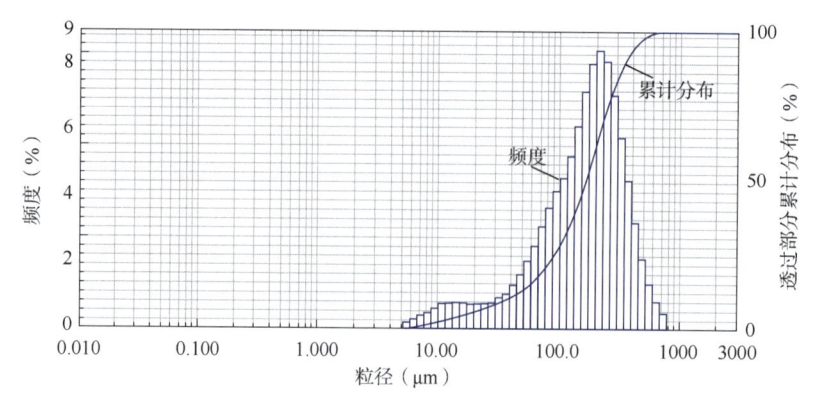

图 3.36 蛭石(ZS80 目)粒度组成分布与累计分布图

表 3.2 盆地探井常用防漏堵漏材料激光粒度值

材　料	D10(μm)	D50(μm)	D90(μm)
BKT0.5	31.08	172.39	864.4
KZ-1	111.25	320.72	549.04
KZ-5	11.4	94.24	261.2
QS-2	6.71	18.97	49.54
改性密胺片(0.45mm 以下)	43.45	308.26	787.9
刚性 80 目以下	18.55	135.39	249.69
核桃壳 80 目以下	20.6	83.36	198.18
凝胶纤维 FD-8	21.54	175.05	777.43
凝胶纤维 FD-9	11.4	38.68	101.97
微晶纤维 TP-6	20.42	52.85	152.87
植物纤维 TP-2	13.09	62.20	195.02
蛭石 100 目	11.26	36.40	105.4
蛭石 1500 目	8.56	17.39	61.37
蛭石 ZS80 目	41.03	172.54	368.56

根据盆地探井常用防漏堵漏材料特征粒度数值，可以推测各防漏堵漏材料粒度范围，见表 3.3。

表 3.3 防漏堵漏材料粒度范围

粒度范围(mm)	防漏堵漏材料
<0.1	蛭石 1500 目、QS-2
0.1~0.2	蛭石 100 目、凝胶纤维 FD-9
0.2~0.5	KZ-5、刚性 80 目以下、核桃壳 80 目以下、微晶纤维 TP-6、植物纤维 TP-2
0.5~1	刚性(40~60 目)、蛭石 80 目、KZ-1、核桃壳(0.3~1mm)、SP-8、SQD-98、FD-9、TP-10

续表

粒度范围(mm)	防漏堵漏材料
1~2	奥泽大理石(0.054~1mm)、蛭石(0.3~1mm)、刚性(20~40目)、BKT0.5、改性密胺片0.45mm以下、凝胶纤维FD-8、云母(0.3~1mm)
2~3	核桃壳(1~3mm)、云母(1~3mm)
4~6	奥泽大理石(2~5mm)、蛭石(2~4mm)、核桃壳(3~5mm)、云母(3~5mm)、橡胶粒
>6	核桃壳(5~7mm)、等四面体

3.1.2 防漏堵漏材料密度

为了研究不同材质堵漏材料混合后的粒度分布，需要量测各防漏堵漏材料的真实密度值。利用阿基米德原理，对常用防漏堵漏材料质量及体积进行了测量，计算各防漏堵漏材料的密度，结果见表3.4。

表3.4 防漏堵漏材料平均密度测量结果

材料名称	密度(g/cm³)	材料名称	密度(g/cm³)
奥泽大理石	2.62	TP-10	2.55
刚性堵漏剂	2.67	等四面体	1.33
核桃壳	1.25	SQD-98	0.63
橡胶粒	1.03	ZS	2.32
FD-9	1.42	云母	2.28

3.1.3 防漏堵漏材料抗高温能力评价

为了研究各防漏堵漏材料抗高温的性能，对矿物类、植物类及合成类防漏堵漏材料进行了抗温能力测试，测试结果见表3.5。

表3.5 防漏堵漏材料抗温能力测试结果

防漏堵漏材料	抗温能力(℃)	防漏堵漏材料	抗温能力(℃)
奥泽大理石(1~2mm)	160	橡胶粒(0.6~5mm)	160
刚性(40~60目)	160	等四面体(4~7mm)	120
QS-2	160	FD-9	140
蛭石(0.3~1mm)	160	TP-10	140
云母(1~3mm)	160	改性密胺片	160
KZ-1	160	微晶纤维TP-6	160
核桃壳(1~3mm)	120~140	植物纤维TP-2	160
BKT0.5	120		

3.1.4 防漏堵漏材料酸溶性评价

为了考察防漏堵漏材料是否适用于储层，需要评价防漏堵漏材料的酸溶性。对勘探井钻井常用防漏堵漏材料的酸溶性进行了评价，结果见表 3.6。

表 3.6 防漏堵漏材料酸溶性测试结果

防漏堵漏材料	起始质量(g)	酸溶后质量(g)	酸溶率(%)	结论
奥泽大理石(1~2mm)	10	9.5	5	不酸溶
蛭石(0.3~1mm)	10	9.8	2	不酸溶
刚性堵漏剂(40~60目)	10	0	100	全酸溶
核桃壳(1~3mm)	10	8.5	15	微酸溶
橡胶粒(0.6~5mm)	10	9.7	3	不酸溶
等四面体(4~7mm)	10	9.6	4	不酸溶
FD-9	10	5.2	48	中等酸溶
TP-10	10	7.6	24	微酸溶
SP-8	10	3.5	65	中等酸溶
SQD-98	10	9.7	3	不酸溶
云母(1~3mm)	10	9.6	4	不酸溶
BKT0.5	10	5.9	41	中等酸溶
KZ-1	10	0	100	全酸溶
QS-2	10	0	100	全酸溶
改性密胺片	10	8.1	19	微酸溶
凝胶纤维 FD-8	10	5.6	44	中等酸溶
微晶纤维 TP-6	10	9.1	9	不酸溶
植物纤维 TP-2	10	4.9	51	中等酸溶

根据上述实验数据，可知：

（1）刚性(40~60目)材料、KZ-1、QS-2 酸溶率为 100%；

（2）奥泽大理石堵漏材料、蛭石、核桃壳、橡胶粒、等四面体、SQD-98、云母、改性密胺片以及微晶纤维 TP-6 等防漏堵漏材料的耐酸性强。

3.1.5 防漏堵漏材料油溶性评价

为了研究各个防漏堵漏材料制备油基钻井液的可行性，实验对 17 种不同材质防漏堵漏材料的油溶性进行了测试。实验结果表明，刚性、FD-9、TP-10、SP-8、SQD-98、BKT0.5、KZ-1、QS-2、改性密胺片、FD-8、TP-6 和 TP-2 等防漏堵漏材料均不能溶于白油。因此，准噶尔盆地勘探井现有常用防漏堵漏材料均不溶于油。

3.1.6 防漏堵漏材料与钻井液配伍性评价

3.1.6.1 实验方法

实验测试不同类型防漏堵漏材料对水基钻井液工艺性能(流变性和失水造壁性)的影响，实验方法如下。

（1）配制水基钻井液体系，其配方为：4%钠膨润土浆+0.5%KOH+0.2%FA367+3%KCl+2%SMP-2粉+2%SMC+0.3%CaO+重晶石(密度1.2g/cm³+随钻堵漏剂)。

（2）测试老化前后水基钻井液的表观黏度（AV）、塑性黏度（PV）、动切力（YP）和初/终切力大小，分析不同随钻堵漏材料对钻井液流变性的影响，实验老化温度为120℃。

（3）测试水基钻井液老化后的API滤失量和高温高压滤失量，并测量其滤饼厚度，分析不同随钻堵漏材料对钻井液失水造壁性的影响，实验老化温度为120℃。

3.1.6.2 实验结果与分析

（1）奥泽大理石（0.045~1mm级）与钻井液配伍性评价结果。

测试不同加量奥泽大理石（0.045~1mm级）对钻井液黏度和失水造壁性的影响，结果如图3.37与图3.38所示。

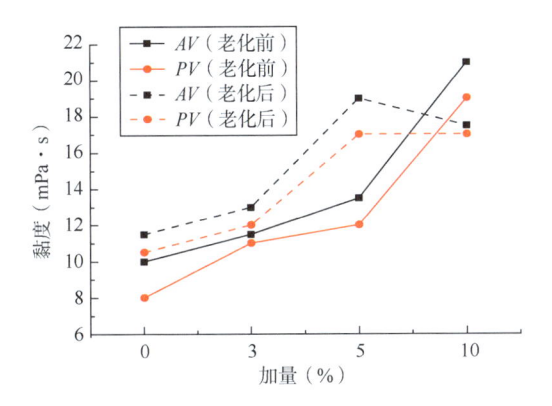

图3.37 不同加量奥泽大理石（0.045~1mm）对钻井液流变性的影响

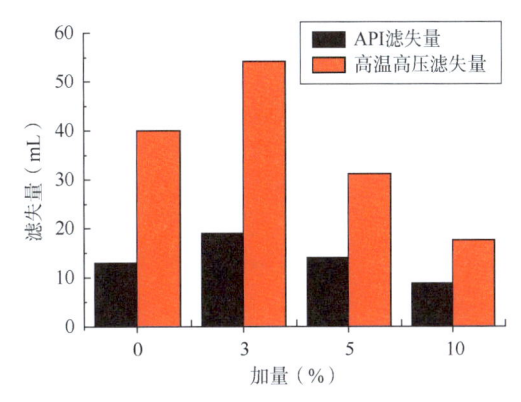

图3.38 不同加量奥泽大理石（0.045~1mm）材料对钻井液失水造壁性的影响

由测试结果可知，随着奥泽大理石（0.045~1mm）含量的增加，钻井液体系老化前后黏度均增加，但当奥泽大理石（0.045~1mm）含量为5%时，随着奥泽大理石（0.045~1mm）含量的增加，老化后的钻井液黏度有所降低。

（2）蛭石（80目）与钻井液配伍性评价结果。

测试不同加量蛭石（80目）对钻井液流变性和失水造壁性的影响，结果如图3.39与图3.40所示。

由测试结果可知，当蛭石（80目）含量小于5%时，老化前钻井液黏度先增后减，老化后钻井液黏度先减后增。当蛭石（80目）含量增加至10%时，钻井液黏度迅速增大。同时，当蛭石（80目）含量为3%时，相比不加防漏堵漏材料的钻井液体系其钻井液滤失量增加，之后随着蛭石（80目）含量增加，体系滤失量降低。

（3）刚性（80目以下）堵漏材料与钻井液配伍性评价结果。

测试不同加量刚性（80目以下）堵漏材料对钻井液流变性和失水造壁性的影响，结果如图3.41与图3.42所示。

由测试结果可知，随着刚性（80目以下）加量的增加，老化前后钻井液黏度变化不大，体系滤失量先增后减。

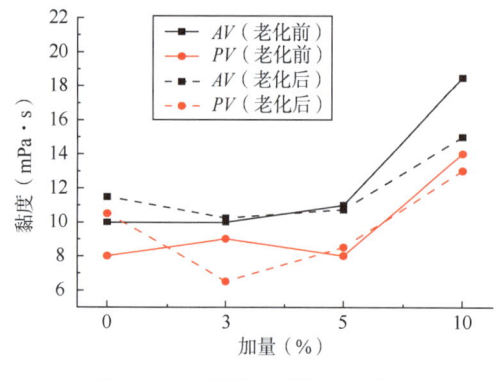

图 3.39　不同加量蛭石(80 目)
对钻井液流变性的影响

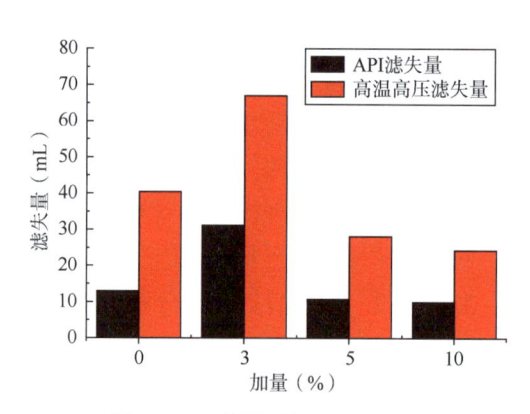

图 3.40　不同加量蛭石(80 目)
钻井液失水造壁性的影响

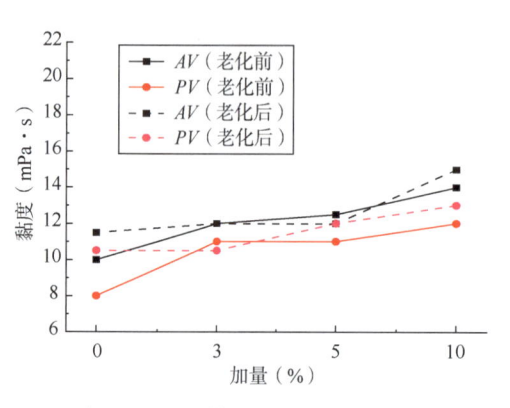

图 3.41　不同加量刚性(80 目以下)
堵漏材料对钻井液流变性的影响

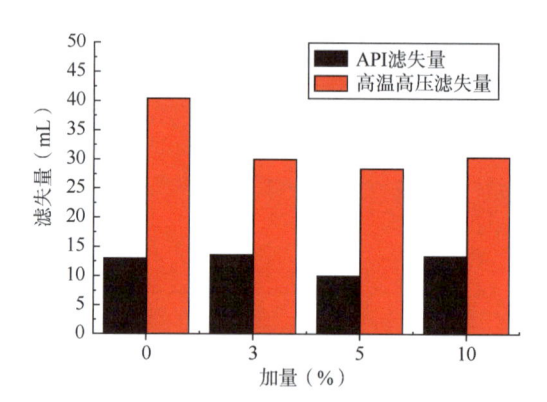

图 3.42　不同加量刚性(80 目以下)
堵漏材料对钻井液失水造壁性的影响

(4) 核桃壳(80 目以下)与钻井液配伍性评价结果。

测试不同加量核桃壳(80 目以下)对钻井液流变性和失水造壁性的影响,结果如图 3.43 与图 3.44 所示。

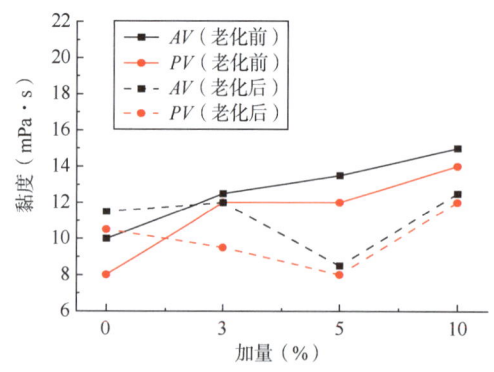

图 3.43　不同加量核桃壳(80 目以下)
对钻井液流变性的影响

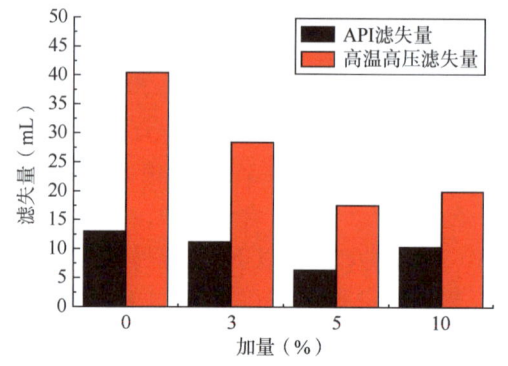

图 3.44　不同加量核桃壳(80 目以下)
对钻井液失水造壁性的影响

由测试结果可知，老化前钻井液体系黏度随着核桃壳(80目以下)含量的增加而增加，老化后体系黏度随着核桃壳(80目以下)含量先降低后增加。钻井液体系滤失量随着核桃壳(80目以下)含量的增加而降低，但当核桃壳(80目以下)含量增加至10%时体系滤失量稍有增加。

(5) TP-10(小于0.6mm)与钻井液配伍性评价结果。

测试不同加量TP-10(小于0.6mm)对钻井液流变性和失水造壁性的影响，结果如图3.45与图3.46所示。

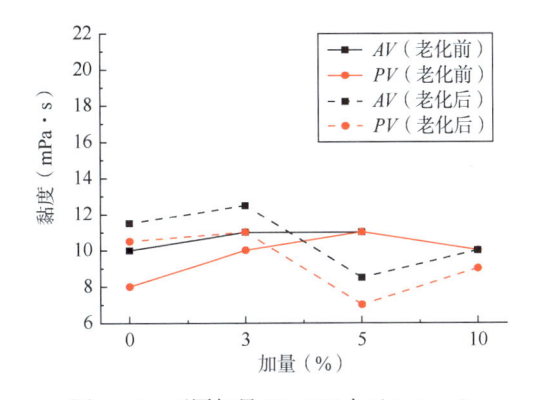

图3.45　不同加量TP-10(小于0.6mm)对钻井液流变性的影响

图3.46　不同加量TP-10(小于0.6mm)对钻井液失水造壁性的影响

由测试结果可知，随着TP-10(小于0.6mm)含量的增加，钻井液体系黏度变化不大，但随着TP-10(小于0.6mm)含量的增加，体系滤失量也有所增加。

(6) 云母(0.3~1mm)与钻井液配伍性评价结果。

测试不同加量云母(0.3~1mm)对钻井液流变性和失水造壁性的影响，结果如图3.47与图3.48所示。

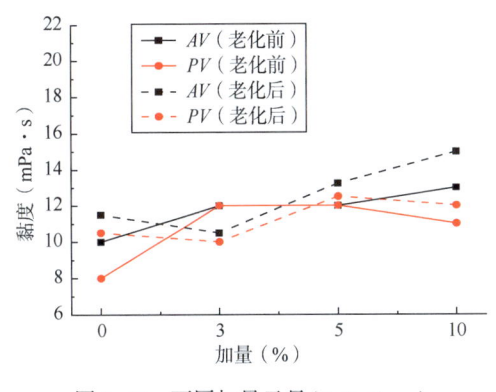

图3.47　不同加量云母(0.3~1mm)对钻井液流变性的影响

图3.48　不同加量云母(0.3~1mm)对钻井液失水造壁性的影响

由测试结果可知，老化前防漏堵漏钻井液体系黏度随着云母(0.3~1mm)含量的增加先增加后降低，老化后黏度先降低后增加，但整体变化幅度不大，体系滤失量相比未加随钻堵漏材料的钻井液体系，先增加后降低。

（7）BKT0.5 与钻井液配伍性评价结果。

测试不同加量 BKT0.5 对钻井液流变性和失水造壁性的影响，结果如图 3.49 与图 3.50 所示。

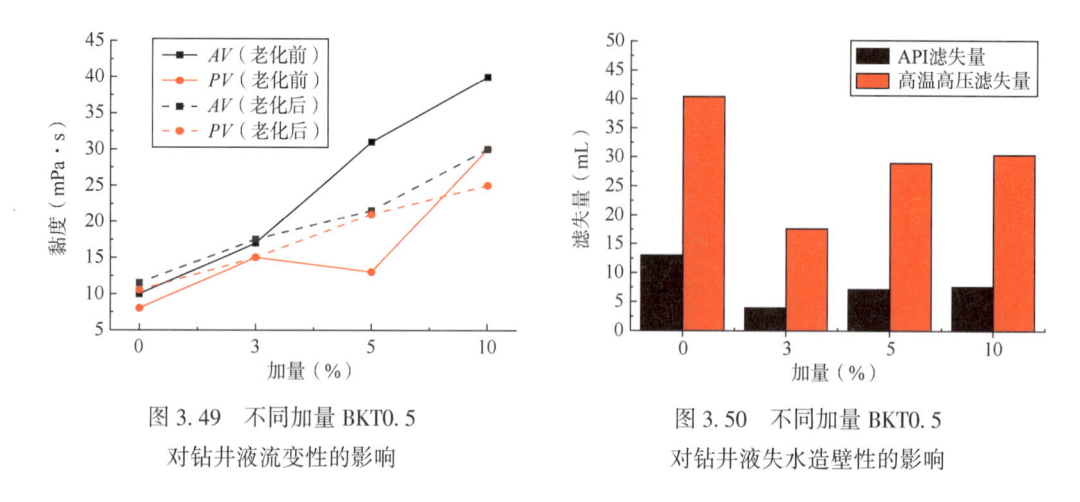

图 3.49　不同加量 BKT0.5 对钻井液流变性的影响

图 3.50　不同加量 BKT0.5 对钻井液失水造壁性的影响

由测试结果可知，老化前后钻井液体系黏度随着 BKT0.5 含量的增加而增加。根据滤失量测试结果可见，BKT0.5 具有降滤失的作用，但是当 BKT0.5 含量较多时，体系滤失量会有所增加。

（8）KZ-1 与钻井液配伍性评价结果。

测试不同加量 KZ-1 对钻井液流变性和失水造壁性的影响，结果如图 3.51 与图 3.52 所示。

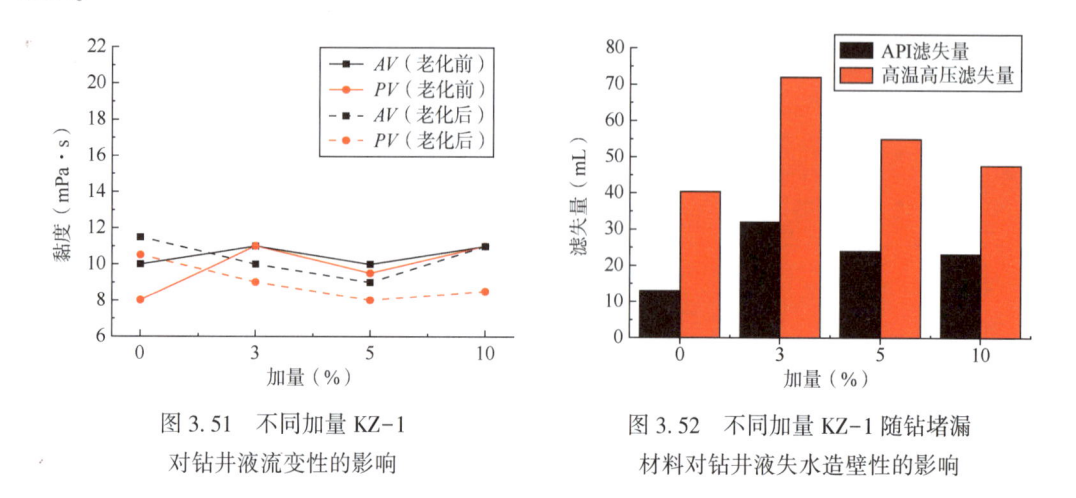

图 3.51　不同加量 KZ-1 对钻井液流变性的影响

图 3.52　不同加量 KZ-1 随钻堵漏材料对钻井液失水造壁性的影响

由测试结果可知，随着 KZ-1 含量的增加，钻井液体系黏度在老化前有小幅度的增加，老化后有小幅度的降低，整体变化不大。从滤失量测试结果可见相比不加随钻堵漏的钻井液体系，加有 KZ-1 的钻井液体系滤失量增加，但随着 KZ-1 含量的增加，体系滤失量降低。

(9) KZ-5 与钻井液配伍性评价结果。

测试不同加量 KZ-5 对钻井液流变性和失水造壁性的影响，结果如图 3.53 与图 3.54 所示。

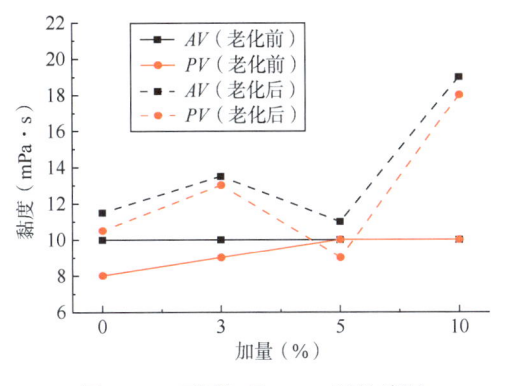

图 3.53　不同加量 KZ-5 随钻堵漏材料对钻井液流变性的影响

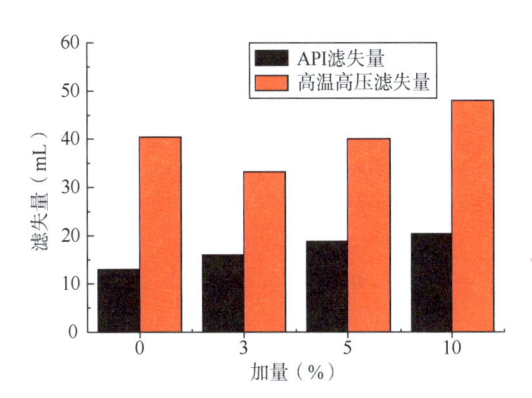

图 3.54　不同加量 KZ-5 随钻堵漏材料对钻井液失水造壁性的影响

由测试结果可知，随着 KZ-5 含量的增加，钻井液体系黏度增加，体系滤失量也有所增加。

(10) QS-2 与钻井液配伍性评价结果。

测试不同加量 QS-2 对钻井液流变性和失水造壁性的影响，结果如图 3.55 与图 3.56 所示。

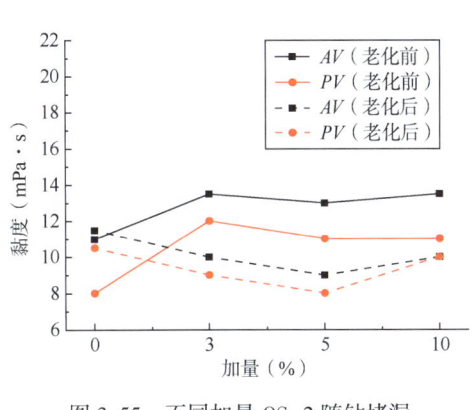

图 3.55　不同加量 QS-2 随钻堵漏材料对钻井液流变性的影响

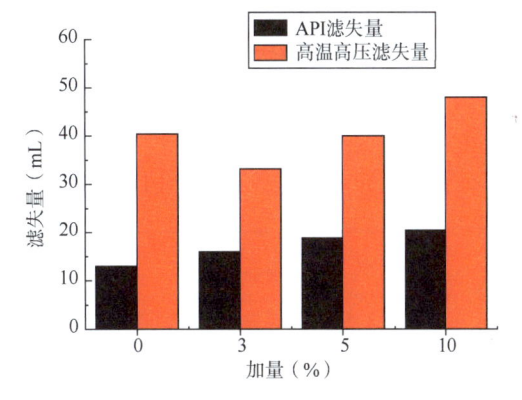

图 3.56　不同加量 QS-2 对钻井液失水造壁性的影响

由测试结果可知，随着 QS-2 含量的增加，老化前体系黏度先增加，后趋于稳定（几乎不变），老化后体系黏度稍有降低。体系滤失量随着 QS-2 含量的增加而增加。

(11) 改性密胺片（0.45mm 以下）与钻井液配伍性评价结果。

测试不同加量改性密胺片（0.45mm 以下）对钻井液流变性和失水造壁性的影响，结果如图 3.57 与图 3.58 所示。

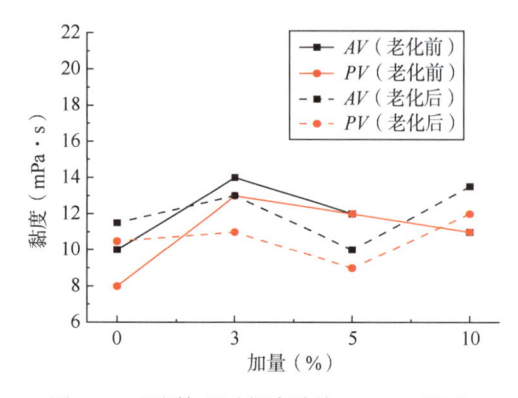

图 3.57　不同加量改性密胺片(0.45mm 以下)对钻井液流变性的影响

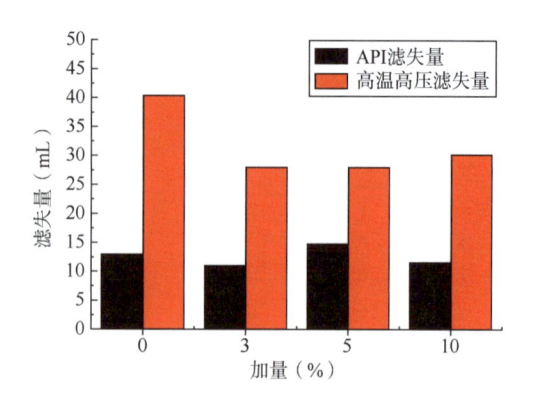

图 3.58　不同加量改性密胺片(0.45mm 以下)对钻井液失水造壁性的影响

由测试结果可知，随着改性密胺片(0.45mm 以下)含量的增加，钻井体系黏度有所增加，但变化不大。体系滤失量随着改性密胺片(0.45mm 以下)含量的增加也有小幅度的降低。

(12) 凝胶纤维 FD-8 与钻井液配伍性评价结果。

测试不同加量凝胶纤维 FD-8 对钻井液流变性和失水造壁性的影响，结果如图 3.59 与图 3.60 所示。

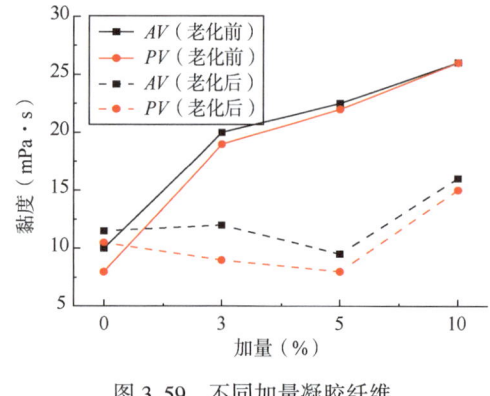

图 3.59　不同加量凝胶纤维 FD-8 对钻井液流变性的影响

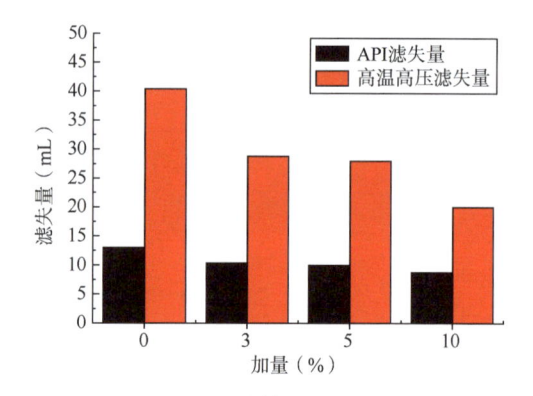

图 3.60　不同加量凝胶纤维 FD-8 对钻井液失水造壁性的影响

由测试结果可知，老化前钻井液体系黏度随着凝胶纤维 FD-8 含量的增加而大幅度增加，老化后相比老化前钻井液体系黏度降低。从滤失量测试结果可见随着凝胶纤维 FD-8 含量的增加体系滤失量降低。

(13) 凝胶纤维 FD-9 与钻井液配伍性评价结果。

测试不同加量凝胶纤维 FD-9 对钻井液流变性和失水造壁性的影响，结果如图 3.61 与图 3.62 所示。

由测试结果可知，随着凝胶纤维 FD-9 含量的增加，钻井液体系黏度先增加后降低，但相比未加随钻堵漏材料的钻井液体系其黏度也有所升高。从滤失量测试结果可见体系滤失量随着凝胶纤维 FD-9 含量的增加而降低。

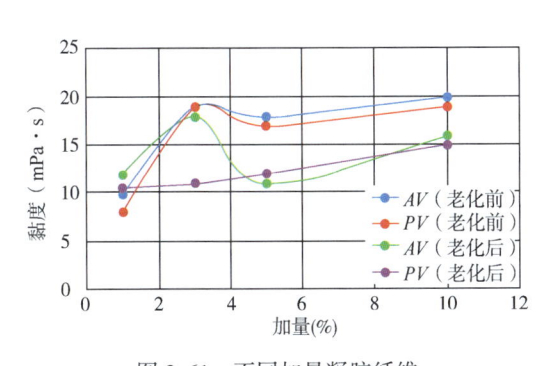

图 3.61　不同加量凝胶纤维 FD-9 对钻井液流变性的影响

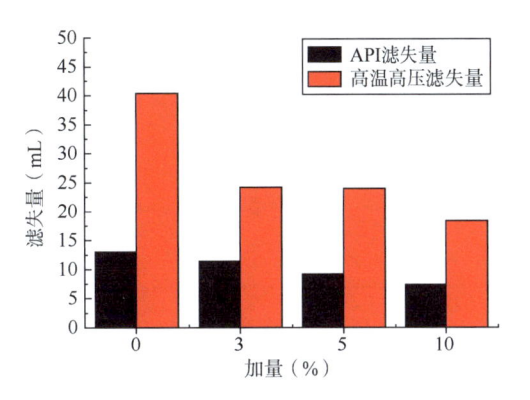

图 3.62　不同加量凝胶纤维 FD-9 对钻井液失水造壁性的影响

（14）微晶纤维 TP-6 与钻井液配伍性评价结果。

测试不同加量微晶纤维 TP-6 对钻井液流变性和失水造壁性的影响，结果如图 3.63 与图 3.64 所示。

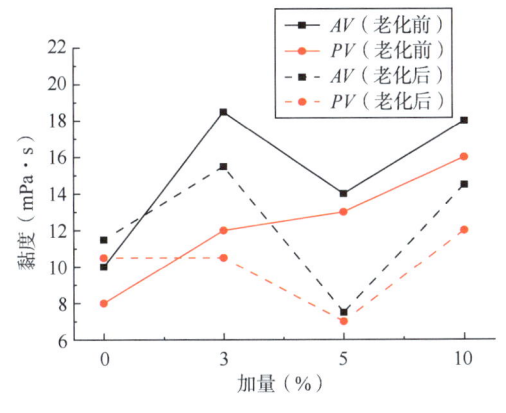

图 3.63　不同加量微晶纤维 TP-6 对钻井液流变性的影响

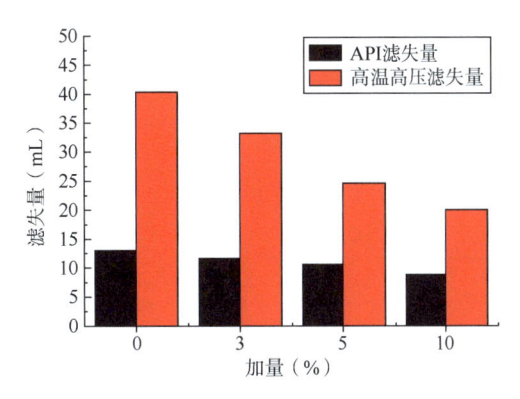

图 3.64　不同加量微晶纤维 TP-6 对钻井液失水造壁性的影响

由测试结果可知，钻井液体系黏度随着微晶纤维 TP-6 含量的增加呈增加的趋势，体系滤失量随着微晶纤维 TP-6 含量的增加而降低。

（15）植物纤维 TP-2 与钻井液配伍性评价结果。

测试不同加量植物纤维 TP-2 对钻井液流变性和失水造壁性的影响，结果如图 3.65 与图 3.66 所示。

由测试结果可知，钻井液体系黏度随植物纤维 TP-2 含量的增加而大幅度增加，同时体系滤失量随着植物纤维 TP-2 含量的增加而降低。

不同防漏堵漏材料对钻井液流变性及失水造壁性的影响评价结果见表 3.7。

图 3.65　不同加量植物纤维
TP-2 对钻井液流变性的影响

图 3.66　不同加量植物纤维
TP-2 对钻井液失水造壁性的影响

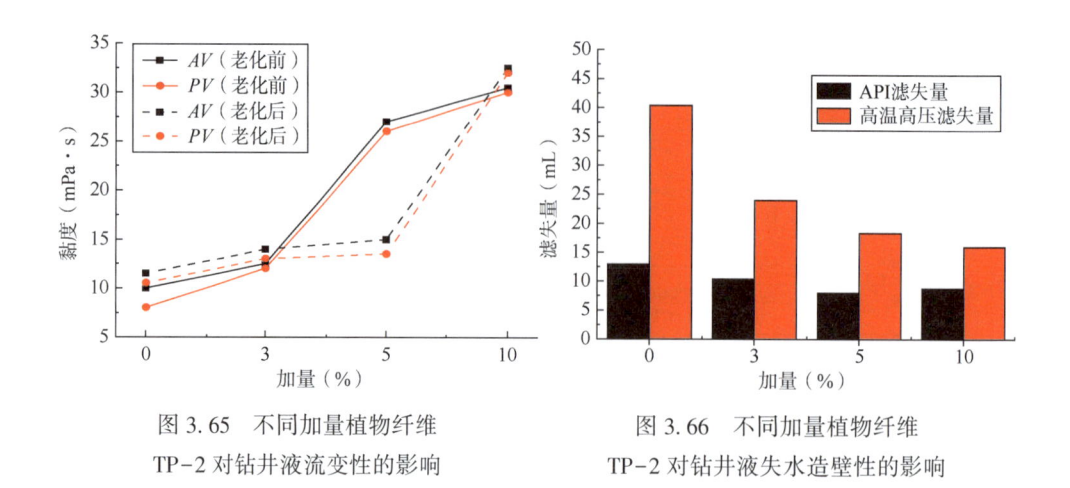

表 3.7　防漏堵漏材料对钻井液流变性及失水造壁性的影响评价结果

材　　料	对流变性的影响	对失水造壁性的影响
BKT0.5	增加幅度较大	先降低后增加
TP-2	增加幅度较大	明显降低
FD-8	增加幅度较小	降低
奥泽大理石(0.045~1mm)	增加幅度小	先增加后降低
蛭石(80目)	增加幅度较小	先增加后降低
TP-6	增加	少量降低
核桃壳(80目以下)	小幅度增加	降低
FD-9	先增加后不变	降低
XZ-5	先降低后增加	少量增加
TP-10	无明显影响	增加
刚性(80目以下)	无明显影响	少量降低
云母(0.3~1mm)	无明显影响	先增加后降低
KZ-1	无明显影响	先增加后降低
QS-2	无明显影响	先降低后增加
改性密胺片(0.045mm以下)	无明显影响	降低

3.2　钻井防漏堵漏材料室内实验评价方法研究

3.2.1　现有常用 API 防漏堵漏实验评价方法适应性研究

国内最为常见的室内堵漏实验所用的堵漏仪是仿 API 堵漏仪(包括从美国进口的 API 堵漏仪)，如图 3.67 所示，属于静态堵漏实验仪器。

(a) API堵漏仪 　　　　　　　　　　(b) 模拟裂缝实物

图 3.67　API 堵漏仪及模拟裂缝实物图

该装置主要由液筒、人造缝板或人造孔隙床(或钢珠)、阀门和压力源组成。工作时关上阀门，装上人造缝板或人造孔隙床或钢珠(可互换)，向液筒中注入堵漏液后拧紧压盖，加压。压力的大小可以通过压力表的读数读出来，最后打开阀门，用容器盛漏失的钻井液，测量钻井液的体积来确定堵漏材料的堵漏效果。它可以在堵漏液处于静止的条件下，测量其对裂缝的封堵情况，以研究堵漏机理与堵漏剂等。

3.2.2　新型防漏堵漏实验评价方法研究

如何能够在实验室内研究和正确地模拟井壁以及评价堵漏钻井液(完井液)的堵漏效果，为石油钻井现场防漏堵漏技术提供科学的依据和必要的实验数据，一直是困扰提高堵漏实验技术水平和准确程度的一大难题。目前国内普遍使用的是 API 室内静态堵漏评价试验装置，该装置由于漏床和缝板的位置及结构不合理，不能真实地模拟漏失地层的裂缝具有一定深度的状况，这就提出了新的迫切要求：能否研究设计出一种全新的裂缝堵漏测定装置，该装置模拟的裂缝具有较长的深度或长度，试验完成后可以分开裂缝，观察到堵漏材料在裂缝内不同位置停留的深度，分析出封口、封喉、封腰、封尾的不同堵漏效果和作用机理。由此分析评价出堵漏材料的封堵裂缝效果，为堵漏剂、堵漏材料的配方优选，堵漏钻井液封堵裂缝效能的评价以及堵漏方案和工艺的确定，提供一种科学有效的试验评价手段。

按裂缝的形成原因分类，裂缝性地层可以分为两大类：天然裂缝性地层及诱导裂缝性地层。

裂缝性漏失地层的分类如图 3.68 所示。

研究表明，对堵漏钻井液堵漏能力的评价主要有四个指标：承压能力、憋压时间、堵漏材料进入深度、漏失量。承压能力是反映堵漏有效性的一个主要参数。憋压时间是封堵成功后，关闭进液阀，保持憋压状态，模拟井筒内憋压堵漏的过程，主要是考察形成的堵

图 3.68 裂缝性地层分类

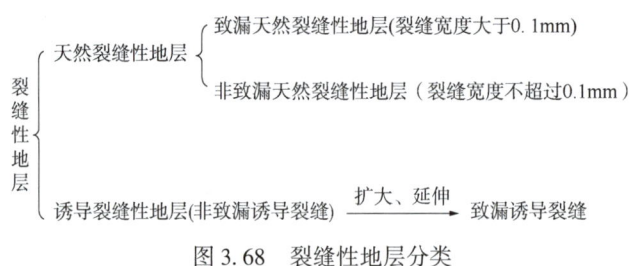

漏墙的渗透性和稳定性，其时间越长越好。堵漏材料进入深度直观反映了堵漏情况，不同地层对堵漏液进入深度的要求不同。漏失量则是越少越好。

为此，提出一种裂缝堵漏模拟实验装置，该装置通过高压气体加压，使试验堵漏流体在气体加压的作用下通过不同开口裂缝模块发生漏失或者封堵，以及封堵后的承压时间和承压能力，来评价堵漏材料或堵漏钻井液对裂缝封堵效果，优选出最佳堵漏配方，分析堵漏机理，为确定裂缝堵漏方案提供试验依据。装置还可通过选择不同裂缝模块组合模拟多种形态裂缝，包括不同裂缝的开口和出口、裂缝内壁面的粗糙程度。该裂缝堵漏模拟试验装置具有结构巧妙合理，工作稳定可靠，操作方便等特点。

假设存在一个天然裂缝，如图 3.69 所示。沿着裂缝的长度(深度)方向，可以将桥塞材料在裂缝不同位置的堵塞命名为"封口""封喉""封腰""封尾"四种情况，这 4 种桥塞封堵情况都可以使堵漏压力提高，对应于井下实际堵漏情况，可以认为，"封口"是提高了井筒承压力，而"封喉""封腰"则是提高了地层承压力，"封尾"实际上是堵漏失败，因为实际井下裂缝的尾部很远，在裂缝尾部的堵塞，相当于已经漏失了很多钻井液。

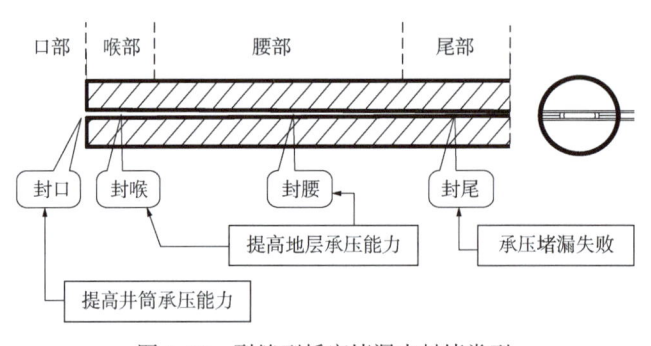

图 3.69 裂缝型桥塞堵漏内封堵类型

3.2.2.1 模拟裂缝试验装置结构

该装置结构由主体装置、测量仪表和压力源三部分组成(图 3.70)。主体装置的核心部分为裂缝板，其主要的设计特点为：

(1) 裂缝板模拟的裂缝为锥形裂缝，是为了模拟裂缝内不同裂隙深度，便于观察裂缝内部材料桥塞与封堵情况而设计的。

(2) 其裂缝长 300mm，高 40mm，两头开口不一，同时还设计了不同尺寸的垫片，可模拟试验堵剂在不同裂缝宽度情况下的封堵能力，如图 3.71 和表 3.8 所示。

图 3.70　模拟裂缝堵漏装置实物图

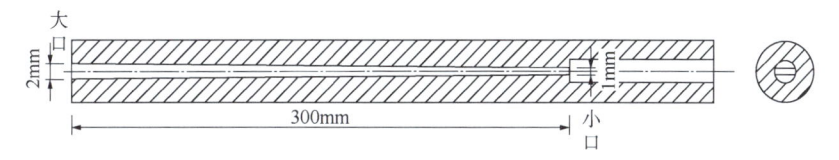

图 3.71　楔形裂隙板剖面图

表 3.8　模拟裂缝系列尺寸

模拟裂缝板序号	大口（mm）	小口（mm）
1	2	1
2	4	3
3	5	4
4	8	5

（3）裂缝按表面粗糙情况分为两种：一种裂缝表面为光滑表面，在实验中称为光滑裂缝；另一种通过在裂缝板表面粘贴砂纸形式，裂缝表面变得粗糙，在实验中称为粗糙裂缝。可模拟堵漏材料在不同性质裂缝地层中的封堵情况。如图 3.72 和图 3.73 所示。

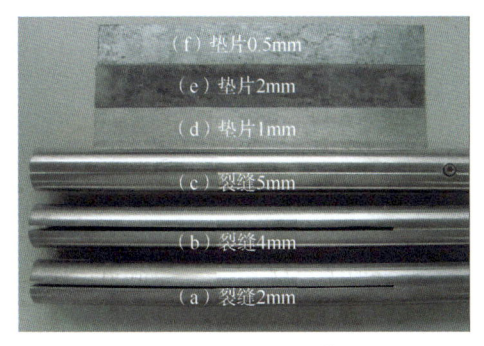

图 3.72　裂缝垫片及模具图　　　　图 3.73　粗糙裂缝与光滑裂缝模具图

3.2.2.2 模拟装置工作原理

实验时将预先选定宽度的模拟裂缝板放入主体装置规定位置中，把预配好的堵漏浆液注入装置的堵剂罐内，旋紧罐盖、按规定开启压力源，打开球阀，在压力作用下堵漏浆液被挤入模拟裂缝板的漏失通道内。如果各种桥塞堵漏材料复配运用得当，此时即能形成堵塞，继续加压至装置额定压力，可试验所形成堵塞的承压能力；如果运用不当，堵漏浆液将部分或全部被挤出漏失通道。实验完成后，可卸下模拟裂缝板，并打开观察堵漏剂分布及封堵状况。

3.2.2.3 试验装置主要技术参数

（1）堵漏浆液最大容量：10000mL。
（2）测压范围：0~10MPa。
（3）气源压力：12MPa。
（4）可测渗透深度：0~300mm。
（5）外形尺寸：料筒高度 500mm，直径 176mm。

3.2.2.4 试验方法

（1）提前配制好堵漏材料携带基浆。
（2）根据拟定实验方案中堵漏材料的加量，将堵漏材料加入 3000mL 携带基浆中，充分搅拌 30min，配制桥塞堵漏浆液。对于易吸收膨胀的堵漏材料，搅拌时间要加长，使其充分水化。
（3）选取所要封堵的裂缝模具，装入到自研制裂缝型堵漏模拟实验装置中。
（4）将配制好的堵漏浆液倒入堵漏装置中，用木棒搅拌 1min，盖好封盖，进行堵漏实验。观察并记录堵漏钻井液的漏失情况。
（5）打开出口控制阀门，观察常压下堵漏浆液的漏失情况，用秒表进行计时，维持 5min，并记录漏失量。若无堵漏浆液漏失，可认为裂缝已被封堵。此时可用氮气气源给装置进行加压，加压至 0.5MPa 并计时，同时关闭阀门进行稳压，观察此时漏失情况。如压力下降，打开阀门进行补压，维持压力为 0.5MPa。若不漏或滴状漏失，5min 后继续加压，每次增加 0.5MPa，并记录相应的漏失量。重复以上步骤，直至加压到压力为 4.0~4.5MPa。如果加压过程中，在某一压力下，堵漏浆液全部漏失完，记为被压穿，记录相应的漏失情况和击穿压力。
（6）进行泄压，打开后出口阀门排除剩余堵漏浆液，卸下测试组件，取出裂缝模具，观察实验裂缝模板上堵漏材料的分布状态和模拟漏层的封堵特征，记录堵漏材料的分布位置、分布比例、疏密程度、聚积状况等，并用相机进行拍照，分析、评价实验效果。
（7）如果封堵实验失败，可更换裂缝模具或改变实验配方，重新按照上述步骤进行实验。若封堵实验成功，可重复上组实验，当加到所需压力堵漏浆液不再漏失时，泄压排除堵漏浆，换用基浆加压，直到裂缝被压穿，该压力为堵漏材料封堵模拟裂缝后填塞层的承压能力，对不能成功堵住裂缝的情况，记录其不具备承压能力。
（8）清洗仪器，整理数据，分析实验结果。

3.2.2.5 试验结果与分析

实验用的桥接堵漏材料主要包括刚性颗粒(碳酸钙)、核桃壳、橡胶颗粒、纤维材料等。开展了单一堵漏材料和多种堵漏材料复配的堵漏钻井液评价实验，大量实验数据表明：任何一种单级粒径桥接堵漏材料对裂缝的封堵能力都有限甚至根本不能实现对裂缝的承压堵漏。

本实验主要考察单一堵漏材料的多级粒径复配和多种堵漏材料的多级复配在不同裂缝模块中的堵漏效果。为便于表述，将实验用桥接堵漏材料粒度分级，见表3.9。以裂缝入口宽度为2mm的裂缝板模块为例，仅列举出几组典型堵漏材料的复配及其对裂缝的封堵效果数据，结果见表3.10。

表3.9 颗粒材料的等级与尺寸

等 级		H	A	B	C	D	E	F	G
尺寸	目数	6~10	10~20	20~40	40~60	60~80	80~100	150	300
	mm	3.2~2.0	2.0~0.9	0.9~0.45	0.45~0.3	0.3~0.2	0.2~0.15	0.106	0.054

表3.10 不同配方的堵漏材料对不同裂缝模块的堵漏效果

序号	堵漏材料配方	短楔形裂缝堵漏效果	长楔形裂缝堵漏效果 光滑壁面	长楔形裂缝堵漏效果 粗糙壁面
1	基浆+刚性颗粒(1%A+1%B+1%C+1%D+1%E+1%F+1%G)	失败	封堵裂缝尾部(26~30cm)	缝内封堵(12~18cm)
2	基浆+刚性颗粒(2%A+1%B+1%C+1%D+1%E+1%F+1%G)	成功(封门)	封堵裂缝尾部(21~30cm)	封门
3	基浆+核桃壳(1%A+1%B+1%C+1%D)	成功(封门)	封堵裂缝尾部(28~30cm)	封门
4	基浆+核桃壳(1.5%A+1%B+1%C+1%D)	成功(封门)	封门	封门
5	基浆+刚性颗粒(1%A)+核桃壳(B,C,D各1%)	失败	裂缝尾部(27~30cm)	缝内封堵(13~15cm)
6	基浆+刚性颗粒(B,C,D,E,F,G各0.75%)+核桃壳(1%A)	失败	裂缝尾部(28~30cm)	缝内封堵(13.5~17cm)
7	基浆+刚性颗粒(1.0%A+0.5%B+0.5%C+0.5%D+0.5%E+0.5%F)+核桃壳(1.0%A+0.5%B+0.5%C+0.5%D)	成功(封门)	封门	封门

注：基浆配方为6%膨润土+6%Na_2CO_3+0.3%PAC-HV。

由表3.10可见，同一配方在不同的裂缝堵漏实验装置的评价结果是不同的。在短楔形裂缝模块实验装置堵漏成功的堵漏材料配方(2号、3号、4号和7号配方)，对光滑长楔形裂缝模块的封堵情况是封门或封堵裂缝尾部，而在粗糙裂缝模块上的封堵均为封门；而在短楔形裂缝模块实验装置堵漏失败的堵漏材料配方(如1号、5号和6号堵配方)，在光滑壁面裂缝和粗糙壁面裂缝中的封堵情况明显不同。

堵漏材料在不同裂缝模块中的堵漏试验情况如图 3.74 所示。

（a）短楔形裂缝

（b）光滑长楔形裂缝

（c）粗糙长楔形裂缝

图 3.74　堵漏材料在不同裂缝模块中的堵漏情况

如图 3.74（a）所示为短楔形裂缝成功封堵情形，堵漏材料并没有进入裂缝，而是在裂缝入口外堆积，因此，堵漏材料无法在裂缝中架桥、堆积和填充，该情形实际是堵漏材料对裂缝的"封门"；如图 3.74（b）所示为堵漏材料对光滑长楔形裂缝的封堵情况，可见堵漏材料是在裂缝的尾部对裂缝进行封堵的；如图 3.74（c）所示为堵漏材料对粗糙长楔形裂缝的封堵情况，堵漏材料可以在裂缝中间部位形成封堵隔层。因此，认为将裂缝模块加长的新型裂缝性漏失堵漏模拟实验装置更加接近实际地层裂缝漏失情况，后续裂缝堵漏模拟实验均采用新型加长裂缝型堵漏模拟实验装置。

3.2.3　防漏堵漏材料对漏失通道封堵能力评价实验研究

采用长裂缝模块堵漏模拟实验装置，对单种堵漏材料的封堵能力进行了室内模拟实验。

3.2.3.1 奥泽综堵剂

采用开口为5mm，尾端3mm的模拟裂缝板，开展奥泽综堵剂封堵能力评价实验，结果如图3.75所示。

图3.75 奥泽综堵剂封堵能力评价

由图3.75可见，堵漏材料(奥泽综堵剂)未进入开度为5mm的模拟裂缝板，表明该堵漏材料粒径较大，不适用于封堵宽度小于5mm的裂缝地层，适用于封堵宽度大于5mm的裂缝地层。

3.2.3.2 友联综堵剂

采用开口为5mm，尾端3mm的模拟裂缝板，开展友联综堵剂封堵能力评价实验，结果如图3.76所示。

图3.76 友联综堵剂封堵能力评价

由图3.76可见，堵漏材料(友联综堵剂)能够进入模拟裂缝板前段，尾端封堵材料未能进入，表明该堵漏材料适用于封堵宽度大于3mm的裂缝地层。

3.2.3.3 密胺片

采用开口为3mm，尾端1mm的模拟裂缝板，开展密胺片封堵能力评价实验，结果如图3.77所示。

由图3.77可见，堵漏材料(密胺片)未能进入模拟裂缝板，堵漏浆全部漏出，表明该堵漏材料粒径较大，不适用于封堵裂缝宽度小于3mm的地层，适用于裂缝宽度大于3mm的地层。

图 3.77　密胺片封堵能力评价

3.2.3.4　核桃壳(友联)

采用开口为 3mm，尾端 1mm 的模拟裂缝板，开展核桃壳(友联)封堵能力评价实验，结果如图 3.78 所示。

图 3.78　友联核桃壳封堵能力评价

由图 3.78 可见，堵漏材料(友联核桃壳)未能进入模拟裂缝板，堵漏浆全漏，表明该堵漏材料粒径较大，适用于宽度大于 3mm 的地层裂缝。

3.2.3.5　棉籽壳

采用开口为 3mm，尾端 1mm 的模拟裂缝板，开展棉籽壳封堵能力评价实验，结果如图 3.79 所示。

图 3.79　棉籽壳封堵能力评价

由图 3.79 可见，堵漏材料(棉籽壳)未能进入模拟裂缝板，全部封堵在外侧，表明该堵漏材料粒径较大，适用于宽度大于3mm的地层裂缝。

3.2.3.6　橡胶粒

采用开口为3mm，尾端1mm的模拟裂缝板，开展橡胶粒封堵能力评价实验，结果如图3.80所示。

（a）1~2mm模拟裂缝板

（b）0.5~1mm模拟裂缝板

图3.80　橡胶粒封堵能力评价

由图3.80可见，堵漏材料(橡胶粒)未能全部进入模拟裂缝板，在宽度为1~2mm的模拟裂缝有橡胶粒存在，大于2mm处无橡胶粒。由于橡胶粒具有一定的变形能力，在一定压力下橡胶粒挤压变形进入模拟裂缝板、减小裂缝宽度进一步进行封堵实验，结果发现橡胶粒未能进入模拟裂缝板。

3.2.3.7　奥泽大理石(1~2mm)+锯末

采用开口为3mm，尾端1mm的模拟裂缝板，开展奥泽大理石(1~2mm)+锯末封堵能力评价实验，结果如图3.81所示。

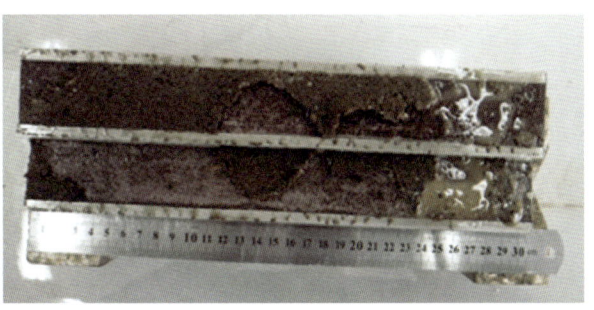

图3.81　奥泽大理石(1~2mm)+锯末封堵能力评价

由图 3.81 所见,堵漏材料[奥泽大理石(1~2mm)+锯末]能够进入模拟裂缝板起到封堵的作用,表明该堵漏材料能够封堵宽度小于 3mm 的地层裂缝。

3.2.3.8 等四面体(4~6mm)

采用开口为 5mm,尾端 3mm 的模拟裂缝板,开展等四面体(4~6mm)封堵能力评价实验,结果如图 3.82 所示。

图 3.82 等四面体(4~6mm)封堵能力评价

由图 3.82 可见,堵漏材料[等四面体(4~6mm)]未能进入模拟裂缝板起到封堵作用,表明该堵漏材料粒径较大,适用于封堵宽度大于 5mm 的裂缝地层。

3.2.3.9 等四面体(0.9~4mm)

采用开口为 3mm,尾端 2mm 的模拟裂缝板,开展等四面体(0.9~4mm)封堵能力评价实验,结果如图 3.83 所示。

(a)1~2mm模拟裂缝板

(b)2~3mm模拟裂缝板

图 3.83 等四面体(0.9~4mm)封堵能力评价

由图 3.83 可见，堵漏材料[等四面体(0.9~4mm)]未能全部进入开度为 2mm 模拟裂缝板，但能够进入开度为 3mm 的模拟裂缝板，表明该堵漏材料适用于宽度为 2~3mm 的裂缝地层。

3.2.3.10　云母(1~3mm)

采用开口为 3mm，尾端 1mm 的模拟裂缝板，开展云母(1~3mm)封堵能力评价实验，结果如图 3.84 所示。

图 3.84　云母(1~3mm)封堵能力评价

由图 3.84 可见，堵漏材料[云母(1~3mm)]能够进入开度为 3mm 的模拟裂缝板，但实验漏失量大(2500mL)，表明云母(1~3mm)适用于封堵宽度为 1~3mm 的裂缝，但单独使用时堵漏效果不佳。

3.2.3.11　蛭石(2~4mm)

采用开口为 3mm，尾端 1mm 的模拟裂缝板，开展蛭石(2~4mm)封堵能力评价实验，结果如图 3.85 所示。

图 3.85　蛭石(2~4mm)封堵能力评价

由图 3.85 可见，堵漏材料[蛭石(2~4mm)]能够进入模拟裂缝板，堵漏材料主要分布在 10~24cm 处，表明堵漏材料能够进入地层裂缝具有封堵能力，但是由于堵漏材料粒径单一，部分堵漏材料在压力作用下起不到长时间封堵的作用。

3.2.3.12　等四面体(0.9~4mm)+蛭石(100 目)+KZ-3

采用开口为 3mm，尾端 1mm 的模拟裂缝板，开展等四面体(0.9~4mm)+蛭石(100

目)+KZ-3封堵能力评价实验,结果如图3.86所示。

图3.86　等四面体(0.9~4mm)+蛭石(100目)+KZ-3封堵能力评价

由图3.86可见,堵漏材料[等四面体(0.9~4mm)+蛭石(100目)+KZ-3]未能全部进入模拟裂缝板,有部分漏失(270mL)。表明该堵漏材料具有一定的封堵能力,配方适用于宽度大于2mm的裂缝地层。

3.2.3.13　蛭石(2~4mm)+友联随堵剂(100目)

采用开口为3mm,尾端1mm的模拟裂缝板,开展蛭石(2~4mm)+友联随堵剂(100目)封堵能力评价实验,结果如图3.87所示。

图3.87　蛭石(2~4mm)+友联随堵剂(100目)封堵能力评价

由图3.87可见,堵漏材料[蛭石(2~4mm)+友联随堵剂(100目)]主要分布在10~24cm处,漏失量为400mL,但大部分堵漏材料集中在尾端,表明该配方对1~3mm裂缝的封堵效果不佳。

第4章 新型防漏堵漏工艺研究

4.1 准噶尔盆地勘探井钻井液防漏堵漏配方优化研究

4.1.1 已钻勘探井防漏堵漏配方适应性评价研究

4.1.1.1 已钻勘探井漏失处理效果基本情况

2016—2019年对准噶尔盆地不同探区勘探井钻井堵漏效果进行了统计，结果如图4.1所示。

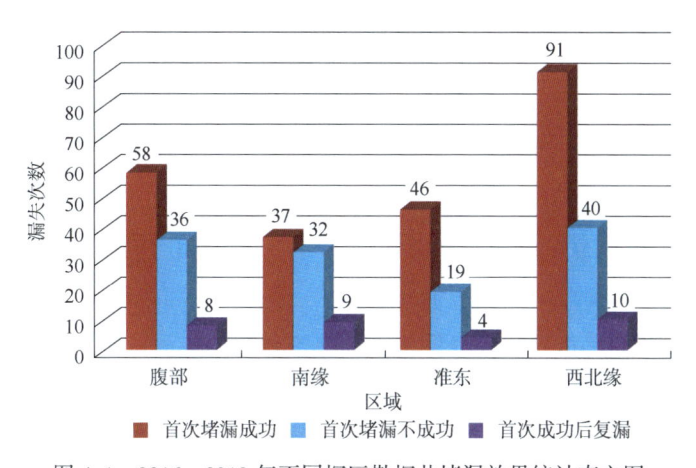

图4.1 2016—2019年不同探区勘探井堵漏效果统计直方图

由图4.1可见，腹部地区：一次性堵漏成功不再复漏的次数为58次，占比56.9%，而首次堵漏不成功的次数高达36次，占比35.3%，首次堵漏成功后复漏仅为8次，占比7.8%。南缘地区：堵漏效果展现了和腹部地区类似的规律。准东地区：首次堵漏成功的次数为46次，占比66.7%，首次不成功的次数为19次，占比27.5%，第一次成功后复漏的次数仅为4次，占比5.8%。西北缘地区：首次堵漏成功的次数为91次，占比64.5%，首次堵漏不成功的次数为40次，占比28.4%，复漏次数为10次，占比7.1%，应当关注是否为暂时性堵漏成功。

4.1.1.2 准噶尔盆地勘探井防漏堵漏材料应用情况统计分析

为了掌握准噶尔盆地勘探井钻井防漏堵漏材料类型及其应用广泛程度，对准噶尔盆地

2016—2019 年的堵漏材料进行了统计分析，如图 4.2 所示。

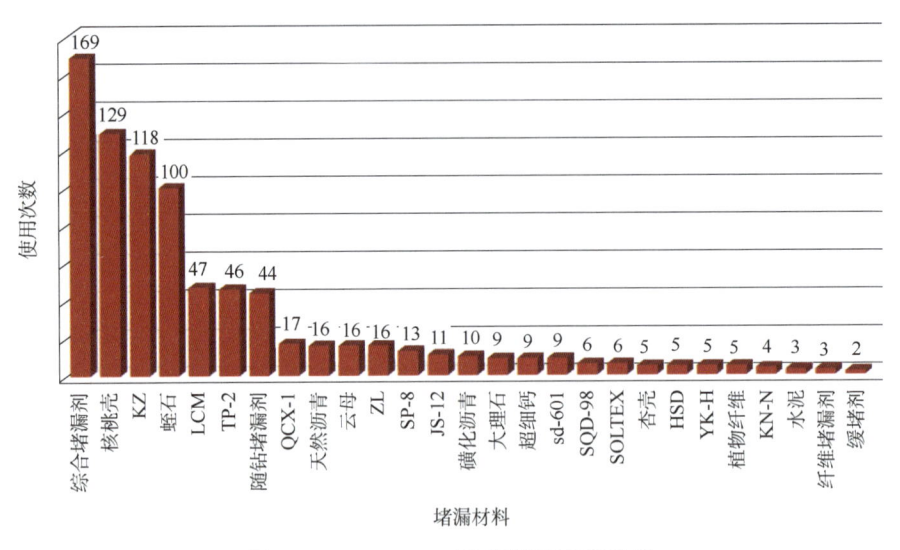

图 4.2　2016—2019 年堵漏材料使用次数

由图 4.2 可见，综合堵漏剂是使用次数最多的材料，核桃壳、KZ 系列和蛭石使用的次数也比较多。桥接堵漏材料具有经济价廉、使用方便、施工安全的优点，可以解决由孔隙和裂缝造成的部分漏失和失返漏失。LCM 和随钻堵漏剂使用次数也比较多，这些材料根据不同的漏层性质选择级配和浓度，使之互补，以增强堵漏效果。总体来讲，桥接堵漏材料应用最多，化学堵漏材料和暂堵材料也配合使用。

4.1.1.3　盆地已钻探井防漏堵漏配方适应性评价结果

（1）防漏堵漏配方粒度分布测算方法。

堵漏材料粒度分布是指堵漏材料整体组成中各种粒度的颗粒所占的百分比，是堵漏材料的重要性质之一。表征物料粒度分布常用的方法有列表法、作图法、矩值法和函数法。其中，函数法是用数学方法将物料粒度分析数据归纳整理并建立能反映物料粒度分布规律的数学模型——粒度特性方程，这样便于进行统计分析数学计算和应用计算机进行更复杂的运算。

到目前为止，粒度特性方程均为经验式。至 21 世纪 20 年代已提出数十种粒度方程，矿物加工中常用的分布方程有：罗辛—拉姆勒方程（RRSB 方程）、盖茨—高登—舒兹曼粒度特性方程（GGS 方程）、对数正态分布方程。罗辛—拉姆勒分布方程作为与特定的粒度频数分布密切结合的经验式，式中的系数可根据具体的材料通过实验确定，所以一般的偏态颗粒粒度分布可以用这种分布曲线表示。

① 单一堵漏材料粒度分布。

a）罗辛—拉姆勒分布模型的三种表达形式。

罗辛—拉姆勒方程（RRSB 方程）是在 19 世纪 30 年代，由罗辛（Rosin）、拉姆勒（Rammler）、斯波林（Sperling）以及后来的本尼特（Bennett）根据各自重复的磨矿因素试验，

以统计方法而建立的粒度特性方程，简称为 RRSB 方程，即

$$R(D_\mathrm{p}) = 100\exp\left[-\left(\frac{D_\mathrm{p}}{D_\mathrm{e}}\right)^n\right] \tag{4.1}$$

或
$$\ln\ln\frac{100}{R(D_\mathrm{p})} = n\ln D_\mathrm{p} - n\ln D_\mathrm{e} \tag{4.2}$$

或
$$F(D_\mathrm{p}) = 100 - 100\exp\left[-\left(\frac{D_\mathrm{p}}{D_\mathrm{e}}\right)^n\right] \tag{4.3}$$

式中：$R(D_\mathrm{p})$ 为筛余质量分数，%；$F(D_\mathrm{p})$ 为筛下质量分数，%；D_p 为粒径，mm；D_e 为特征粒径，表示颗粒群的粗细程度，其物理意义为 $R(D_\mathrm{p})=36.8\%$ 时的颗粒粒径，mm；n 为方程模数，也称均匀系数，表示粒度范围的宽窄，n 越大表示粒度分布范围窄，n 越小则相反。

b) 特征粒径 D_e 和均匀系数 n 的计算。

在实际工程应用中，RRSB 分布函数的特征粒径 D_e 和均匀系数 n 多采用两边取对数后对方程进行线性回归计算。

回归计算过程为：令 $y=\ln\ln[100/R(D_\mathrm{p})]$、$a=n$、$b=-n\ln D_\mathrm{e}$，式(4.2)可写为 $y=ax+b$。根据最小二乘法原理进行线性回归，使得代价函数(4.4)最小，从而求得特征粒径 D_e 和均匀系数 n 的最优值。求解方法包括偏导数法、正规方程法和梯度下降法等，本小节采用偏导数法进行说明。

最小二乘法的主要思想是使得理论值与实测值之差的平方和达到最小，以代价函数 Z 来表征该值：

$$Z = \sum_i (y_i - \hat{y}_i)^2 \tag{4.4}$$

代价函数 Z 分别对 a 和 b 求偏导后，联立解得

$$b = \bar{y} - a\bar{x} \tag{4.5}$$

将式(4.5)代入式(4.4)，可求得

$$a = \frac{\sum_{i=1}^{n} x_i y_i - n\overline{xy}}{\sum_{i=1}^{n} x_i^2 - n\bar{x}^2} \tag{4.6}$$

将式(4.6)代入式(4.5)，可得

$$b = \bar{y} - \left(\frac{\sum_{i=1}^{n} x_i y_i - n\overline{xy}}{\sum_{i=1}^{n} x_i^2 - n\bar{x}^2}\right)\bar{x} \tag{4.7}$$

式中：y_i 为第 i 个 y 的理论值；$\hat{y}_i$ 为第 i 个 y 的实测值；$\bar{y}$ 为 y 实测值的平均值；$\bar{x}$ 为 x 实测值的平均值。

有研究表明，由式(4.1)变换成式(4.2)后会产生一定的误差，尤其是当 $R(D_p)$ 趋近于 0 和趋近于 100 时，$d\{\ln\ln[100/R(D_p)]\}/dR(D_p)$ 对 $R(D_p)$ 的变化十分敏感。可以解释为，处于边缘区的 $R(D_p)$ 值，其较小的测量误差传递到 $\ln\ln[100/R(D_p)]$ 时将变得很大，这会使计算得到的特征粒径 D_e 和均匀系数 n 值产生较大的偏差。为避免边缘区域测量误差的不良传递，可以有意剔除边缘区域的数据进行线性回归。

随着人们研究的深入和相关学科的不断发展进步，尤其是现代优化方法的发展，完全非线性反演方法也得到了明显的发展。李坦平等通过式(4.1)建立数学模型并采用极大似然法实现了对特征粒径 D_e 和均匀系数 n 的估算。冯岩等结合高斯—牛顿法和最小二乘法原理，应用 Matlab 软件编程实现了颗粒材料粒度分布特征参数拟合的自动计算。何桂春等用混沌遗传算法对粒度分布参数进行了反演计算，不同矿样粒度分布反演计算的拟合精度均很高。

采用典型遗传算法对特征粒径 D_e 和均匀系数 n 进行反演计算，算法流程如图 4.3 所示，算法主要步骤如下。

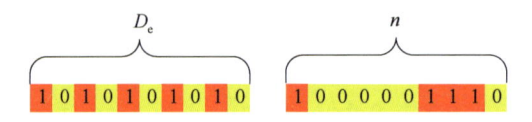

图 4.3 个体染色体二进制串示例

（a）产生初始种群。遗传算法是对群体进行的进化操作，种群的个体数决定了遗传算法的多样性。数目越多，种群的多样性越好，但是会增加计算量。如果数目过少，会因为遗传多样性降低而导致比较容易出现早熟现象。取个体数 M 为 100，每个个体由一个 40 位二进制串表示。该二进制串由 2 个子串构成，每个子串代表一个待求变量 D_e 和 n，如图 4.4 所示。

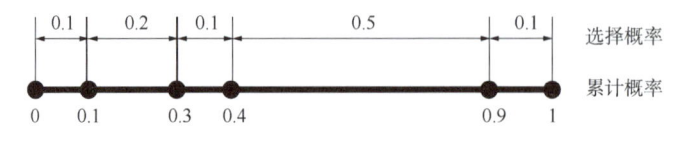

图 4.4 个体选择概率和累计概率示例

（b）个体适应度评价。个体适应度的大小是评定各个个体的优劣程度标准，并以此确定其遗传机会的大小。个体的适应度越高，说明这个个体越优秀、越容易遗传给后代。本次计算中个体适应度 f 为理论值与实测值之差的平方和的倒数：

$$f = \left\{\sum [F(D_p) - \dot{F}(D_p)]^2\right\}^{-1} \qquad (4.8)$$

（c）遗传操作。

选择运算：以 0.9 为代沟把当前种群中适应度较低的个体舍弃，并按照比例选择（又称轮盘赌选择）来确定剩余种群中复制到下一代群体中的个体。每个个体被遗传到下一代种群中的概率 P_i 与每个个体的累积概率 Q_j 分别为：

$$P_i = \frac{f_i}{\sum_{i=1}^{M} f_i} \tag{4.9}$$

$$Q_j = \sum_{j=1}^{i} P_j \tag{4.10}$$

假设某种群中有 5 个个体，每个个体的选择概率分别是 0.1、0.2、0.1、0.5、0.1，如图 4.5 所示。

若在区间 [0，1] 上随机生成一个值 0.5，根据累积概率 0.4<0.5<0.9，于是第 4 个个体被选中。由图 4.5 可以看出，个体的选择概率越大，被选中遗传到下一代的概率就越大。

交叉运算：交叉概率决定了新产生个体的频度，交叉概率太小，会导致新个体产生速度慢，影响种群多样性，抑制早熟现象的能力就会较差。但是过高的交叉概率会使基因的遗传变得不稳定，优良的基因比较容易被破坏。本次采用单点交叉，以 0.8 为交叉概率交换某两个个体之间的部分染色体编码。

变异运算：变异运算是对个体的某一个或某一些基因座上的基因值按某一较小的概率进行改变，它也是产生新个体的一种操作方法。变异概率太小不利于产生新个体，对种群的多样性有影响。但是变异概率太大也会使基因的遗传变的

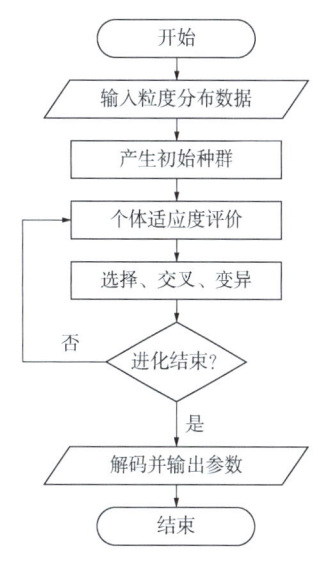

图 4.5 采用遗传算法求解粒度分布参数流程

不稳定，优良的基因比较容易被破坏。本次采用单点变异，对个体染色体上某一个基因值按 0.05 的概率进行改变。

(d) 判断进化是否结束。本次计算设定为 100，当达到最大迭代次数时，将得到的最好个体编码进行解码，获得最优的粒度分布参数；没有达到最大迭代次数时，转入第二步继续进化。

② 堵漏配方累积粒度分布。

假设堵漏配方由 m 种堵漏材料组成，根据每种堵漏材料的加量比例 C_i 和密度 ρ_i，可计算各材料的体积占比 V_{pi}：

$$V_{pi} = \frac{C_i}{\rho_i} \tag{4.11}$$

再根据堵漏材料的 RRSB 方程和各材料体积占比 V_{pi}，可计算各材料按某一加量比例复配得到的堵漏配方累积粒度分布表达式：

$$F(D_p) = \frac{\sum_{i=1}^{m} \frac{C_i}{\rho_i} R_i(D_p)}{\sum_{i=1}^{m} \frac{C_i}{\rho_i}} = \frac{\sum_{i=1}^{m} V_{pi} R_i(D_p)}{\sum_{i=1}^{m} V_{pi}} \quad (4.12)$$

利用堵漏配方累积粒度分布表达式(4.13)可以根据不同堵漏材料粒度分布选择标准进行堵漏配方的优化选择。

（2）盆地已有防漏堵漏系列推荐配方。

针对西北缘、腹部、准东、南缘探区漏失井现场堵漏剂配方，分别进行粒度测算，再结合室内堵漏实验，推荐系列堵漏配方，见表4.1至表4.4。

表4.1　西北缘探区推荐堵漏剂配方

地层	漏速 (m³/h)	粒度规格（μm） D10	D50	D90	推荐配方 组成	加量（%）
白垩系K	失返	175	1875	3015	6%综合堵漏剂+4%核桃壳粉	10
侏罗系J	15~30	495	595	2485	2%核桃壳+2%综堵+4%SQD-98	8
	30~60	35~235	235~1315	2435~2885	5%蛭石+2.5%LCM+2.5%核桃壳+5%kz-5	15
		15	75~85	4345~4875	3.3%KZ-2+1.7%KZ-3+5%KZ-4	10
	失返	125	405	2765	2%蛭石+5%综合堵漏剂+10%核桃壳	17
二叠系P	<10	5~445	75~1985	395~3045	2.5%随钻堵漏剂+2.5%蛭石、4%随钻堵漏剂+3%沥青粉+3%蛭石+2%综合堵漏剂、1.6%1mm蛭石+1.6%核桃壳粉+1.6%综合堵漏剂+3.2%超细碳酸钙	5 / 12 / 8 / 20
	10~30	25~905	105~1935	585~2805	6.25%综合堵漏剂+11.25%核桃壳+2.5%蛭石、3%蛭石+2%KZ-3+2%KZ-5+3%核桃壳	10 / 10
	30~70	15~445	105~2315	375~3835	3%蛭石+2%KZ-3+2%KZ-5+3%核桃壳、2%蛭石堵漏剂+2%核桃壳	4
	失返	525	2645	3855	7%核桃壳 7mm+5.3%综合堵漏剂+7%蛭石+8.7%大理石颗粒	30
石炭系C	<25	25~155	115~885	2025~2885	1.5%KZ-3+1.55KZ-4+2%综合堵漏剂+2.5%核桃壳+2.5%蛭石、8%蛭石+5%核桃壳+2%HSD+2%综合堵漏剂+2%YK-H	10~20
三叠系T	5~25	15~325	135~2095	1225~3085	7.5%LCM+2.5%核桃壳、0.45%综合堵漏剂+0.9%随钻堵漏剂+1.8%蛭石+1.85%云母	10 / 5
	30~90	175	1875	3015	6%LCM+4%核桃壳	10
	失返	15	115	4195	1%LCM+1%1~3mm核桃壳+1.5%KZ-2+1.5%KZ-3+1%KZ-4+1.5%蛭石	15

表 4.2 腹部探区推荐堵漏剂配方

地层	漏速 (m³/h)	粒度规格(μm)			推荐配方	
^	^	D10	D50	D90	组成	加量(%)
白垩系 K	10~20	200~700	1500~2000	2800~3000	4%核桃壳(1~3mm)+1%核桃壳(3~5mm)+1%蛭石(0.3~1mm)+1%蛭石(2~4mm)+2%综合堵漏剂、7.5%综合堵漏剂+2.5%核桃壳	10
^	失返	15~35	100~1000	4000~5000	2%核桃壳(3mm)+3%核桃壳(1mm)+4%综合堵漏剂+4%KZ-2+1%ZL+2%KZ-3(凝胶堵漏)、3%核桃壳(1mm)+4%综合堵漏剂+1%ZL+4%KZ-2+3%KZ-3(凝胶堵漏)、3%核桃壳(1mm)+4%综合堵漏剂+1%ZL+3%KZ-2+2%TP-2+3%KZ-3(凝胶堵漏)	15
侏罗系 J	失返	15	135	3425	3%核桃壳(1mm)+4%综合堵漏剂+4%KZ2+1%ZL+2%KZ-3+2%TP-2(凝胶堵漏)	15
^	10~30	900~1000	2000~2200	2900~3000	5%综堵+6%核桃壳(3~5mm)+4%核桃壳(1~3mm)(凝胶堵漏)	15
三叠系 T	≤5	15~25	110~130	2000~2300	3%核桃壳+3%综合堵漏剂+1.5%KZ-4+1.5%KZ-5+1.5%KZ-2、4%核桃壳+2%综合堵漏剂+2%KZ-4+2%KZ-5+2% 蛭石	10 12 8
^	15~40	25~165	190~1200	2600~2900	4%蛭石 4t+4%核桃壳、4%核桃壳+4%综合堵漏剂+2%KZ-4	10
二叠系 P	18~20	15	90~110	2000~2200	3%综合堵漏剂+3%核桃壳+7%蛭石+5%KZ-4、2%KZ-4+2%KZ-5+1%核桃壳+2%综合堵漏剂	18 7
^	50	15~25	175~245	4700~4900	5%KZ-4+7.5%核桃壳(1~5mm)+2.5%蛭石+5%KZ-2	20
石炭系 C	5~15	15~35	65~200	200~700	2%KZ-4+2%KZ-5+1%蛭石、0.5%综合堵漏剂+1.25%蛭石+1.25%TP-2+2%SQD-98	5
^	^	15~25	95~400	2100~2700	2%KZ-4+2%综合堵漏剂+4%KZ-5、3%综合堵漏剂+3%蛭石+1%TP-2+1%核桃壳	8
^	20~50	15	95	1800~2300	2%KZ-4+1%KZ-5+1%综合堵漏剂+1%核桃壳(1mm)、2%KZ-4+2%KZ-5+1%核桃壳+2%综合堵漏剂、2%LCM+1%核桃壳(1mm)+2%蛭石(3~5mm)+2%蛭石(1~3mm)+3%蛭石(<1mm)+5%TP-2	5 7 15

· 111 ·

表 4.3 准东探区推荐堵漏剂配方

地层	漏速 (m³/h)	粒度规格(μm) D10	D50	D90	推荐配方 组成	加量(%)
侏罗系J	≤5	15	85	1915	2%综合堵漏剂+2%KZ-3+2%KZ-4+2%蛭石	8
	10~36	400	1100	2900	8%蛭石+5%LCM+2%SQD-98	15
	失返	300~900	2100	3000	6%综合堵漏剂+5%核桃壳(3~5mm)+3%核桃壳(1~3mm)+3%核桃壳(0.5~1mm)+1%QCX-1、2%综合堵漏剂+3%核桃壳(1~3mm)+4%核桃壳(3~5mm)+1%核桃壳(5~7mm)、2%综合堵漏剂+2%蛭石(1~3mm)+1%蛭石(0.5mm)+1%蛭石(3~5mm)+2%核桃壳(3~5mm)	18 / 10 / 8
石炭系C	≤5	15	65~85	360~580	2.5%KZ-5+5%蛭石+3%TP-2+2%QS-2+1%LCM+1.5%核桃壳、6%蛭石+5%超细钙+2.5%TP-2+1.5%KZ-5、5%蛭石+5%QS-2+2.5%KZ-5+2.5%TP-2	15 / 15 / 15
	5~20	15	85	2035	2.5%随钻堵漏剂+2.5%KZ-4+2.5%KZ-3+2.5%LCM+1.5%蛭石+2%核桃壳(1~2mm)+1.5%核桃壳(3~5mm)、1%随钻堵漏剂+1%KZ-3+1.5%KZ-4+2%LCM+0.5%蛭石+1%核桃壳	15 / 7
	30~50	15	85~135	1900~2300	3%随钻堵漏剂+1.5%LCM+1.5%蛭石、1.25%综合堵漏剂+1.25%核桃壳+2.5%随钻堵漏剂	6 / 5
	60~100	145	1595	2955	3%综合堵漏剂+3%核桃壳	13
	失返	195	1965	3045	8%LCM+5%核桃壳、9%LCM+5%核桃壳	14

表 4.4 南缘探区推荐堵漏剂配方

地层	漏速 (m³/h)	粒度规格(μm) D10	D50	D90	推荐配方 组成	加量(%)
白垩系K	4~10				15%LCM-1+20%LCM-2+15%LCM-3+3%TP-2+2%SOLTEX	53
侏罗系J	<20	15~145	65~1595	185~2955	16%TP-2+4%磺化沥青、5%KZ-3+7.5%核桃壳+7.5%综合堵漏剂、2.7%综合堵漏剂+0.6%棉绒+3%核桃+0.7%KZ-3+1%KZ-4	8~20
	30~60	15~145	125~1595	2315~2955	2.8%TP-2+2.8%综合堵漏剂+4.4%核桃壳、5%综合堵漏剂+5%核桃壳、5%核桃壳+5%KZ-3	10 / 10 / 10
三叠系T	5~35	265~300	485~600	700~2600	6%蛭石+2%Tyl-x1、16%蛭石、3.3%蛭石(0.5~2mm)+1.7%LCM、5.3%蛭石(0.5~2mm)+0.7%综合堵漏剂	5~16

4.1.2 准噶尔盆地勘探井防漏堵漏材料优选

4.1.2.1 防漏堵漏材料优选准则研究

防止和控制钻井液漏失最常见的作法是将颗粒堵漏材料混入钻井液中而形成堵漏浆,通过钻井泵将堵漏浆注入储层井段,并在压差的作用下进入储层。若架桥颗粒材料与裂缝尺寸匹配,而在裂缝内"卡喉",可变缝为孔,阻挡后续流入的堵漏材料,继而堆积形成堵塞隔墙,阻止或减缓钻井液向储层深部的流动。然而,颗粒基堵漏材料的堵漏成功率并不理想,常出现第一次很容易缓解漏失,但当循环钻井液后就出现重复漏失的现象,其根本原因是颗粒基堵漏材料的粒度分布与地层漏失通道尺寸之间不匹配,没有在地层中形成稳定的堵塞层。

针对颗粒基堵漏材料的粒度分布选择准则,国内外学者做了大量研究并提出了众多的粒度选择理论和方法,常见的有:Abrams 的 1/3 架桥理论,Andreasen 和 Anderson 的理想充填理论,罗平亚、罗向东等的屏蔽暂堵,Hands 等的 D90 方法,Vickers 等的 Vickers 方法,Whitfill 等的 D50 方法,Alasab 方法等。这些选择理论和方法对堵漏材料粒度分布的设计起到了重要的指导作用。然而,在实际应用过程中,现有的粒度选择准则对裂缝性储层的堵漏效果并不理想。究其原因,一方面,现有粒度选择设计方法大多直接套用了孔隙性储层堵漏材料的粒度设计方法(如 1/3 架桥理论、理想充填理论、屏蔽暂堵理论),对裂缝性储层的适应性很差;另一方面,针对裂缝性储层的堵漏材料粒度设计方法(如 D90 方法、Vickers 方法、D50 方法),内涵差异巨大,而且都是建立在传统的 API 短模拟裂缝板实验基础之上的,不能很好地反映天然裂缝储层的堵漏物理本质。

本节的主要目的在于厘清颗粒材料粒度分布与已知裂缝开口宽度的匹配关系,利用加长型模拟裂缝堵漏实验装置,开展不同粒度分布堵漏材料对天然裂缝储层的堵塞室内模拟实验,与 API 测试方法及新测试方法的测试结果进行比较,评价现有粒度分布选择准则对天然裂缝的适用性,最后提出了一种适用于天然裂缝性储层的新的粒度分布选择准则,并利用实验数据检验新准则的适用性。

(1) 实验材料与方法。

以单种防漏堵漏材料对裂缝性漏失通道的封堵能力评价实验结果为依据,以以往现场堵漏配方为参考,对多种堵漏材料复配进行裂缝性漏失通道封堵能力评价实验。

① 6.43%综合堵漏剂+5.36%蛭石+2.14%KZ-1+1.07%KZ-5。

阜 27 井在井深 3690m 处发生第 4 次漏失,现场采取堵漏措施[15%堵漏浆堵漏 50m³(3t 综合堵漏剂、2.5t 蛭石、1t KZ-3、0.5t KZ-5、0.1t NaOH)]成功堵漏,且无重复漏失的现象发生。参考现场复配堵漏材料进行室内封堵能力评价,采用开口为 3mm,尾端为 1mm 的模拟裂缝板进行实验,结果如图 4.6 所示。

由图 4.6 可见,该复配堵漏材料制备的堵漏浆其漏失量为 200mL,堵漏材料能够进入地层裂缝,但是还有部分未能进入裂缝。

② 2%蛭石+2%KZ-3+2%KZ-4+2%LCM+2%核桃壳 0.5-1。

阜 39 井在井深 3973.55m 处发生第 3 次漏失,现场采取堵漏措施[10%堵漏浆堵漏(1t LCM、1t 0.5~1mm 核桃壳、1t KZ-3、1t KZ-4、1t 蛭石 1mm)]成功堵漏,且无重复漏失的现象发生,参考现场复配堵漏材料进行室内封堵能力评价,采用开口为 3mm,尾端为 1mm 的模拟裂缝板进行实验,结果如图 4.7 所示。

图 4.6　复配堵漏材料(综合堵漏剂+蛭石+KZ-1+KZ-5)封堵能力评价

图 4.7　复配堵漏材料[蛭石+KZ-3+KZ-4+LCM+核桃壳(0.5~1mm)]封堵能力评价

由图 4.7 可见,该复配堵漏配方封堵能力较强,漏失量为 50mL,几乎无漏失,堵漏材料能够封堵实验全段裂缝,封堵效果良好,适合在裂缝宽度小于 3mm 的地层使用。

③ 3.75%蛭石+3.75%KZ-3+3.75%KZ-4+2.5%LCM+1.25%核桃壳 0.5~1mm。

阜39井在井深4247m处发生第5次漏失，现场采取堵漏措施[15%堵漏浆堵漏（1t LCM、1.5t KZ-3、1.5t KZ-4、1.5t 蛭石、0.5t 0.5~1mm 核桃壳）]成功堵漏，且无重复漏失的现象发生。参考现场复配堵漏材料进行室内封堵能力评价，采用开口为3mm，尾端为1mm的模拟裂缝板进行实验，结果如图4.8所示。

图4.8 复配堵漏材料[蛭石+KZ-3+KZ-4+LCM+核桃壳(0.5~1mm)]封堵能力评价

由图4.8可见，该复配堵漏配方封堵能力强，实验漏失量仅为20mL，堵漏材料能够封堵实验全段裂缝，封堵效果良好，该堵漏配方适合于宽度小于3mm的地层裂缝。

④ 8.13%LCM+4.88%核桃壳。

阜39井在井深4415.39m处发生第七次漏失，现场采取堵漏措施[13%堵漏浆 30m³（2.5t LCM、1.5t 0.5~1mm 核桃壳）]成功堵漏，且无重复漏失的现象发生。参考现场复配堵漏材料进行室内封堵能力评价，采用开口为3mm，尾端为1mm的模拟裂缝板进行实验，结果如图4.9所示。

由图4.9可见，该堵漏材料未能进入开度为3mm的模拟裂缝，说明该堵漏配方不适用于宽度小于3mm的地层裂缝，适合在宽度大于3mm的地层裂缝使用。

⑤ 3%蛭石+3%KZ-3+3%KZ-4+3%LCM。

阜39井在井深4450m处发生第8次漏失，现场采取堵漏措施[12%堵漏浆 50m³（1.5t LCM、1.5t KZ-3、1.5t KZ-4、1.5t 蛭石）]堵漏不成功。进行室内封堵能力评价，采用开口为4mm，尾端为2mm的模拟裂缝板进行实验，结果如图4.10所示。

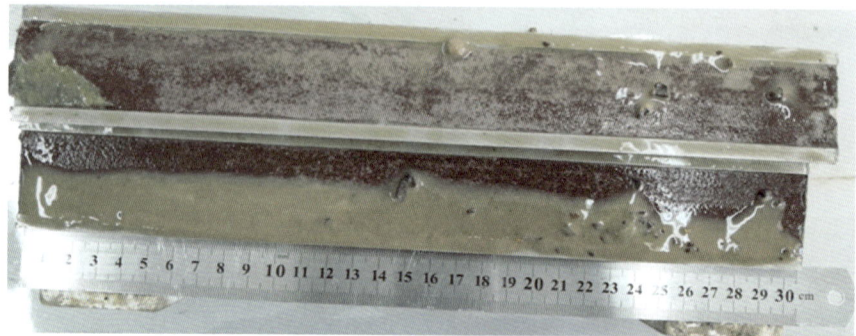

图 4.9　复配堵漏材料(LCM+核桃壳)封堵能力评价

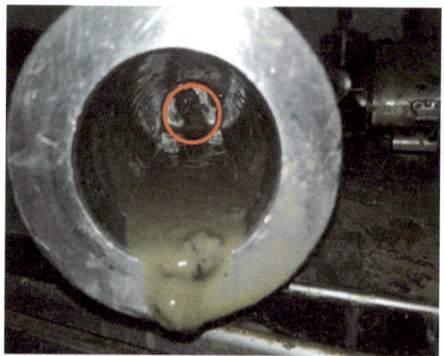

图 4.10　复配堵漏材料(蛭石+KZ-3+KZ-4+LCM)封堵能力评价

由图 4.10 可见，该堵漏材料聚集在尾端，且漏失量较大（1200mL），说明该堵漏材料适用于宽度范围在 2~3mm 的地层裂缝。

⑥ 9.33%LCM+4.67%核桃壳。

阜 39 井在井深 4450m 处发生第 8 次漏失，现场采取堵漏措施[14%堵漏浆 40m³（3.2t LCM、1.6t 核桃壳）]成功堵漏，且无重复漏失的现象发生。参考现场复配堵漏材料进行室内封堵能力评价，采用开口为 2mm，尾端为 1mm 的模拟裂缝板进行实验，结果如图 4.11 所示。

图 4.11　复配堵漏材料(LCM+核桃壳)封堵能力评价

由图 4.11 可见，该堵漏材料能够进入地层裂缝，漏失量为 10mL，几乎无漏失，该堵漏材料封堵效果良好，适用于宽度小于 2mm 的地层裂缝。

⑦ 3.75%综合堵漏剂+2.5%蛭石+1.25%QCX-1+2.5%随钻堵漏剂。

阜 41 井在井深 3175.57m 处发生第 1 次漏失，现场采取堵漏措施[10%的堵漏浆 40m³（综合堵漏剂 1.5t、随钻堵漏剂 1t、蛭石 1t、QCX-1 0.5t）]成功堵漏，同时发生重复性漏失，进行室内封堵能力评价，采用开口为 2mm，尾端为 1mm 的模拟裂缝板进行实验，结果如图 4.12 所示。

由图 4.12 可见，该堵漏材料未能进入地层裂缝，但是漏失量较低为 50mL，是因为堵漏材料聚集在端口未能进入裂缝，说明该堵漏材料不适应于裂缝宽度小于 2mm 的地层，适合在裂缝宽度大于 2mm 的地层使用。

⑧ 3%蛭石 1.5%QCX-1+4.5%随钻堵漏剂。

阜 41 井在井深 3175.57m 处发生第 1 次漏失，现场采取堵漏措施[9%的堵漏浆 40m³（随钻堵漏剂 1.5t、蛭石 1t、QCX-1 0.5t）]成功堵漏，且无重复漏失的现象发生，参考现场复配堵漏材料进行室内封堵能力评价，采用开口为 2mm，尾端为 1mm 的模拟裂缝板进行实验，结果如图 4.13 所示。

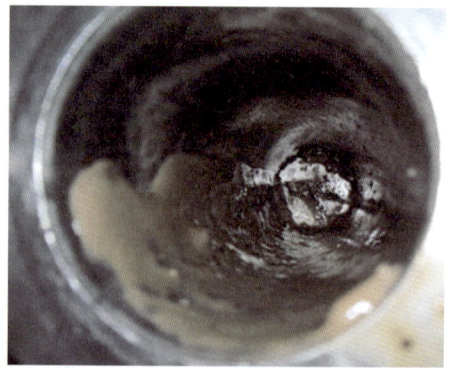

图 4.12 复配堵漏材料(综合堵漏剂+蛭石+QCX-1+随钻堵漏剂)封堵能力评价

图 4.13 复配堵漏材料(蛭石+QCX-1+随钻漏堵剂)封堵能力评价

由图 4.13 可见,该堵漏材料未能进入地层裂缝,且堵漏浆全漏,说明该堵漏材料粒径太小,在压力作用下不能停留在裂缝中,随钻井液全部漏出,可判断该堵漏材料适用于宽度小于 1mm 的地层裂缝。

⑨ 5%综合堵漏剂+4%随钻堵漏剂。

吉 45 井在井深 3221.11m 处发生第 4 次漏失,现场采取堵漏措施[9%的堵漏浆 50m³ (综合堵漏剂 2.5t、随钻钻漏剂 2t)]成功堵漏,且无重复漏失的现象发生。参考现场复配堵漏材料进行室内封堵能力评价,采用开口为 2mm,尾端为 1mm 的模拟裂缝板进行实验,结果如图 4.14 所示。

开口2mm、尾端1mm

开口4mm、尾端2mm

图 4.14 复配堵漏材料(综合堵漏剂+随堵剂)封堵能力评价

由图 4.14 可见,有堵漏材料进入开口为 2mm 的模拟裂缝,但是大部分材料聚集在端口,实验漏失量为 10mL,说明该堵漏材料适用于宽度大于 2mm 的裂缝。进一步进行实验,采用开口为 4mm,尾端为 2mm 模拟裂缝板,由实验结果可知,相比上一实验结果,此次有较多堵漏材料进入地层裂缝,但实验漏失量增加为 500mL,说明该堵漏材料适用于对宽度为 2~4mm 的地层裂缝进行封堵。

⑩ 8%蛭石+5%LCM+2%SQD-98。

家探 2 井在井深 3940m 处发生第四次漏失，现场采取堵漏措施[15%的堵漏浆 25m³（8%蛭石+5%LCM+2%SQD-98）]成功堵漏，且无重复漏失的现象发生。参考现场复配堵漏材料进行室内封堵能力评价，采用开口为 4mm，尾端为 2mm 的模拟裂缝板进行实验，结果如图 4.15 所示。

图 4.15　复配堵漏材料（蛭石+LCM+SQD-98）封堵能力评价

由图 4.15 可见，堵漏材料能够进入裂缝，且粒径较大的固体材料能够停留在裂缝中，具有一定的封堵能力，但由于其封堵能力不强导致漏失量较大（600mL）。

部分钻探井室内实验结果数据见表 4.5。

（2）一种新的粒度设计准则。

① 新粒度设计准则的提出。

由于现有选择准则导致颗粒基堵漏材料的粒度偏大，堵漏材料无法有效进入地层裂缝而造成"封门"，因此，需要提出一种允许堵漏材料在裂缝内部形成致密堵塞的新选择准则。本节提出一种新的颗粒基堵漏材料粒度选择准则。

为了反映堵漏材料粒度与裂缝开度间的相对关系，本次引入一个参数，即特征粒度与裂缝开度之比 R_p：

$$R_p = D90/W_A \tag{4.13}$$

式中　W_A——裂缝开口宽度，mm。

如图 4.16 所示为不同开口宽度模拟裂缝堵塞深度与 R_p 值的变化，用于分析堵塞位置与特征粒度值间的规律。

表 4.5 部分钻探井室内实验结果数据

来源				组成	总加量(%)	规格(μm) D10	D50	D90	入口宽(mm)	出口宽(mm)	实验结果 漏失量(mL)	堵塞深度(cm)	适合缝宽(mm)
区块	井号	井深(m)	地层										
准东	阜27	3690	C	3t 综合堵漏剂、2.5t 蛭石、1t KZ-3、0.5t KZ-5	15	15	105	2425	3	1	200	20	27	1~3
准东	阜39	4415.4	C	LCM2.5t、核桃壳1.5t	13	185	1925	3025	3	1		-1	3	1~3
准东	阜39	4450	C	LCM3.2t、核桃壳1.6t	14	195	1965	3045	2	1	2000	-1		1~2
准东	阜41	3175.6	C	随钻堵漏剂1.5t、蛭石1t、QCX-1 0.5t	9	15	75	345	2 1	1 0.5	全漏 450	21	26	0.5~1
准东	吉45	3221.1	P₂l₃	综合堵漏剂2.5t、随钻堵漏剂2t	7	15	105	2605	4	2	500	22	28	2~4
准东	家探2	3940	J₁b	8%蛭石+5%LCM+2%SQD-98	15	425	1095	2895	4	2	600	13	23	2~4
准东	家探2	4262.3	C₂b	15%的堵漏浆30m³[3%LCM+5%蛭石+1.5%KZ-3+1.5%KZ-4+3%云母+1%核桃壳(1mm)]进行堵漏	15	15	155	2305	4	2	400	25	28	2~4
西北缘	玛湖20	3457	T₃b	综合堵漏剂1.5t、核桃壳1.5t、KZ-4 2t、蛭石1t	15	15	155	4825	2 4 5	1 2 3	不漏 不漏 300	-1 -1 25	28	3~5
腹部	达002	4189.9	T₁b₂	蛭石5.0t、随钻堵漏剂4.0t	7	15	75	335	4 1	2 0.5	全漏 400	24	27	0.5~1
腹部	达002	4363	T₁b₂	蛭石4t、核桃壳3.5t、综合堵漏剂4t	0	165	1205	2905	4	2	1300	25	27	2~4

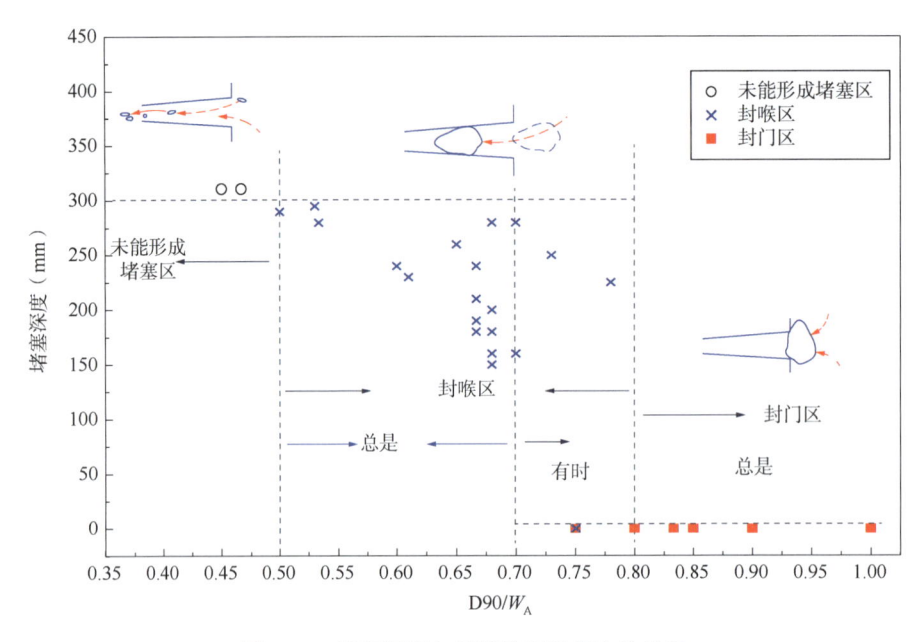

图4.16 堵塞深度与特征粒度缝宽比的关系

由图 4.16 可见，随着 R_p 值变化，堵塞位置大致可划分为 3 个区域，即封门区、封喉区及未能形成堵塞区。当 R_p 值大于 0.8，堵漏材料无法进入裂缝内部而"封门"；当 R_p 值介于 0.5~0.8 之间时，堵漏材料可以进入裂缝内部形成堵塞，其中，R_p 值在 0.7~0.8 之间时，有时还是会发生封门的现象，只有当 R_p 值在 0.5~0.7 之间时，堵漏材料才能有效进入裂缝内部形成堵塞，称为"封喉"；当 R_p 值小于 0.5，堵漏材料没有在模拟裂缝内形成堵塞，这是由于本实验采用的模拟裂缝长度有限（为 300mm），虽然实际情况下堵漏材料可能会在更窄的地层裂缝中形成堵塞，但是这意味着堵漏材料需要侵入地层更深，损失更多钻井液才能实现。因此，本节认为堵漏材料的 R_p 值应当限制在 0.5~0.7 之间，以保证颗粒基堵漏材料能够有效进入裂缝，并在近井壁附近堵塞。

理论上讲，堵漏材料粒度分布范围越大，总漏失量越小。本次以相对粒度跨度 S_p 表征粒度分布范围：

$$S_p = (D90-D10)/D50 \qquad (4.14)$$

进一步地，总漏失量不仅与粒度分布范围有关，而且与特征粒度 D10 值的大小也有关。特征粒度 D10 值越小，越有利于减小总漏失量。当 D10 值介于 0.1~0.2mm 时，总漏失量随着相对粒度跨度 S_p 的增大而减小，如图 3.17 所示。

由图 4.17 可知，不同开度裂缝实验结果都显示出类似的规律，即总漏失量随着相对粒度跨度的增大而急剧减小。当相对粒度跨度大于 1.5 后，总漏失量变化不大，表明裂缝内形成致密封堵必须同时满足具有较小的 D10 值和较大的粒度分布范围。

基于实验结果与分析，提出一种新的粒度选择准则，即堵漏材料粒度分布必须同时满足如下条件：

a) 特征粒度与缝宽之比：$R_p = D90/W_A = 0.5~0.7$，R_p 值越接近 0.7 越优。

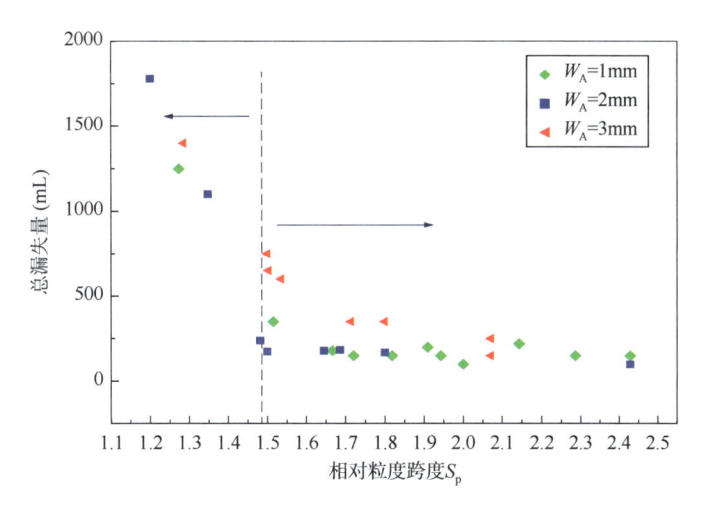

图 4.17　总漏失量与相对粒度跨度间的关系

b) 特征粒度 D10 为 0.1~0.2mm，D10 值越接近 0.1 越优。

c) 相对粒度跨度：$S_p = (D90-D10)/D50 \geq 1.5$。

条件 a) 表示堵漏材料中粒度较大的颗粒量应限制在一定范围内。一方面，可保证大多数堵漏材料能够顺利进入裂缝内部，避免堵漏颗粒材料在裂缝入口外封堵（常称为"封门"），从而避免由于钻井液的冲刷及钻具的振动和碰撞对缝口外堵层的破坏而产生堵漏成功的假象；另一方面，尽可能使堵漏材料在近井壁附近裂缝中形成堵塞。

条件 b) 表示堵漏材料中必须含有足够数量粒径小于 0.2mm 的细颗粒，以保证裂缝内架桥后变缝为孔后的堵塞层的孔隙能够有足够的细颗粒充填。

条件 c) 表示堵漏材料的粒度分布相对范围必须足够宽，以保证堵漏材料中的大小颗粒匹配合理，避免堵塞层的孔隙度过大，保证能够在缝内形成致密的封堵隔层，降低漏失液量，提高堵塞效率。

② 新粒度设计准则的验证。

采用开口宽度为 1.5mm 的模拟裂缝检验了提出的新选择标准。保持堵漏材总加量为 10%（质量分数），通过调整堵漏配方的不同粒级组成，形成不同粒度分布的堵漏材料配方，对加长模拟裂缝块进行堵塞测试，测试结果见表 4.6。

表 4.6　对新选择准则的检验测试实验结果

序号	宽度(mm)		D 值(mm)			PSD 参数		预测效果	实测			匹配与否
	W_A	W_T	D90	D50	D10	R_p	S_p		漏失量(mL)	深度(mm)	效果	
V1	1.5	0.75	1.5	0.9	0.1	1.00	1.56	失败	250	0	失败	是
V2	1.5	0.75	1.3	0.58	0.1	0.87	2.07	失败	100	0	失败	是
V3	1.5	0.75	1.1	0.55	0.1	0.73	1.82	失败	250	150	成功	否
V4	1.5	0.75	1.0	0.45	0.1	0.67	2.00	成功	350	200	成功	是
V5	1.5	0.75	1.0	0.55	0.1	0.67	1.64	成功	350	180	成功	是

续表

序号	宽度(mm) W_A	W_T	D值(mm) D90	D50	D10	PSD参数 R_p	S_p	预测效果	实测 漏失量(mL)	深度(mm)	效果	匹配与否
V6	1.5	0.75	1.0	0.55	0.2	0.67	1.45	成功	480	180	成功	是
V7	1.5	0.75	1.0	0.60	0.25	0.67	1.25	失败	1500	160	失败	是
V8	1.5	0.75	1.0	0.35	0.15	0.67	2.43	成功	200	210	成功	是
V9	1.5	0.75	0.9	0.35	0.1	0.60	2.29	成功	300	250	成功	是
V10	1.5	0.75	0.78	0.35	0.1	0.52	1.94	成功	250	250	成功	是
V11	1.5	0.75	0.73	0.33	0.1	0.49	1.91	失败	2000	—	失败	是
V12	1.5	0.75	0.6	0.30	0.1	0.40	1.67	失败	2000	—	失败	是

注：W_T 为裂缝尾端宽度。

由表4.6可知，只有编号为V3的测试结果与新选择准则预测的测试结果不相符，其余大部分预测结果与实测结果均相符。究其原因，编号为V3的堵漏材料 R_p 值介于0.7~0.8，堵漏材料有时不能进入裂缝内部，这与前述设计准则实验的测试结果一致。验证实验数据中，新粒度分布选择准则的实验实测符合率为91.67%。由于开度为1.5mm的模拟裂缝的测试数据并未在提出新准则的测试结果样本中，表明新选择准则的验证结果具有独立的可靠性。

4.1.2.2 适于不同漏失情况下的防漏堵漏优化配方研究

（1）堵漏配方优化设计方法。

为了得到符合本节提出的堵漏配方粒度新标准的堵漏配方，采用蒙特卡洛方法进行堵漏配方优化设计。蒙特卡洛(Monte Carlo)方法，又称随机抽样或统计试验方法，是以概率和统计理论方法为基础的一种计算方法。该方法使用随机数(或更常见的伪随机数)来解决很多计算问题，将所求解的问题同一定的概率模型相联系，以获得问题的近似解。

实施过程中，随机产生 n 个加量组合作为 m 种堵漏材料复配比例，如：$\{(C_1, C_2, \cdots, C_m)_1, (C_1, C_2, \cdots, C_m)_2, \cdots, (C_1, C_2, \cdots, C_m)_n\}$。将堵漏材料按加量组合按照堵漏材料复配新方法进行复配，根据复配后得到的堵漏配方累计粒度分布数据，可以得到该堵漏配方的特征参数D10、D50、D90，进而可以筛选出符合堵漏材料优化设计方法的最优组合，优化设计流程如图4.18所示。

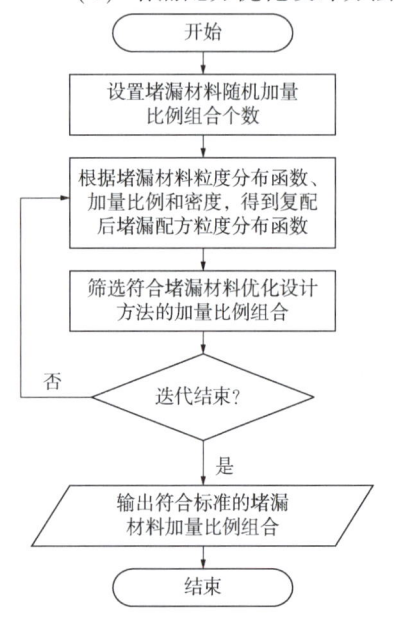

图4.18 堵漏配方优化设计流程

（2）配方优化实例与分析。

阜 27 井钻遇井深 3690m 时发生漏失，现场采取 15%堵漏浆 50m³ 成功堵漏。其堵漏配方为：3t 综合堵漏剂+2.5t 蛭石+1t KZ-3+0.5t KZ-5（6.4%综合堵漏剂+5.4%蛭石+2.1%KZ-3+1.1%KZ-5）。4 种堵漏材料粒度分布分别如图 4.19 至图 4.22 所示。

利用编制的专业程序，得出该堵漏配方粒度分布曲线，并计算出 D10＝15μm、D50＝105μm、D90＝2425μm。

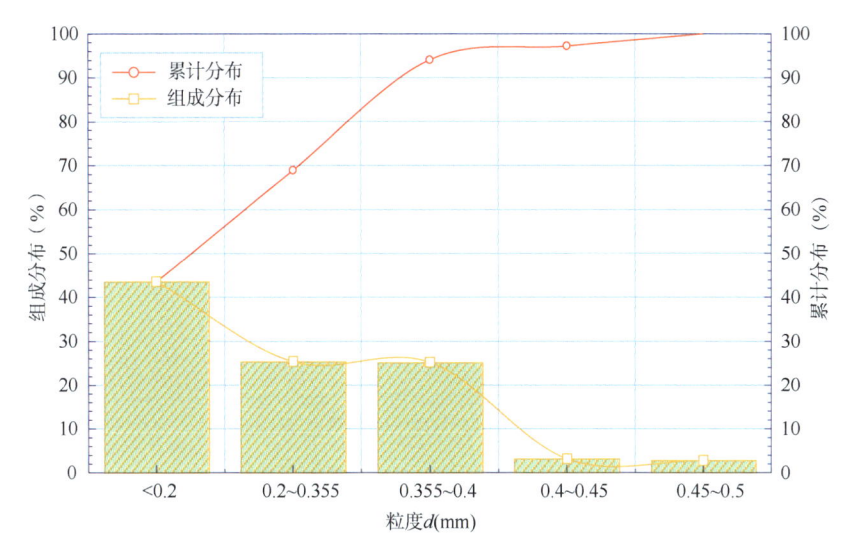

图 4.19　蛭石粒度分布

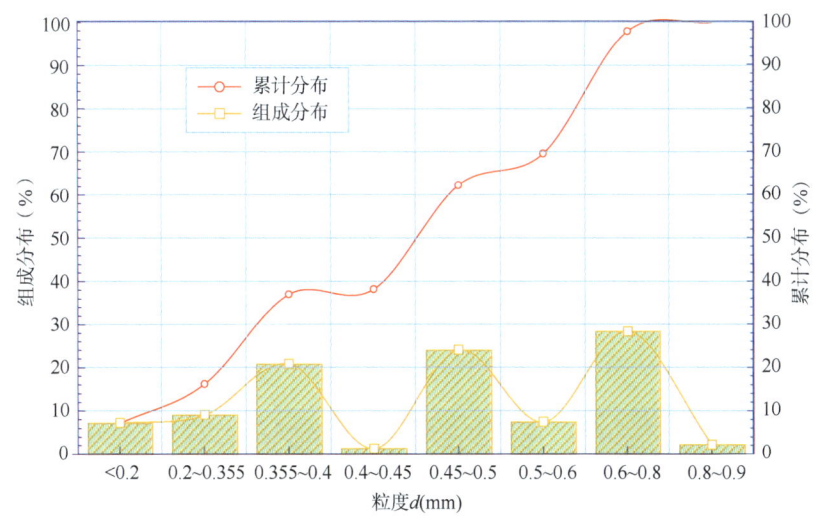

图 4.20　KZ-3 粒度分布

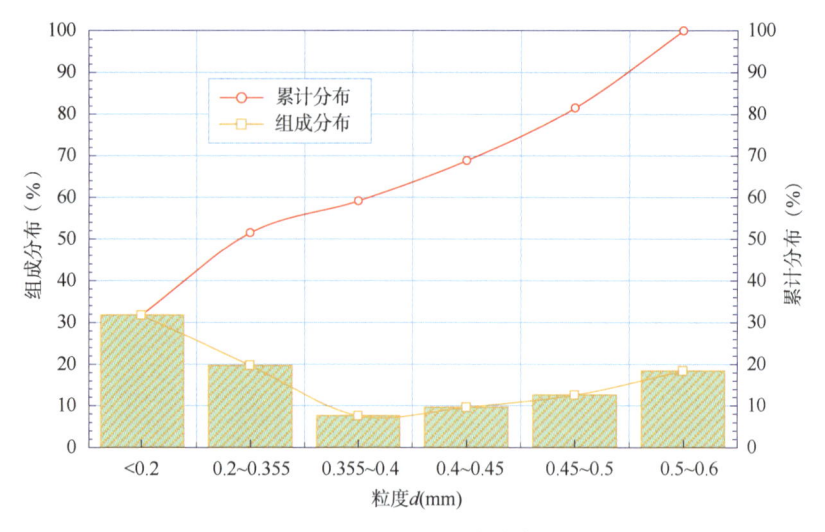

图 4.21　KZ-5 粒度分布

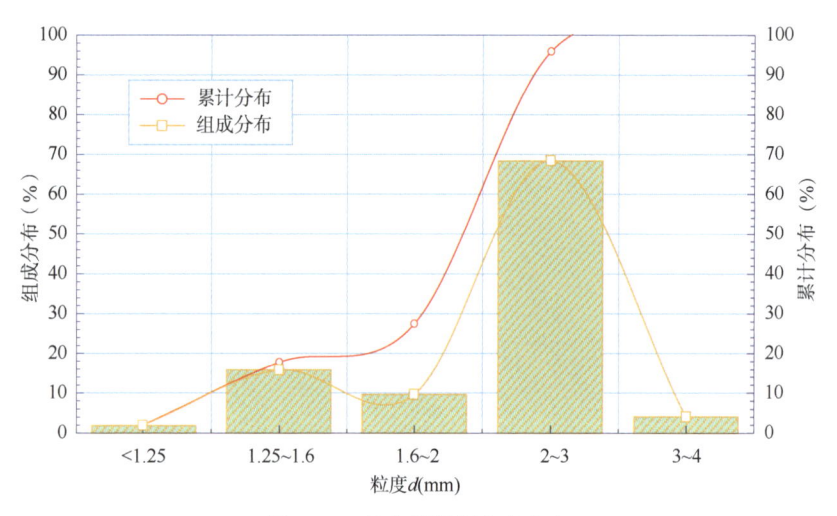

图 4.22　综合堵漏剂粒度分布

根据该堵漏配方 D90 值，结合本节提出的粒度设计准则，推测裂缝宽度介于 3.5~4.5mm，因此，选择开口 2mm、尾端 1mm 和开口 4.5mm、尾端 3.5mm 两种模拟裂缝进行堵漏测试，结果如图 4.23 与图 4.24 所示。

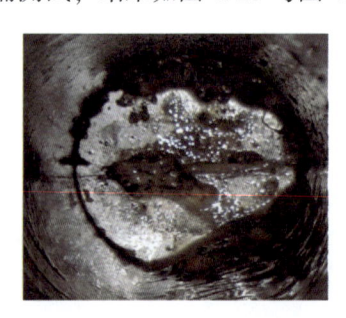

图 4.23　开口 2mm、尾端 1mm 裂缝堵漏实验结果

图 4.24 开口 4.5mm、尾端 3.5mm 裂缝堵漏实验结果

由图 4.23 和图 4.24 可知,开口 2mm、尾端 1mm 裂缝在入口外封堵,形成"封门"效果,漏失量少,封堵效果不理想;开口 4.5mm、尾端 3.5mm 裂缝在裂缝内部形成封堵,且漏失量少,堵漏效果好。由此可以说明该堵漏配方适用于封堵开度为 3.5~4.5mm 裂缝。

根据上述方法形成了 4 种优化配方,见表 4.7,采用开口为 4mm、尾端为 3mm 的模拟裂缝板进行实验验证,结果如图 4.25 所示。

表 4.7 优化配方粒度分布表

编号	配方	D10(μm)	D50(μm)	D90(μm)
1	7%核桃壳(1~3mm)+4%核桃壳(3~5mm)+2%KZ-5	75	1085	2425
2	7%核桃壳(3~5mm)+3%蛭石(0.3~1mm)+3%KZ-5+3%植物纤维 TP-2	15	115	2365
3	1%核桃壳(1~3mm)+5%核桃壳(3~5mm)+1%蛭石(0.3~1mm)+2%蛭石(2~4mm)+4%植物纤维 TP-2	15	95	2245
4	5%核桃壳(3~5mm)+3%蛭石(0.3~1mm)+3%蛭石(2~4mm)+4%KZ-5+2%植物纤维 TP-2	15	125	2325

(a)1号配方实验结果 　　(b)2号配方实验结果

(c)3号配方实验结果 　　(d)4号配方实验结果

图 4.25 优化配方实验结果图

由图 4.25 可知,4 种优化配方在开口 4mm,尾端 3mm 的模拟裂缝板内部形成封堵,且漏失量少,堵漏效果好。由此可以说明该堵漏配方适用于封堵开度为 3~4mm 裂缝。对已钻探井发生漏失时使用的防漏堵漏配方进行室内评价实验,实验结果再次验证了 D90 值为堵漏材料能否进入裂缝的主控参数,D10 值、加量为堵塞隔层致密程度及堵漏漏失量的

主控参数。

（3）堵漏配方优化结果。

通过测算盆地探井实用防漏堵漏配方特征粒度值 D10、D50 及 D90，结合室内实验结果及堵漏配方设计准则，推测了盆地各探区、各漏层在不同漏失速率下堵漏配方适用的裂缝宽度范围。同时，为了克服盆地探井钻井现场防漏堵漏材料种类、规格等的限制，结合推测的裂缝宽度范围及粒度设计优化准则，可以对盆地探井防漏堵漏配方进行进一步优化，盆地各探区部分优化堵漏配方见表 4.8 至表 4.11。

表 4.8　西北缘探区堵漏优化配方

地层	漏速（m³/h）	粒度规格（μm） D10	D50	D90	裂缝宽度（mm）	推荐配方
白垩系 K	失返	175	1875	3015	2~4	3%云母(1~3mm)+5%蛭石(2~4mm)+5%QS-2+3%植物纤维 TP-2+3%综合堵漏剂； 2%大理石(2~5mm)+5%蛭石(2~4mm)+5%TP-10+4%QS-2+2%植物纤维 TP-2； 4%大理石(1~2mm)+1%大理石(2~5mm)+1%核桃壳(1~3mm)+1%KZ-5+1%植物纤维 TP-2+1%综合堵漏剂
侏罗系 J	15~30	495	595	2485	2~3	1%云母(1~3mm)+4%核桃壳(1~3mm)+5%蛭石(2~4mm)+2%QS-2+5%植物纤维 TP-2； 3%大理石(1~2mm)+4%云母(1~3mm)+4%SQD-98+1%QS-2+5%植物纤维 TP-2+3%综合堵漏剂； 2%大理石(2~5mm)+4%核桃壳(1~3mm)+1%蛭石(2~4mm)+4%QS-2+5%植物纤维 TP-2+1%综合堵漏剂
	30~60	35~235	235~1315	2435~2885	2~3	2%云母(1~3mm)+2%核桃壳(1~3mm)+6%蛭石(2~4mm)+5%TP-10+1%KZ-5+4%植物纤维 TP-2； 4%大理石(2~5mm)+3%云母(1~3mm)+1%TP-10+1%QS-2+5%植物纤维 TP-2+1%综合堵漏剂； 4%大理石(1~2mm)+1%云母(1~3mm)+3%蛭石(2~4mm)+3%TP-10+2%SQD-98+4%QS-2+2%植物纤维 TP-2
		15	75~85	4345~4875	3~5	5%大理石(2~5mm)+1%蛭石(2~4mm)+2%TP-10+3%SQD-98+4%QS-2； 1%大理石(2~5mm)+1%SQD-98+3%QS-2+1%植物纤维 TP-2+5%综合堵漏剂； 4%大理石(2~5mm)+2%蛭石(2~4mm)+2%TP-10+5%KZ-5+2%植物纤维 TP-2+4%综合堵漏剂
	失返	125	405	2765	2~4	1%大理石(1~2mm)+3%大理石(2~5mm)+6%蛭石(2~4mm)+3%TP-10+5%植物纤维 TP-2+3%综合堵漏剂； 6%蛭石(2~4mm)+5%TP-10+2%SQD-98+5%KZ-5+3%植物纤维 TP-2+4%综合堵漏剂； 3%大理石(2~5mm)+4%云母(1~3mm)+2%蛭石(2~4mm)+2%SQD-98+3%植物纤维 TP-2

续表

地层	漏速 (m³/h)	粒度规格(μm) D10	粒度规格(μm) D50	粒度规格(μm) D90	裂缝宽度 (mm)	推荐配方
二叠系P	<10	15~445	75~1985	395~3045	2~4	5%大理石(2~5mm)+4%核桃壳(1~3mm)+4%蛭石(2~4mm)+2%TP-10+2%SQD-98+1%植物纤维TP-2； 2%核桃壳(1~3mm)+3%蛭石(2~4mm)+3%TP-10+2%SQD-98+3%植物纤维TP-2+4%综合堵漏剂； 2%大理石(1~2mm)+4%云母(1~3mm)+5%TP-10+1%SQD-98+2%QS-2+1%植物纤维TP-2+2%综合堵漏剂
二叠系P	10~30	25~905	105~1935	585~2805	1~3	3%核桃壳(1~3mm)+3%随钻堵漏剂+2%综合堵漏剂+2%蛭石； 3.3%核桃壳(1~3mm)+3.3%综合堵漏剂+3.3%蛭石； 1.75%综合堵漏剂+2.63%核桃壳(0.5~1mm)+2.62%核桃壳(1~3mm)； 3.75%核桃壳(1~3mm)+2.5%蛭石(1mm)+0.75%综合堵漏剂； 1.85%综合堵漏剂+3.69%核桃壳(1~3mm)+2.46%蛭石
二叠系P	30~70	15~445	105~2315	375~3835	2~4	3%大理石(1~2mm)+5%云母(1~3mm)+4%蛭石(2~4mm)+1%TP-10+2%KZ-5+2%植物纤维TP-2+2%综合堵漏剂； 4%大理石(2~5mm)+2%核桃壳(1~3mm)+6%蛭石(2~4mm)+1%TP-10+1%SQD-98+3%KZ-5+1%植物纤维TP-2； 1%大理石(1~2mm)+3%大理石(2~5mm)+5%云母(1~3mm)+2%核桃壳(1~3mm)+1%蛭石(2~4mm)+1%KZ-5+4%QS-2
二叠系P	失返	525	2645	3855	2~4	2%大理石(1~2mm)+1%蛭石(2~4mm)+2%TP-10+1%SQD-98+1%QS-2+2%植物纤维TP-2+2%综合堵漏剂； 2%大理石(1~2mm)+4%大理石(2~5mm)+4%云母(1~3mm)+4%核桃壳(1~3mm)+2%蛭石(2~4mm)+1%SQD-98+3%QS-2； 4%大理石(1~2mm)+4%大理石(2~5mm)+4%云母(1~3mm)+3%核桃壳(1~3mm)+1%蛭石(2~4mm)+2%SQD-98+2%KZ-5

续表

地层	漏速（m³/h）	粒度规格（μm） D10	粒度规格（μm） D50	粒度规格（μm） D90	裂缝宽度（mm）	推荐配方
石炭系C	<25	25~155	115~885	2025~2885	2~3	3%云母（1~3mm）+1%核桃壳（1~3mm）+2%TP-10+3%SQD-98+1%QS-2+5%植物纤维TP-2+4%综合堵漏剂； 4%大理石（1~2mm）+3%云母（1~3mm）+4%核桃壳（1~3mm）+3%蛭石（2~4mm）+1%KZ-5+2%QS-2+2%植物纤维TP-2； 3%大理石（1~2mm）+3%大理石（2~5mm）+2%云母（1~3mm）+1%TP-10+2%KZ-5+5%QS-2+4%植物纤维TP-2
三叠系T	5~25	15~325	135~2095	1225~3085	1~3	4%SQD-98+5%KZ-5+4%QS-2+4%植物纤维TP-2+1%综合堵漏剂； 1%大理石（2~5mm）+3%蛭石（2~4mm）+3%TP-10+1%KZ-5+4%QS-2+3%植物纤维TP-2； 1%大理石（2~5mm）+4%云母（1~3mm）+3%核桃壳（1~3mm）+3%蛭石（2~4mm）+3%TP-10+2%QS-2+4%植物纤维TP-2
三叠系T	30~90	175	1875	3015	2~4	1%大理石（1~2mm）+5%大理石（2~5mm）+3%云母（1~3mm）+2%蛭石（2~4mm）+3%SQD-98+1%KZ-5+5%QS-2； 4%大理石（1~2mm）+4%大理石（2~5mm）+4%云母（1~3mm）+6%蛭石（2~4mm）+1%TP-10+4%SQD-98+5%KZ-5； 3%大理石（1~2mm）+3%大理石（2~5mm）+5%蛭石（2~4mm）+4%TP-10+1%SQD-98+1%QS-2+2%植物纤维TP-2+1%综合堵漏剂
三叠系T	失返	15	115	4195	3~5	4%大理石（2~5mm）+2%云母（1~3mm）+4%蛭石（2~4mm）+2%KZ-5+3%QS-2+1%综合堵漏剂； 5%大理石（2~5mm）+1%云母（1~3mm）+3%核桃壳（1~3mm）+2%蛭石（2~4mm）+4%KZ-5+3%综合堵漏剂； 3%大理石（1~2mm）+5%云母（1~3mm）+5%蛭石（2~4mm）+5%KZ-5+2%植物纤维TP-2+5%综合堵漏剂

第4章 新型防漏堵漏工艺研究

表4.9 腹部探区堵漏优化配方

地层	漏速 (m³/h)	粒度规格(μm) D10	D50	D90	裂缝宽度 (mm)	推荐配方
白垩系K	10~20	200~700	1500~2000	2800~3000	2~4	2%大理石(1~2mm)+4%大理石(2~5mm)+2%云母(1~3mm)+3%蛭石(2~4mm)+1%SQD-98+1%KZ-5+5%植物纤维TP-2+4%综合堵漏剂； 2%大理石(1~2mm)+4%大理石(2~5mm)+3%云母(1~3mm)+1%核桃壳(1~3mm)+4%蛭石(2~4mm)+2%TP-10+5%KZ-5+3%QS-2； 3%大理石(2~5mm)+3%云母(1~3mm)+1%核桃壳(1~3mm)+4%蛭石(2~4mm)+1%TP-10+2%QS-2+4%植物纤维TP-2+2%综合堵漏剂
白垩系K	失返	15~35	100~1000	4000~5000	3~5	1%大理石(1~2mm)+5%大理石(2~5mm)+1%SQD-98+4%KZ-5+3%QS-2+3%综合堵漏剂； 4%大理石(2~5mm)+5%蛭石(2~4mm)+1%SQD-98+3%QS-2+1%植物纤维TP-2+5%综合堵漏剂； 4%大理石(1~2mm)+1%核桃壳(1~3mm)+1%蛭石(2~4mm)+3%SQD-98+4%QS-2+4%综合堵漏剂
侏罗系J	失返	15	135	3425	3~4	2%大理石(2~5mm)+2%云母(1~3mm)+3%TP-10+3%KZ-5+4%植物纤维TP-2+5%综合堵漏剂； 1%大理石(1~2mm)+4%大理石(2~5mm)+1%云母(1~3mm)+5%蛭石(2~4mm)+2%SQD-98+3%KZ-5； 3%大理石(2~5mm)+5%云母(1~3mm)+4%核桃壳(1~3mm)+4%TP-10+4%KZ-5+4%QS-2+3%综合堵漏剂
侏罗系J	10~30	900~1000	2000~2200	2900~3000	2~4	4%大理石(2~5mm)+1%云母(1~3mm)+4%核桃壳(1~3mm)+2%TP-10+1%KZ-5+3%QS-2+2%植物纤维TP-2+2%综合堵漏剂； 5%大理石(2~5mm)+1%核桃壳(1~3mm)+2%蛭石(2~4mm)+2%TP-10+2%SQD-98+2%QS-2+3%植物纤维TP-2+2%综合堵漏剂； 3%大理石(1~2mm)+4%大理石(2~5mm)+5%云母(1~3mm)+2%核桃壳(1~3mm)+6%蛭石(2~4mm)+3%KZ-5+4%植物纤维TP-2+2%综合堵漏剂

续表

地层	漏速 (m³/h)	粒度规格(μm)			裂缝宽度 (mm)	推荐配方
			D10	D50	D90		
三叠系T	≤5	15~25	110~130	2000~2300	2~4	5%云母(1~3mm)+4%蛭石(2~4mm)+1%TP-10+1%SQD-98+4%KZ-5+3%QS-2+2%植物纤维TP-2+2%综合堵漏剂; 1%大理石(1~2mm)+4%云母(1~3mm)+4%核桃壳(1~3mm)+5%蛭石(2~4mm)+3%TP-10+5%QS-2+5%植物纤维TP-2+3%综合堵漏剂; 2%大理石(1~2mm)+1%大理石(2~5mm)+2%云母(1~3mm)+1%核桃壳(1~3mm)+6%蛭石(2~4mm)+4%QS-2+3%植物纤维TP-2+2%综合堵漏剂
	15~40	25~165	190~1200	2600~2900	2~4	3%大理石(1~2mm)+5%大理石(2~5mm)+3%云母(1~3mm)+3%核桃壳(1~3mm)+1%SQD-98+3%QS-2+2%植物纤维TP-2+1%综合堵漏剂; 3%大理石(2~5mm)+3%核桃壳(1~3mm)+5%蛭石(2~4mm)+3%TP-10+2%KZ-5+3%QS-2+4%植物纤维TP-2+3%综合堵漏剂; 4%大理石(2~5mm)+4%云母(1~3mm)+4%蛭石(2~4mm)+4%TP-10+2%SQD-98+1%KZ-5+3%植物纤维TP-2+1%综合堵漏剂
二叠系P	18~20	15	90~110	2000~2200	2~4	2%大理石(1~2mm)+2%大理石(2~5mm)+5%云母(1~3mm)+2%核桃壳(1~3mm)+2%SQD-98+2%KZ-5+2%QS-2+1%综合堵漏剂; 1%大理石(1~2mm)+1%云母(1~3mm)+3%蛭石(2~4mm)+1%SQD-98+1%KZ-5+4%QS-2+4%植物纤维TP-2+3%综合堵漏剂; 4%大理石(1~2mm)+2%大理石(2~5mm)+2%核桃壳(1~3mm)+5%蛭石(2~4mm)+1%TP-10+1%SQD-98+4%KZ-5+1%植物纤维TP-2
	50	15~25	175~245	4700~4900	3~5	2%大理石(1~2mm)+5%大理石(2~5mm)+5%云母(1~3mm)+3%蛭石(2~4mm)+5%TP-10+2%QS-2+3%综合堵漏剂; 1%大理石(1~2mm)+2%云母(1~3mm)+2%核桃壳(1~3mm)+4%蛭石(2~4mm)+1%TP-10+1%KZ-5+4%综合堵漏剂; 1%大理石(2~5mm)+2%云母(1~3mm)+5%蛭石(2~4mm)+2%SQD-98+4%QS-2+1%植物纤维TP-2+4%综合堵漏剂

续表

地层	漏速 (m³/h)	粒度规格(μm) D10	粒度规格(μm) D50	粒度规格(μm) D90	裂缝宽度 (mm)	推荐配方
石炭系 C	5~15	15~35	65~200	200~700	1~2	1%大理石(2~5mm)+1%云母(1~3mm)+4%TP-10+2%SQD-98+5%KZ-5+4%QS-2+1%植物纤维 TP-2； 1%大理石(1~2mm)+3%大理石(2~5mm)+4%TP-10+3%SQD-98+1%KZ-5+5%QS-2+5%植物纤维 TP-2； 1%大理石(1~2mm)+2%大理石(2~5mm)+3%云母(1~3mm)+1%TP-10+2%SQD-98+5%KZ-5+4%QS-2+3%植物纤维 TP-2
石炭系 C	5~15	15~25	95~400	2100~2700	2~4	2%大理石(1~2mm)+4%云母(1~3mm)+4%核桃壳(1~3mm)+1%TP-10+4%KZ-5+3%QS-2+2%植物纤维 TP-2； 4%大理石(1~2mm)+4%大理石(2~5mm)+2%核桃壳(1~3mm)+3%蛭石(2~4mm)+3%TP-10+3%KZ-5+3%植物纤维 TP-2； 2%大理石(1~2mm)+5%云母(1~3mm)+4%核桃壳(1~3mm)+2%蛭石(2~4mm)+5%KZ-5+4%植物纤维 TP-2+1%综合堵漏剂
石炭系 C	20~50	15	95	1800~2300	2~4	4%大理石(1~2mm)+5%云母(1~3mm)+4%核桃壳(1~3mm)+2%蛭石(2~4mm)+4%TP-10+1%SQD-98+3%KZ-5+3%综合堵漏剂； 1%大理石(1~2mm)+5%大理石(2~5mm)+1%云母(1~3mm)+3%蛭石(2~4mm)+5%TP-10+1%SQD-98+3%KZ-5+1%植物纤维 TP-2； 3%大理石(1~2mm)+4%大理石(2~5mm)+4%TP-10+2%SQD-98+2%KZ-5+2%QS-2+5%植物纤维 TP-2+5%综合堵漏剂

表 4.10 准东探区优化堵漏配方

地层	漏速 (m³/h)	粒度规格(μm) D10	粒度规格(μm) D50	粒度规格(μm) D90	裂缝宽度 (mm)	推荐配方
侏罗系 J	≤5	15	85	1915	1~3	2%大理石(1~2mm)+4%蛭石(2~4mm)+1%TP-10+3%KZ-5+3%QS-2+5%植物纤维 TP-2+3%综合堵漏剂； 3%大理石(1~2mm)+4%核桃壳(1~3mm)+1%TP-10+1%KZ-5+4%QS-2+4%植物纤维 TP-2+1%综合堵漏剂； 4%大理石(1~2mm)+4%云母(1~3mm)+2%核桃壳(1~3mm)+1%TP-10+1%KZ-5+4%植物纤维 TP-2+2%综合堵漏剂

续表

地层	漏速（m³/h）	粒度规格（μm） D10	粒度规格（μm） D50	粒度规格（μm） D90	裂缝宽度（mm）	推荐配方
侏罗系 J	10~36	400	1100	2900	2~4	2%大理石(1~2mm)+1%大理石(2~5mm)+3%云母(1~3mm)+6%蛭石(2~4mm)+1%TP-10+1%SQD-98+1%KZ-5+2%植物纤维TP-2； 1%大理石(2~5mm)+1%核桃壳(1~3mm)+4%蛭石(2~4mm)+3%SQD-98+2%KZ-5+5%QS-2+4%植物纤维TP-2+4%综合堵漏剂； 2%大理石(2~5mm)+4%云母(1~3mm)+3%核桃壳(1~3mm)+2%TP-10+3%SQD-98+3%KZ-5+2%植物纤维TP-2+4%综合堵漏剂
侏罗系 J	失返	300~900	2100	3000	2~4	3%大理石(1~2mm)+4%云母(1~3mm)+3%蛭石(2~4mm)+4%TP-10+3%SQD-98+5%KZ-5+2%QS-2+4%综合堵漏剂； 1%大理石(1~2mm)+3%大理石(2~5mm)+2%云母(1~3mm)+5%TP-10+4%SQD-98+3%KZ-5+5%QS-2+3%综合堵漏剂； 2%大理石(1~2mm)+3%大理石(2~5mm)+3%核桃壳(1~3mm)+5%TP-10+3%SQD-98+4%QS-2+2%植物纤维TP-2+2%综合堵漏剂
石炭系 C	≤5	15	65~85	360~580	1~2	4%大理石(1~2mm)+2%核桃壳(1~3mm)+1%蛭石(2~4mm)+1%TP-10+3%SQD-98+2%KZ-5+5%QS-2+5%植物纤维TP-2； 1%大理石(1~2mm)+2%大理石(2~5mm)+1%蛭石(2~4mm)+4%SQD-98+4%KZ-5+5%QS-2+4%植物纤维TP-2+2%综合堵漏剂； 1%大理石(1~2mm)+2%核桃壳(1~3mm)+1%蛭石(2~4mm)+4%SQD-98+4%KZ-5+2%QS-2+5%植物纤维TP-2+1%综合堵漏剂
石炭系 C	5~20	15	85	2035	1~3	1%大理石(2~5mm)+5%云母(1~3mm)+2%核桃壳(1~3mm)+4%TP-10+4%KZ-5+3%QS-2+4%植物纤维TP-2； 4%大理石(1~2mm)+3%大理石(2~5mm)+3%云母(1~3mm)+2%核桃壳(1~3mm)+5%蛭石(2~4mm)+3%KZ-5+4%植物纤维TP-2； 3%大理石(1~2mm)+3%云母(1~3mm)+1%蛭石(2~4mm)+2%SQD-98+4%QS-2+5%植物纤维TP-2+2%综合堵漏剂

续表

地层	漏速 (m³/h)	粒度规格(μm) D10	D50	D90	裂缝宽度 (mm)	推荐配方
石炭系C	30~50	15	85~135	1900~2300	2~4	2%大理石(1~2mm)+5%大理石(2~5mm)+4%核桃壳(1~3mm)+1%TP-10+1%KZ-5+1%QS-2+1%综合堵漏剂； 2%大理石(1~2mm)+3%核桃壳(1~3mm)+5%蛭石(2~4mm)+5%TP-10+4%SQD-98+5%QS-2+3%综合堵漏剂； 2%大理石(2~5mm)+3%云母(1~3mm)+3%核桃壳(1~3mm)+2%蛭石(2~4mm)+5%KZ-5+1%QS-2+2%综合堵漏剂
	60~100	145	1595	2955	2~4	3%大理石(1~2mm)+5%大理石(2~5mm)+1%云母(1~3mm)+4%核桃壳(1~3mm)+6%蛭石(2~4mm)+5%QS-2+1%植物纤维TP-2； 3%云母(1~3mm)+5%蛭石(2~4mm)+1%TP-10+4%SQD-98+1%KZ-5+3%QS-2+4%综合堵漏剂； 1%大理石(2~5mm)+2%云母(1~3mm)+3%核桃壳(1~3mm)+1%SQD-98+2%QS-2+1%植物纤维TP-2+3%综合堵漏剂
	失返	195	1965	3045	3~4	2%大理石(1~2mm)+3%云母(1~3mm)+4%核桃壳(1~3mm)+5%蛭石(2~4mm)+1%TP-10+2%KZ-5+5%综合堵漏剂； 2%大理石(1~2mm)+3%大理石(2~5mm)+2%云母(1~3mm)+3%蛭石(2~4mm)+1%SQD-98+4%KZ-5+2%综合堵漏剂； 3%大理石(1~2mm)+1%大理石(2~5mm)+1%蛭石(2~4mm)+3%TP-10+1%KZ-5+2%植物纤维TP-2+4%综合堵漏剂

表4.11 南缘探区堵漏优化配方

地层	漏速 (m³/h)	粒度规格(μm) D10	D50	D90	裂缝宽度 (mm)	推荐配方
白垩系K	4~10					15%LCM-1+20%LCM-2+15%； LCM-3+3%TP-2+2%SOLTEX
侏罗系J	<20	15~145	65~1595	185~2955	2~4	16%TP-2+4%磺化沥青； 5%KZ-3+7.5%核桃壳+7.5%综合堵漏剂； 2.7%综合堵漏剂+0.6%棉绒+3%核桃+0.7%KZ-3+1%KZ-4
	30~60	15~145	125~1595	2315~2955	2~4	2.8%TP-2+2.8%综合堵漏剂+4.4%核桃壳； 5%综合堵漏剂+5%核桃壳； 5%核桃壳+5%KZ-3

续表

地层	漏速(m³/h)	粒度规格(μm) D10	粒度规格(μm) D50	粒度规格(μm) D90	裂缝宽度(mm)	推荐配方
三叠系 T	5~35	265~300	485~600	700~2600	1~3	6%蛭石+2%Tyl-x1； 16% 蛭石； 3.3%蛭石(0.5~2mm)+1.7% LCM； 5.3%蛭石(0.5~2mm)+0.7%综合堵漏剂

4.2 适用于车排子区块石炭系火山岩新型防漏体系

PreSeal 是主要由颗粒状和短纤维状材料按不同的粒径、比例复配而成的 100 目以细的高效复合型堵漏材料，拥有多种粒径，使其具有极其有效的封堵性能，不影响正常钻进（图 4.26）。这种复配包括不同尺寸、不同类型以及不同强度的颗粒、鳞片和纤维材料。这种复配材料能够进入裂缝、空洞或者高渗透地层，其中刚性的颗粒及鳞片状材料能很好地架桥，变形、弹性颗粒及纤维都具有较好的可变形性，一旦漏失发生，材料随着钻井完井液进入裂缝中，纤维类能快速形成网架结构，颗粒类填充于网架结构的空隙中，迅速形成封堵。

PreSeal 适用于水基钻井液，与钻井液配伍性良好，长时间循环不影响性能；适用于渗透性地层和微裂缝地层；随钻封堵有效的预防井漏发生；为一袋式复合堵漏材料；操作简单，使用方便。

图 4.26 PreSeal 防漏材料

4.2.1 新型防漏体系与水基钻井液的配伍性评价

根据车排子地层特性，适用于该区块的配方如下：0.5%Carb150+0.5%Carb250+1.5%Fiber150+0.5%Fiber250；该 PreSeal 防漏堵漏体系与车排子钻井液体系具有较好的配伍性、封堵性(表 4.12)。

表 4.12 PreSeal 防漏体系与车排子钻井液体系配伍性评价

堵漏材料	状态	AV(mPa·s)	PV(mPa·s)	YP(Pa)	Φ_6/Φ_3
未添加	滚前	38.5	33.5	5	5/4
未添加	滚后	40	34	6	6/5
PreSeal	滚前	42.5	34	8.5	7/5
PreSeal	滚后	45	35	10	8/6

根据实验数据分析，该 PreSeal 防漏材料与车排子钻井液体系配伍性好。

4.2.2 新型防漏体系对砂床封堵性能影响

PreSeal 不同加量对水基钻井液性能影响实验条件：120℃老化 16h，砂床粒径为 20~40 目石英砂。

由表 4.13 数据可以看出：随着堵漏剂 PreSeal 加量的增加，钻井液的表观黏度、切力有所升高，但幅度不大，表明该剂与钻井液配伍性较好。钻井液侵入砂床的深度逐渐降低，滤失量越来越少；加量为 6%以上钻井液侵入深度逐渐稳定；实验结果表明 PreSeal 对 20~40 目砂床具有很好的封堵效果。

表 4.13 PreSeal 防漏体系对砂床封堵性能影响

变量	AV(mPa·s)	PV(mPa·s)	YP(Pa)	加压前侵入深度(cm)	加压后侵入深度(cm)	滤失量(mL)
未添加	35.5	28	7.5	2.2	8	80
3%PreSeal	35	28	7	1~1.5	3	34
6%PreSeal	39	31	8	1	1.5~2.0	23
10%PreSeal	45	35	10	0.9	1.5	20

4.2.3 新型防漏体系对裂缝封堵性能影响

采用高温高压裂缝封堵仪，选取模拟裂缝与天然岩石形成的自然裂缝为需要封堵的裂缝，模拟地层裂缝形态。裂缝宽度可根据需要，选择裂缝宽度 0.3mm 与 0.5mm，长 200mm。堵漏过程加温加压，模拟井筒容量为 3500mL，能更好地模拟堵漏过程(表 4.14)。

表 4.14 PreSeal 防漏体系裂缝堵漏过程

序号	加量(%)	模拟漏层	实验现象	总漏失量(mL)	漏失率(%)
1	5	0.3mm 缝板	常压，无漏失；2MPa 压漏后马上停止漏失；后加压至 4MPa 压漏，全部漏失	3500	100
2	8	0.3mm 缝板	常压，漏失 5mL；0.5MPa，再漏 5mL 后停止漏失；逐渐加压至 7MPa，每次加压后有部分漏失，承压 30min，未压穿	800	22.8
3	10		常压，基本不漏；7MPa，未压漏	600	17.6
4	12	0.5mm 缝板	常压，漏失 10mL；0.5MPa，稳压 5min，漏失 25mL 后停止漏失；1MPa，漏 10mL 后停止漏失；4MPa 压穿	3500	100
5	15	0.5mm 缝板	常压，漏失 10mL 后停止漏失；0.5MPa，再漏 20mL 后停止漏失；1MPa，再漏 20mL 后停止漏失；2MPa，稳压 5min 不漏；4MPa 未压漏	700	20
6	18		常压，不漏；2MPa 压漏，漏失约 30mL 停止漏失；4MPa，未压漏	580	16.5

从实验结果中可以看出：对于同一开度的裂隙，随着颗粒性材料加量的增加，其封堵成功率也有所增加，说明在钻井液中随着防漏材料 PreSeal 浓度的增加，提供的架桥颗粒越多，裂隙中参与架桥的颗粒也就越多，堵漏的成功率相应地有所增长。针对 0.3mm 裂缝宽度，8%PreSeal 的最合适。针对 0.5mm 裂缝宽度，15%PreSeal 最为合适。

4.2.4 新型防漏体系裂缝返吐趋势评价

使用裂缝返吐评价方式，对裂缝进行评价。按照上述实验，对每个大小的裂缝选用最佳加量。针对 0.3mm 裂缝，采用 8%防漏剂 PreSeal 加量。针对 0.5mm 裂缝，采用 15%防漏剂 PreSeal 加量。在对选取裂缝进行正向加压至 7MPa，持续 1h 后至堵漏材料能够充分地进入裂缝。泄去正向压力后，开始反向以液压方式逐步加压。当液压突降为 0 时，则漏层被压穿。

由表 4.15 数据可得，两个裂缝能够承受反向压力分别为 4MPa、4.2MPa，说明在防漏材料 PreSeal 与裂缝结合得较为紧密，PreSeal 防漏材料能够很好地侵入地层裂缝。

表 4.15 裂缝返吐趋势评价效果评价

序号	堵漏剂加量(%)	模拟漏层(mm)	裂缝承压返吐过程
1	10	缝板 0.3	反向压力至 4MPa 的时候，突降为 0
2	20	缝板 0.5	反向压力至 4.2MPa 的时候，突降为 0

4.2.5 新型防漏体系转向性能评价

使用裂缝转向封堵仪器对现场堵漏浆的转向能力进行评价。根据上诉实验选取 0.3mm 与 0.5mm 裂缝作为一组。往裂缝转向封堵仪加入 3000mL 的堵漏浆，当裂缝没有被封堵则继续补充堵漏浆，直至封堵成功（表 4.16）。

表 4.16 PreSeal 体系转向性能评价

序号	堵漏剂加量(%)	模拟漏层	堵漏浆转向堵漏过程
1	10	0.3mm 与 0.5mm	0.3mm 裂缝提前封堵，0.3mm 裂缝处漏失 120mm，0.5mm 裂缝在漏失 600mL 后封堵，最后可承压 7MPa
2	12	0.3mm 与 0.5mm	0.3mm 裂缝提前封堵，0.3mm 裂缝处漏失 85mL，0.5mm 裂缝在漏失 400mL 后封堵，最后可承压 7MPa
3	15	0.3mm 与 0.5mm	0.3mm 裂缝提前封堵，0.3mm 裂缝处漏失 60mL，0.5mm 裂缝在漏失 350mL 后封堵，最后可承压 7MPa

以上数据说明，PreSeal 具有较好的流动性，一个漏点封堵后，防漏材料能转向封堵其他渗漏区域或裂缝进行有封堵。

4.3 凝胶堵漏体系材料研究

凝胶堵漏具有以下普遍特点。

（1）凝胶的堵漏的施工风险比较小、适用范围比较广。通常情况下将凝胶用作交联聚合物堵漏的材料或者以交联聚合物为主的交联聚合物堵漏剂，由于凝胶具有可变形的特点，可以不受漏失通道的限制进行堵漏作业，凝胶通过受挤压发生变形的方式进入不同形状大小的裂缝和孔洞空间；凝胶堵漏剂的变形特点还有一些特殊的作用，假如凝胶没能在某一孔道处形成封堵，那么在漏失压力差的作用下凝胶会继续向前运移，可以在下一处孔道比较小的位子形成封堵，从而能够逐渐封堵住漏层。这样就能有效地防止压力在裂缝中传播以及裂缝的诱导扩展。而且，化学堵漏凝胶的主要成分是凝胶、堵漏材料及大量的淡水，其体系中的固相含量极低，在堵漏施工的过程中较好地避免了卡钻等风险。

（2）凝胶能够与其他材料更好地配伍，能够和惰性的桥堵剂产生协同增效的作用。交联聚合物颗粒堵漏材料与其他材料相配合，可以用于高渗透、特高渗透地层以及裂缝性和大孔道地层堵漏。交联后形成的凝胶具有很好的弹性，并且表现出良好的韧性和柔软性。往聚合物堵漏浆中添加惰性桥堵剂之后，刚性的惰性桥堵剂在整个体系中能够作为骨架起到支承的作用，由于凝胶可以变形的特点，使其能够充填在骨架之间，使整体形成严密的封堵。

（3）凝胶的耐冲刷能力较强，驻留的效果较好。交联类型的堵漏材料主要是凝胶是由水溶性聚合物通过交联反应而形成是交联类型的堵漏材料的主要成分，其具有吸水性，通过吸水膨胀后，凝胶可形成亲水性的三维空间网络状结构。凝胶堵漏浆能够以凝胶的形式进入漏层也可以在泵入漏层后形成凝胶，凝胶可以吸附在地层孔道的表面从而与漏失通道相作用，凝胶通过通道的黏滞阻力较大，这使其能够较好地驻留在漏层中，从而可解决随钻堵漏以及桥塞堵漏等方法难以解决的漏失问题。

（4）良好的可降解性是大部分水凝胶的一大特征，可通过生物方法、化学方法或者热降解法将凝胶进行降解，这一特性在后续作业中易于解堵，且有利于储层的保护。

经过研究，了解了普通凝胶的堵漏机理，在使用吸水凝胶材料进行堵漏作业时，吸水树脂架桥之后再不断被压实，再继续吸水膨胀，重复此过程，最终达到封堵的目的。纯粹的聚合物凝胶的力学强度相对比较低，必须要与其他材料配合使用才能有效地解决井下地层的漏失问题。将刚性无机材料与纯粹的聚合物凝胶混合在一起可以制备成的复合凝胶堵漏材料，凝胶聚合物分子链上的功能性基团可以与刚性无机材料发生相互作用。在凝胶体系内的刚性无机材料可以起到增强凝胶刚性与强度的作用，同时井下岩石与凝胶之间会产生较大的静切力，通过这两方面的共同作用，能有效地保证复合凝胶堵漏的成功率。在凝胶中加入桥接堵漏材料和刚性无机材料后，更能有效地解决超大裂缝的漏失问题。

如果将吸水性交联聚合物与配伍材料直接加入钻井液用于堵漏作业则更加方便，但由于其吸水速度很快，有的甚至在0.5h内就能达到饱和，这会使钻井液变得较稠，增加了泵送钻井液的难度，这样不仅会影响堵漏效果，而且施工更加困难。为解决这一难题，研究表明可以将高吸水树脂进行微胶囊化，从而延缓其吸水膨胀的速度，延长其在堵漏过程中吸水膨胀的时间，使其能满足施工作业的要求。使用石蜡对吸水性交联聚合物进行包覆，也可以使其吸水膨胀的速度减缓。通过室内实验研究，引入了具有遇水延时膨胀特性的材料，用其制作水化膨胀复合堵漏材料，克服了桥接堵漏时架桥骨架在正、负压差作用下容易破坏的缺陷。随着与钻井液接触时间的增长，该凝胶材料会吸水膨胀至原体积的5~18倍，这能使"封堵墙"更加致密紧凑，与地层裂缝间的摩擦阻力进一步加强，"封堵墙"在正、负压差作用下的抗破坏能力也会增强。为了弥补木质纤维和棉纤维强度低的缺陷，堵漏材料中还添加了长纤维材料，使堵漏材料在长裂缝中的缠绕封堵强度得到增强。通过合理匹配各种材料，可使各物质的协同作用得到充分的发挥，使凝胶的弹性和挂阻特性都能得到增强，堵漏材料进入裂缝后能够产生较高的桥塞强度，从而达到快速、安全、有效堵漏的目的。

4.3.1 凝胶堵漏体系材料研究

堵漏用交联聚合物堵漏剂，习惯称聚合物凝胶或吸水膨胀聚合物堵漏剂，包括地下交联聚合物凝胶和吸水性交联聚合物凝胶(或吸水树脂)。聚合物与其他材料配合，能很好地解决钻井过程中的恶性漏失，对碳酸盐岩、裂缝发育地层漏失特别有效。凝胶堵漏堵水剂有化学凝胶堵剂、合成胶乳堵剂、水解聚丙烯氰堵剂、液体硅酸钠堵剂、聚合物胶囊增稠堵剂等。

凝胶材料有不同的类型和不同的最终强度。也有不同的安全作业时间。实际上，挤水泥作业就是凝胶堵漏技术较为典型和常用的技术，但是挤水泥的局限性较强，且密度控制和温度控制难度较大，不仅如此，挤水泥作业程序的复杂性和水泥凝胶强度的缓慢发展，这些凝胶，可以通过温度敏感、压力敏感、剪切敏感、应力敏感及pH敏感等方式得到激活，这进一步扩展了凝胶在钻井过程中不同的漏失场合下的应用。从施工作业和成本以及堵漏效果综合来看，如果选择合适的聚合物，选择合适的生物聚合物结合温度敏感处理和延缓凝胶作用，可以对不同井段不同断层和大型裂缝的漏失实施封堵，并达到高强度高承压的堵漏效果。

GelSolid凝胶具有适用范围广、施工风险小、配伍性好、可变形等优点。目前国内外在凝胶堵漏的研究上取得了不少成果，例如特种凝胶ZND-2、WS-1，以及一些以黄原胶、瓜尔胶、聚丙烯酰胺等聚合物为基础的凝胶。这些凝胶普遍为弱凝胶，多于堵漏材料复合使用，主要以在裂缝中形成桥堵的方式进行堵漏，对微裂缝有很好的效果，但遇到大裂缝时常常会顺着裂缝漏走，无法完成封堵。GelSolid凝胶具有合适的强度，能够在一定时间内完成液体到固体的转变，能够做到流体堵漏，这样可针对各类裂缝无差别的封堵。实验室内进行了一系列的性能评价，以确保其现场应用的可行性。

GelSolid聚合物凝胶堵漏体系是一套含有至少两种聚合物的可调时间和强度的水基凝胶体系，是一个可以泵送的LCM段塞，由聚合物混合物或者两种单独的聚合物以及缓冲包和促凝剂和缓凝剂构成，具有较高的强度，该体系通过一种聚合物在另一种聚合物中的相互穿插，形成网络互补，改进网络节点力的作用方式和大小，调节网络结合性质和提高交联点的密度达到高强度交联的效果。GelSolid互穿凝胶的凝胶化时间可以自由调控，通过相对低的黏度下向井下的泵送，流体进入裂缝之中，然后在温度作用下，经过一定的时间流体凝胶强度开始发展，直至一定的凝胶强度来封堵裂缝，达到堵漏和提高承压的效果。

其主要特点：
(1) 聚合物互穿网络凝胶体系具有极大可控的凝胶强度；
(2) 体系材料无毒，环境友好；
(3) 环境配伍及相溶性较好，适合于不同的井下环境；
(4) 凝胶强度的发展较快；
(5) 凝胶化时间可以依据现场需要进行调整；
(6) 对于较大的裂缝和空洞性漏失，可以实现较好的流体充填和凝胶封堵。

GelSolid 凝胶配制：
(1) 聚合物采用液体和固体二种材料或者采用全液体材料；
(2) 在采用二种聚合物材料的情况下，加入固体聚合物溶解；
(3) 在聚合物溶解后，加入液体聚合物进行混合，并同时加入缓冲包；
(4) 按照所需要的凝胶化时间加入缓凝剂和促凝剂；
(5) 充分混合均匀即可。

通过对相关技术的调研，初步筛选出表 4.17 中所列聚合物和交联剂，根据现场情况选择实验温度 80℃对成胶性进行了初步评价。

表 4.17 聚合物体系及交联剂筛选

聚合物	交联剂	成胶状况
PVA	CRO	成胶（需调节 pH 至酸性）
PVA	硼砂	成胶
PVA	三聚磷酸钠	未成胶
XC	CRO	未成胶
XC	硼砂	未成胶
XC	三聚磷酸钠	未成胶
瓜尔胶	CRO	未成胶
瓜尔胶	硼砂	成胶
瓜尔胶	过硫酸铵	未成胶
瓜尔胶	三聚磷酸钠	未成胶
HPAM	CRO	未成胶
HPAM	硼砂	未成胶
HPAM	三聚磷酸钠	未成胶

通过上述实验可筛选出 PVA 用 CRO 和硼砂交联的体系，以及瓜尔胶用硼砂交联的体系，进一步对其成胶时间做筛选。选取促凝剂 MT118、缓凝剂 MT121，以及各类盐分别对 PVA 及瓜尔胶调整胶凝胶时间，实验温度为 80℃，结果见表 4.18。

表 4.18 凝胶时间调整实验结果

聚合物+交联剂	凝胶时间调节剂	凝胶时间(min)
10%PVA+2%CRO	1.5%MT118+4.5%MT121	90
10%PVA+2%CRO	2%MT118+4%MT121	40
10%PVA+2%CRO	3%MT118+3%MT121	20
10%PVA+1%硼砂	5%氯化钾	<5
10%PVA+1%硼砂	5%氯化钠	<5
10%PVA+1%硼砂	5%氯化钙	<5
10%PVA+1%硼砂	5%氯化镁	<5
2%瓜尔胶+1%硼砂	5%氯化钾	20(抗温60℃)
2%瓜尔胶+1%硼砂	5%氯化钠	20(抗温60℃)
2%瓜尔胶+1%硼砂	5%氯化钙	15(抗温60℃)
2%瓜尔胶+1%硼砂	5%氯化镁	30(抗温60℃)

由实验结果可知 PVA+CRO 的体系较为合适，由于基本的 PVA 凝胶强度为 5~7N，不符合设计要求，接下来则需要对其强度进行调整。通过资料调研，了解到互穿网络凝胶有较高的强度。互穿网络聚合物(IPN)是一种独特的高分子共混物，它是由交联聚合物Ⅰ和交联聚合物Ⅱ各自交联后所得的网络连续地相互穿插而成的，通过调研选取另一类类物质作为增强剂与 PVA 形成互穿网络凝胶，实验温度为 80℃，结果见表 4.19。

表 4.19 凝胶强度调整实验结果

聚合物+交联剂	凝胶时间调节剂	增强剂	凝胶时间(min)	凝胶强度(N)
10%PVA+2%CRO	1.5%MT118+4.5%MT121	10%MDF-1	75	7.32
10%PVA+2%CRO	1.5%MT118+4.5%MT121	10%MDF-2	80	4.26
10%PVA+2%CRO	1.5%MT118+4.5%MT121	10%MDF-3	70	3.58

由实验结果可知 PVA 与 MDF 形成的互穿网络凝胶较为合适，其强度可通过调整 MDF-1 加量来控制，具体数据如图 4.27 所示。

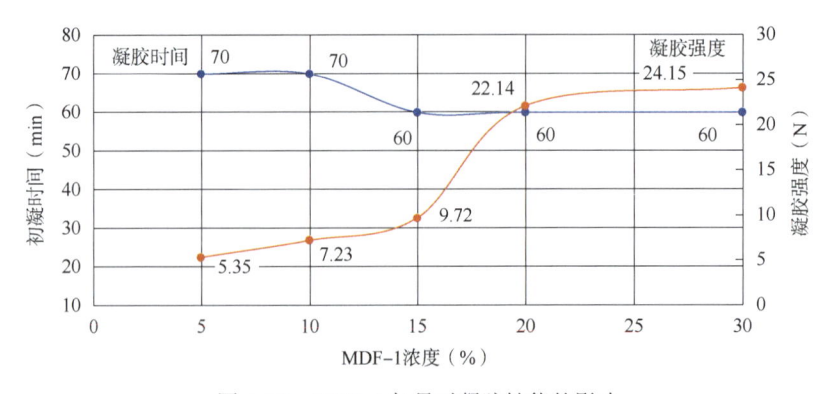

图 4.27 MDF-1 加量对凝胶性能的影响

由数据可以看出 MDF-1 加量为 20%的时候已经能满足设计要求，但 MDF 加量对凝胶时间有所影响，可通过调节 MT118 与 MT121 的比例来控制凝胶时间，实验结果见表 4.20。

表 4.20 凝胶时间调整

凝胶时间调节剂	凝胶时间(min)
1%MT118+5%MT121	120
1.5%MT118+4.5%MT121	70
2%MT118+4%MT121	40
3%MT118+3%MT121	20

由以上数据分析可以得到基本的互穿网络凝胶体系配方：1000mL 淡水+10%PVA+20%MDF+2%CRO+1%MT118+5%MT121。经研究，体系中加入一定量的纤维后能增加凝胶的强度，且根据现场要求，堵漏凝胶浆应调整密度至 $1.2\sim1.3\text{g/cm}^3$，密度使用 BAT（重晶石）进行调整，则进一步调整体系配方为：1000mL 淡水+10%PVA+20%MDF+2%CRO+1%MT118+5%MT121+1%PP 纤维+50%BAT。得到凝胶样品如图 4.28 所示。

经测试，该配方所得凝胶强度达 39.12N。测试凝胶稠化时间如图 4.29 所示。

图 4.28 GelSolid 互穿网络凝胶样品　　图 4.29 凝胶稠化时间界面图

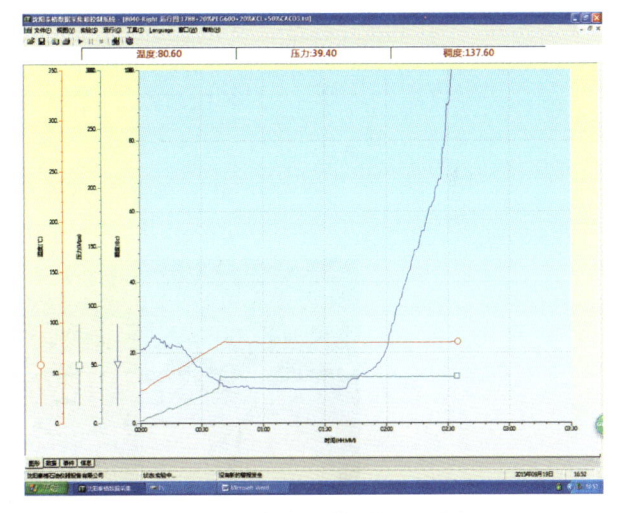

经过室内复配，可将 GelSolid 的配方简化为 IPN1 和 IPN2 两个交联包，分别对应聚合物混合体与交联剂混合体。

4.3.2 凝胶堵漏体系抗温性研究

GelSolid 凝胶由 IPN1 和 IPN2 两部分交联反应而成，配方：9∶1 的 IPN1 水溶液+5%缓冲包（促凝剂∶缓凝剂=3∶1）+15%IPN2（pH 值=3），IPN2 的加量会影响凝胶交联反应的时间和强度。100℃反应条件下 IPN2 加量变化对初凝时间及强度的影响见表 4.21 与

图 4.30，凝胶初凝状态如图 4.31 所示。

表 4.21　IPN2 加量变化对初凝时间及强度的影响

IPN2 加量	初凝时间(min)	凝胶强度(N)
5	70	5.35
10	70	7.23
15	60	9.72
20	60	22.14
30	60	24.15

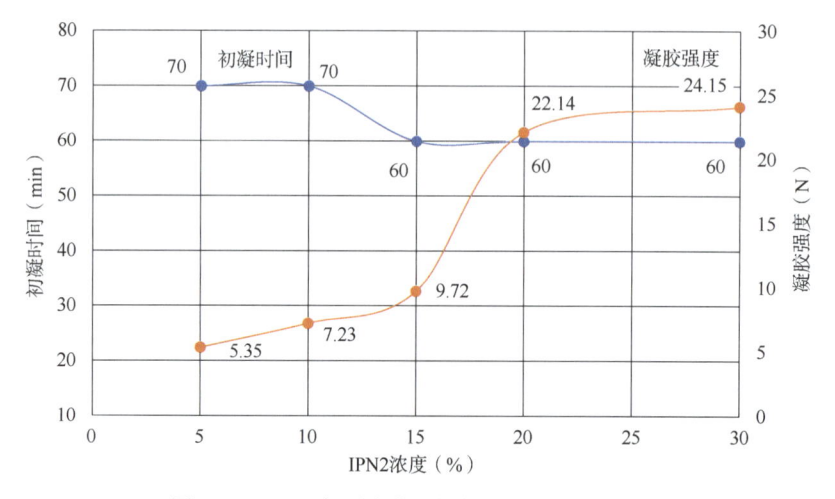

图 4.30　IPN2 加量变化对初凝时间及强度的影响

图 4.31　凝胶初凝状态

由表 4.21 可以看出随着 IPN2 的加量增加，凝胶强度增大，初凝时间略有变化。可通过加入促凝剂和缓凝剂调整凝胶的凝胶时间。配方：9∶1 的 IPN1 水溶液+5%缓冲包(促凝剂∶缓凝剂=3∶1)+15%IPN2。促凝剂和缓凝剂加量变化对体系性能的影响见表 4.22 与图 4.32，GelSolid 聚合物凝胶的状态如图 4.33 所示。

表 4.22　促凝剂和缓凝剂加量变化对体系性能的影响

	加量(%)	初凝时间(min)	凝胶强度(N)
促凝剂	0	60	9.72
	0.3	60	8.28
	0.6	40	12.67
	0.9	40	9.88
缓凝剂	0.3	70	9.18
	0.6	70	8.58
	0.9	100	8.89

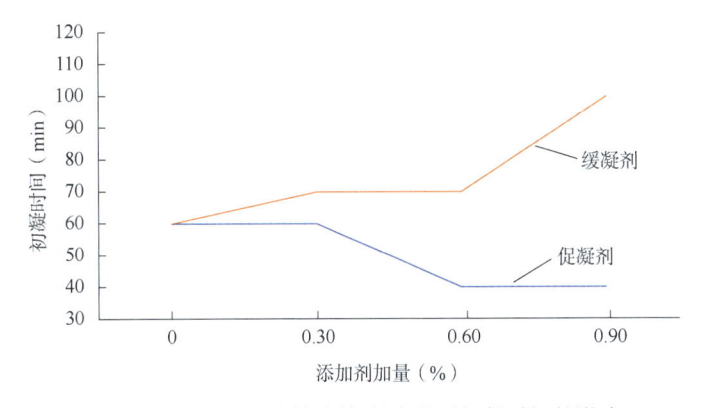

图 4.32　促凝剂和缓凝剂加量变化对初凝时间的影响

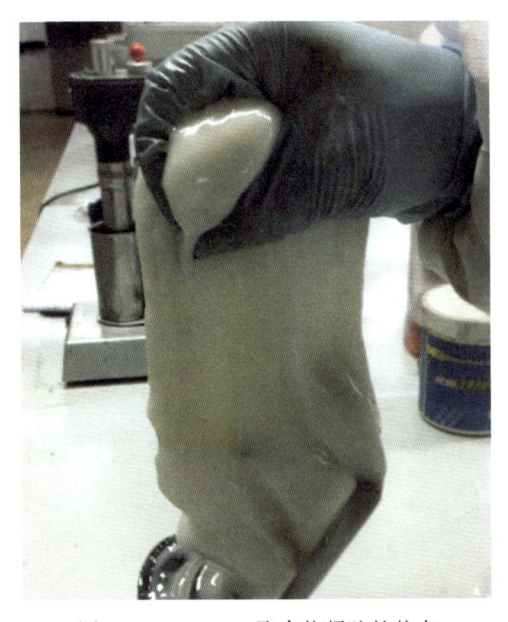

图 4.33　GelSolid 聚合物凝胶的状态

数据显示促凝剂和缓凝剂对凝胶初凝时间有影响，对强度的影响不大。

研究表明，GelSolid 凝胶具有较大的凝胶强度，凝胶时间可控制在 100min 左右，可用于恶性漏失的隔断式堵漏施工。

室内同时选择了西南石油大学研究的聚合物 ZND 凝胶，以及吸水膨胀凝胶 GBL-51 进行抗高温能力评价，结果见表 4.23。

表 4.23　凝胶类堵漏材料的抗高温能力评价

凝胶材料	常温状态	80℃抗温性	130℃抗温性	150℃抗温性
特种凝胶 ZND	凝胶强度 12N	凝胶强度 7N	凝胶强度 0.5N	凝胶状态被破坏
高温凝胶 XJ-3	凝胶强度 14N	凝胶强度 7N	凝胶强度 0.5N	凝胶状态被破坏
GBL-51	凝胶强度 8N	凝胶强度 5N	凝胶强度 0.5N	凝胶状态被破坏

评价结果表明，这 3 种弱凝胶类堵漏材料在温度过高时其交联状态会受到破坏，凝胶强度大幅下降，使其无法在堵漏时发挥功效。

4.3.3　凝胶类堵漏材料的孔隙漏失型封堵效果评价

前期对凝胶类堵漏材料的抗温性测试表明，凝胶类堵漏材料在高温下会失去凝胶性能，因此室内对其堵漏效果评价分为 80℃、110℃、130℃三种。其中弱凝胶堵漏配方：凝胶基液+2%纤维+5%刚性堵剂。

实验方法：选用凝胶类堵漏材料，在一定温度下老化 60min 后装入高温高压堵漏仪中，堵漏仪中填入 4~10mm 的砂床；从 1MPa 开始加压，若漏失出口呈滴漏状态则压力升高 1MPa，记录最终的承压能力。封堵效果评价结果见表 4.24。

表 4.24　凝胶类堵漏材料封堵效果评价

凝胶材料	80℃抗温性	130℃抗温性	150℃抗温性
特种凝胶 ZND	承压 4MPa	承压 1MPa，2MPa 漏完	1MPa 漏完
高温凝胶 XJ-3	承压 4MPa	承压 3MPa，4MPa 漏完	1MPa 漏完
GBL-51	承压 1MPa	1MPa 漏完	1MPa 漏完
GelSolid	承压 7MPa	承压 7MPa	承压 7MPa

凝胶类堵漏材料的封堵效果与其凝胶强度关系较大，若凝胶强度被破坏则难以封堵承压。GelSolid 凝胶能在一定的温度下保持强度，可形成有效封堵。

4.3.4　凝胶类堵漏材料的裂缝型封堵效果评价

凝胶会在裂缝中由液态转变为固态，完全填充裂缝，从而阻止井漏。使用自主研发的天然裂缝堵漏模拟实验装置进行模拟实验，裂缝宽为 10mm，长 50mm。实验所用裂缝如图 4.34 所示。

封堵后保持承压 7MPa，30min 未漏失，凝胶的研究实验表明其封堵承压能力效果较好。但抗温性显示其稠化时间只有 100min 左右。为确保施工的安全，还需将稠化时间延长。

(a) 空白裂缝　　　(b) 凝胶封堵后裂缝

图 4.34　模拟裂缝示意图

凝胶类堵漏材料的使用受温度限制较大，要同时兼顾安全性和堵漏效果两方面因素。目前弱凝胶多见于完井时的暂堵，归于冻胶阀一类，但应用温度通常不超过150℃。车排子区块漏失地层在110℃以下，因此可以考虑使用凝胶堵漏方式，钻井堵漏时可使用弱凝胶配合桥堵材料，利用凝胶较好的携带性和易变形的特点将堵漏剂带入漏缝中，形成桥堵。

4.4　高滤失堵漏材料的堵漏效果及抗温能力评价

高滤失堵漏材料容易进入裂缝内部，形成封堵，适用于复杂漏失通道地层的封堵。将高滤失堵漏材料配制成高滤失堵漏浆，利用液柱压力与地层压力的压差作用，使得材料迅速失水，进而固相成分在漏失通道深处停留，形成网状封堵骨架。随即堵漏浆中各级固相颗粒在网状骨架处起到填充作用，进一步封堵孔隙，直至井壁形成致密的滤饼，以此实现堵漏。

高滤失堵漏浆通常由填充剂、悬浮剂、助滤剂等混合而成。填充剂为良好渗滤性材料，用于填充、堵塞漏失通道；悬浮剂多选用大小适当的纤维材料，主要起悬浮作用，用来悬浮填充剂、加重剂，还可以起到"架桥"的作用，为堵塞漏失通道创造有利条件；助滤剂的加入是为增大滤失量，使高失水堵漏材料快速失水；堵漏浆中还可以加入较高强度的增强剂，起到辅助"架桥"和支撑裂缝的作用。常见高滤失堵漏剂的高温稳定性见表4.25。

表 4.25　常见高滤失堵漏剂的高温稳定性

高滤失堵漏剂	80℃稳定性	130℃稳定性	150℃稳定性	API 滤失时间(s)
HHH 高失水材料	静置30min明显分层、底部较软	静置2h明显分层、底部较软	静置2h明显分层、底部沉降较厚	15
FZS 高失水材料	静置30min明显分层、底部较软	静置2h明显分层、底部较软	静置2h明显分层、底部沉降较厚	17
ATTACT 尖兵高失水材料	静置30min明显分层、底部较软	静置2h明显分层、底部较软	静置2h明显分层、底部沉降较厚	10

高滤失堵漏材料是适用于裂缝性漏失为主的复杂漏失地层封堵的较优选择，具有良好的应用效果。但是其自身则存在一定缺陷，材料的沉降稳定性能较差，静止时容易形成罐底沉积，泵入过程有可能造成水龙带中材料沉积或堵塞钻头水眼。因此，室内研制了新型高效滤失堵漏材料 BlockForma。

BlockForma 是在国内外高滤失堵漏理论基础上开发出的新型高效高滤失堵漏材料，当其配制的堵漏浆液进入漏失井段后，在钻井液液柱压力和地层压力所产生压差作用下，浆液迅速失水，形成致密的滤饼，堵塞漏失通道。通过室内评价及组分优选，提高了堵漏效果。BlockForma 可有效封堵 2mm 宽的人造裂缝，承压能力达到 5MPa。同时选用适当大小的惰性材料与 BlockForma 配合使用，可有效封堵大于 2mm 宽的人造裂缝，且封堵层承压能力达到 7MPa。

BlockForma 是一种由纤维材料、颗粒材料、多孔介质、聚合物复配而成的乳白色粉末纤维混合物，是一种集高滤失、高强度和高酸溶率于一体的高效堵漏剂，用该产品配置的堵漏浆，进入漏失通道在压差作用下快速失水(最快的在几秒钟之内)，很快形成具有一定初始强度的厚滤饼而封堵漏层，其初始承压能力可达 2MPa 以上。在地温和压差作用下，所形成的滤饼逐渐凝固，其承压能力大幅度提高，该堵漏剂对堵漏后易回吐、承压能力差、低压易破碎的裂缝性漏失有良好的封堵效果。

4.4.1　高滤失堵漏材料的组成

通过堵漏剂的研究思路，得出 BlockForma 高滤失高承压堵漏材料首先得需要长纤维和大颗粒材料来进行桥架，还需要短纤维、小颗粒、片状材料等填塞漏失通道；且要求该堵塞具有高渗透性的微孔结构，能透气透水，但是不能透过钻井液，所以还需要聚合物材料和多孔介质。最后，在封堵大裂缝的时候还需要一些桥架材料。

BlockForma 高滤失高承压复合堵漏材料的筛选需遵循的基本原则：

（1）保证堵漏材料的滤失性，配制该复合堵漏材料的每一种堵漏材料都必须能满足高滤失、快速滤失的特点，能在漏层压差作用下快速建立堵塞；

（2）堵漏材料必须具备可泵性和悬浮稳定性，悬浮稳定性的判断以处于悬浮状态的浆液静置 1min 析出基液后的下部分浆液体积分数要求大于 95% 为准。

（3）对于堵漏材料的粒径控制，为了满足高滤失堵漏液的滤失性、悬浮性，需保证堵漏材料的主要材料粒径在 80~100 目范围内，且粒径分布单一。

4.4.2　高滤失堵漏材料的堵漏机理

新型高效高滤失堵漏浆液进入漏失段后，在钻井液液柱压力和地层压力所产生的压差的作用下，浆液从轴向流动转变为径向流动，迅速失水，浆液中的固相组分在重力作用下沉积变稠，形成滤饼，继而压实，填塞漏失通道。水通过裂缝端滤失或过滤进入地层，形成大量的坚固压缩堵塞(图 4.35)。

BlockForma 比常规高滤失堵漏材料具有更快的滤失速率，滤饼更致密(图 4.36)，强度更大，浆液的稳定性更好，可加重至 2.309g/cm^3，堵漏浆在 0.7MPa 压差作用下，32s

内完全失水，形成有效封堵。所形成的堵塞具有高渗透性的微孔结构和整体充填特性，能透气透水，不能透过钻井液。钻井液则在塞面上迅速失水，形成光滑平整的滤饼，起到进一步严密封堵漏失通道的效果。其他倍数的扫描电镜图显示存在均匀分布的微小孔隙结构，满足高滤失的微观结构，形成的滤饼平整厚实，且可以看出纤维材料形成的交错网状结构。

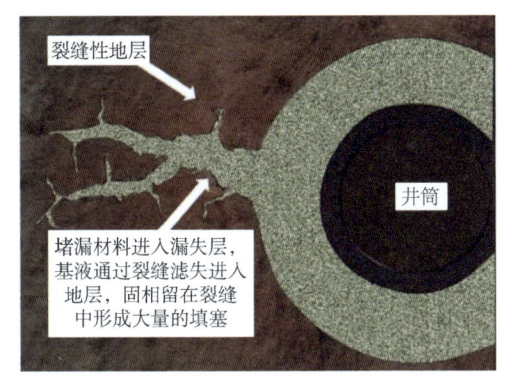

图 4.35　高滤失堵漏材料堵漏机理示意图

图 4.36　BlockForma API 失水形成的滤饼

如果在堵剂中混配一定尺寸的惰性材料，可以封堵较大的漏失通道，这是因为颗粒状材料在漏失通道中构成骨架，形成初级桥塞，使得原有漏失通道的横截面积相对变小，有利于建立压差，形成堵塞。例如高密度海绵颗粒就是一种可应用于高滤失高承压体系中的很好的大颗粒桥架材料(图 4.37)。

图 4.37　高密度海绵颗粒

4.4.3　高滤失高承压堵漏材料抗温能力评价

高滤失堵漏体系的抗高温能力评价主要体现在悬浮液的高温稳定性和堵漏材料的抗高温能力两个方面，堵漏材料抗温性见表 4.26。

表 4.26　堵漏材料的抗温性

编号	材料	现象(100℃)	现象(130℃)
1	HPS-4	4h 无明显变化	16h 无明显变化
2	JBX	4h 无明显变化	16h 有明显变色
3	JZ-3	16h 有明显变色	16h 有明显变色
4	Forma-1	4h 无明显变化	16h 无明显变化

续表

编号	材料	现象(100℃)	现象(130℃)
5	Forma-2	4h 无明显变化	16h 无明显变化
6	Forma-3	4h 无明显变化	16h 无明显变化
7	Forma-4	4h 无明显变化	16h 无明显变化
8	Carb	4h 无明显变化	16h 无明显变化
9	DM45	4h 无明显变化	16h 无明显变化
10	A5	4h 无明显变化	16h 无明显变化

4.4.4 高滤失体系悬浮液的稳定性

高滤失体系悬浮液基本配方：水 400mL+Forma-4 20g+悬浮剂 4g+HPS-4 纤维(3mm) 1.4g。不同悬浮剂抗温稳定性见表4.27。

表4.27 不同悬浮剂抗温稳定性

悬浮剂	10℃分层时间(min)	130℃分层时间(min)	备注
悬浮剂 A	60min	40min	分层后可轻松搅动
悬浮剂 K	20min	10min	分层后底部略有压实
悬浮剂 HV	20min	10min	分层后底部略有压实
悬浮剂 HB	150min	150min	分层后可轻松搅动

实验结果表明，悬浮剂 HB 能在130℃条件下有效保持较长时间的悬浮性，为施工作业安全提供保障。

4.4.5 高滤失高承压堵漏体系孔隙型漏失封堵能力评价

4.4.5.1 4~10mm 砂床评价

堵漏评价实验方法：装入 4~10mm 砂床，砂床体积为 500mL，先加入 700mL 堵漏浆，加温至 100℃，进行承压实验，每隔 5min 加压 1MPa，直至加压至 7MPa，承压 30min，记录所得滤失量。结果见表4.28。

表4.28 BlockForma 体系砂床堵漏效果评价(4~10mm)

加量(%)	承压能力(MPa)	高温高压堵漏过程	漏失量(mL)
0	0.5	加压 0.5MPa，堵漏浆 5s 滤完，加入钻井液 15s 滤完	全漏失
5	3	逐步提压至 3MPa 后崩漏	全漏失
10	7	逐步提压至 7MPa，堵漏浆在提压过程有漏失	300
20	7	逐步提压至 7MPa，堵漏浆在提压过程有部分漏失	210
30	7	逐步提压至 7MPa，堵漏浆在提压过程有部分漏失	180

由表 4.28 数据显示当堵漏材料加量达到 20% 以上时，可以封堵 20~40mm 砂床。BlockForma 高滤失体系能够在堵漏前期快速漏失，形成有效承压。实验观察堵漏材料已进入到砂床底部，在整个砂床中形成桥架封堵。

4.4.5.2 20~40mm 砂床评价

堵漏评价实验方法：装入 20~40mm 砂床，砂床体积为 500mL，先加入 700mL 堵漏浆，加热至 100℃后，进行承压实验，每隔 5min 加压 1MPa，直至加压至 7MPa，承压 30min，记录所得滤失量。结果见表 4.29。

表 4.29 BlockForma 体系砂床堵漏效果评价（20~40mm）

加量(%)	承压能力(MPa)	高温高压堵漏过程	漏失量(mL)
0	0.5	加压 0.5MPa，堵漏浆 4s 滤完，加入钻井液 30s 滤完	全漏失
5	3	加压 1MPa 后漏失 80mL 不再漏失。继续加压至 2MPa，崩漏	全漏失
10	6	承压至 5MPa 后，崩漏	全漏失
20	7	逐步提压至 7MPa，堵漏浆在提压过程有部分漏失	200
30	7	逐步提压至 7MPa，堵漏浆在提压过程有部分漏失	150

数据显示该现场堵漏浆所携带的堵漏剂加量为 20%时，钻井液即能承压 7MPa，但漏失量较大，建议推荐加量在 30%。

4.4.6 高滤失高承压堵漏体系裂缝型漏失封堵能力评价

此法适用于处理横向和纵向漏失带的渗漏、部分漏失及严重的完全漏失，具体做法差异不大，主要区别是随漏失强度增大而增大填料的尺寸；另要确定发生漏失的位置和漏层类型。由于高失水堵漏剂种类不同，其堵漏工艺亦不完全相同。

推荐配方：水+8%~10%BlockForma+颗粒级配。

1~5mm 裂缝堵漏实验通过加入颗粒级配材料不会出现堵不住的情况，压力从 1MPa 加到 7MPa 时，会滤出基液，之后再在裂缝口形成滤饼。裂缝封堵情况如图 4.38 所示。

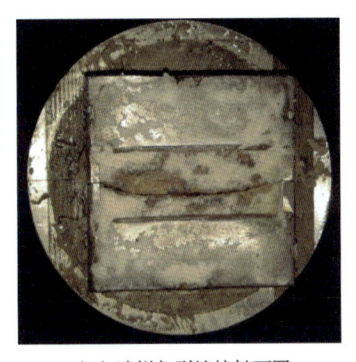

（a）滤饼与裂缝接触面图　　　（b）堵漏仪筒内情况

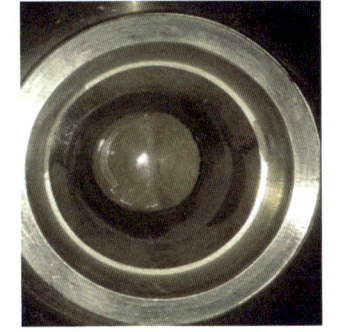

图 4.38 裂缝封堵情况

从实验结果看，BlockForma 高滤失高承压堵漏浆具有良好封堵性。

4.4.7 高滤失高承压堵漏体系抗返吐能力评价

使用裂缝返吐评价方式，对裂缝进行评价。按照上述实验，对每个大小的裂缝选用最佳加量。针对 0.5mm 裂缝，采用 10% 堵漏剂加量；针对 1mm 裂缝，采用 20% 堵漏剂加量；针对 2mm 裂缝，采用 25% 堵漏剂加量。在对选取裂缝进行正向加压至 7MPa，持续 1h 后至堵漏材料能够充分地进入裂缝。泄去正向压力后，开始反向以液压方式逐步加压。当液压突降为 0 时，则漏层被压穿。

由表 4.30 数据可得，三个裂缝能够承受反向压力分别为 2MPa、3MPa，说明在堵漏材料与裂缝相互结合得并不紧密，当地层的裂缝出现呼吸、吞吐作用时，材料容易从裂缝中脱落，造成再次漏失的结果。且缝较大时进入的堵漏材料越多，抗返吐能力越强。

表 4.30 裂缝返吐趋势评价效果评价

序号	堵漏剂加量(%)	模拟漏层裂缝宽度(mm)	裂缝承压返吐过程
1	10	0.5	反向压力至 2MPa 的时候，突降为 0
2	20	1	反向压力至 3MPa 的时候，突降为 0
3	20	2	反向压力至 3MPa 的时候，突降为 0

4.4.8 高滤失高承压堵漏体系不规则裂缝转向能力评价

使用裂缝转向封堵仪器对现场堵漏浆的转向能力进行评价。根据上诉实验选取 0.5mm 与 1mm 裂缝作为一组，0.5mm 与 2mm 裂缝为一组，1mm 与 2mm 裂缝为一组。往裂缝转向封堵仪加入 2000mL 的堵漏浆，当裂缝没有被封堵则继续补充堵漏浆，直至封堵成功。结果见表 4.31

表 4.31 不规则裂缝转向能力评价

序号	堵漏剂加量(%)	模拟漏层(mm)	堵漏浆转向堵漏过程
1	15	0.5mm 与 1mm	0.5mm 裂缝提前封堵，0.5mm 裂缝处漏失 60mL，1mm 裂缝在漏失 400mL 后封堵，最后可承压 7MPa
2	20	0.5mm 与 2mm	0.5mm 裂缝提前封堵，0.5mm 裂缝处漏失 60mL，2mm 裂缝在漏失 700mL 后封堵，最后可承压 7MPa
3	22	1mm 与 2mm	1mm 裂缝提前封堵，1mm 裂缝处漏失 200mL，2mm 裂缝在漏失 850mL 后封堵，最后可承压 7MPa

以上数据说明，堵漏浆具有较好的流动性，一个漏点封堵后，能自动转向封堵其他漏点。BlockForma 体系中纤维含量较多，且滤失速度过快，极易在漏缝处发生封门现象，侵入漏缝的能力较差，封门后易在井筒形成滤饼段塞，因此现场应用时还存在一些问题。因此在设计堵漏浆时，应综合考虑现场应用问题，控制较好的悬浮稳定性和合理的滤失速度。

4.5 适用于车排子区块堵漏浆体系的构建与性能评价

4.5.1 适用于车排子区块堵漏浆体系的构建

根据车排子现场漏层情况，室内开展了高温高密度堵漏体系配方研究，该体系主要考虑一定温度、一定时间下的悬浮稳定性以及作为堵漏浆的滤失速率，通过控制滤失堵漏材料的性能来控制堵漏浆的快速滤失能力。

4.5.1.1 控滤失体系悬浮剂的选择

控滤失体系悬浮液配方：水+MT200+膨润土+重晶石（1.3g/cm³）+10%堵漏剂。膨润土对水基悬浮液性能的影响见表4.32。

表4.32 膨润土对水基悬浮液性能的影响

MT200加量(%)	膨润土加量(%)	水浴温度(℃)	现象	全滤失时间
1.5	0	80	1h后钻井液直接下沉	
	1		约5h，上部析出水，底部有软沉	9min全滤失
	2		约5h，上部析出水，底部有软沉	25min全滤失
2	0		约2h底部即有下沉	
	1		约3h上部析出水，下层钻井液整体较厚重，搅拌后又变稀	8min全滤失
	2		约3h上部析出水，下层钻井液整体较厚重	5min 50s全滤失
3	0		钻井液发生下沉	2min全滤失
	1		钻井液整体较黏稠	5min 25s全滤失
	2		钻井液整体较黏稠	4min全滤失

由表中数据可知：采用淡水+悬浮剂+加重剂的方法配制高密度水基悬浮液，当MT200加量越高，钻井液越黏稠，膨润土的加入能有效缓解钻井液的下沉，但悬浮液在常温下状态较好，4h都未见明显下沉，一旦80℃水浴则加速下沉。

由于高密度水基悬浮液在加热条件下易下沉，因此在悬浮液中加入一定量增黏剂起悬浮作用。配方：水+MT200+膨润土+增黏剂+重晶石（1.3g/cm³）+10%堵漏剂。水浴温度80℃条件下，增黏剂对水基悬浮液性能的影响见表4.33。

表4.33 增黏剂对水基悬浮液性能的影响

MT200加量(%)	膨润土加量(%)	增黏剂加量(%)	现象	全滤失时间(min)
1	2	0.2	悬浮液状态较稀，5h底部有轻微软沉	>30
		0.4	悬浮液状态较好，5h未发生下沉	>30
1.5	1	0.2	悬浮液状态较好，3h未见明显下沉	>30
	2	0.2	悬浮液状态较好，5h未发生下沉	>30

续表

MT200 加量(%)	膨润土加量(%)	增黏剂加量(%)	现象	全滤失时间(min)
2	0	0.2	悬浮液状态较好，5h 未发生下沉	>30
	1	0.2	悬浮液状态较好，5h 未发生下沉	>30
	2	0.2	悬浮液状态较好，5h 未发生下沉	>30
	2	0.4	悬浮液较稠，5h 未发生下沉	>30

由表 4.33 中数据可知：加入增黏剂后，水基悬浮液在水浴条件下 5h 均为发生明显下沉，其中 1.5%~2%MT200+0.2%增黏剂配制的悬浮液状态较好；但悬浮液 API 滤失太慢，不符合堵漏时快速滤失的要求。

4.5.1.2 控滤失体系加重剂的选择

加入增黏剂后虽钻井液悬浮性能显著改善，但滤失太慢，因此更换加重剂，评价悬浮液的悬浮性能改善情况(表 4.34)。配方：水+MT200+HMK/铁矿(1.3g/cm^3)+10%堵漏剂。HMK 粒径约 1200 目，铁矿粒径约 1200 目，水浴温度 80℃。

表 4.34 水基悬浮液性能

加重剂	MT200 加量(%)	现象	全滤失时间
铁矿	0	水浴 2h 悬浮液上部有一层水析出，底部有软沉，12h 后明显下沉	
	1	水浴 2h 悬浮液上部有一层水析出，底部下沉不明显，12h 后明显下沉	
HMK	0	HMK 加重后的悬浮液普遍比铁矿加重的要稀一些，未加硅粉的钻井液表面析出一层水，加量 1%硅粉时未析出水，但较稠，锰矿的下部与中部较均匀，未见下沉；12h 后未见明显下沉	1~2min
	1		45s

由表 4.34 数据可知：1200 目 HMK 为加重剂时，钻井液水浴数小时后下沉明显；使用红棕色锰矿时，悬浮液略稀，水浴数小时后未见明显下沉；MT200 加量为 0%时，悬浮液表面析出少量水，加量为 1%时，悬浮液未析出水，但钻井液较稠；且 HMK 加重的悬浮液快滤失，能迅速形成封堵。

HMK 加重时，钻井液的悬浮性能较好，但 MT200 加量为 1%时，钻井液较稠，因此降低 MT200 加量重复评价，结果见表 4.35。配方：水+MT200+HMK(1.3g/cm^3)+10%堵漏剂。水浴温度 80℃。

表 4.35 水基悬浮液性能

加重剂	MT200 加量(%)	现象
HMK	0.3	水浴 3h 悬浮液上部少许水析出，底部有轻微软沉
	0.6	水浴 6h 悬浮液上部少许水析出，底部有轻微软沉，但一搅拌就均匀了，未见明显阻滞感

由表 4.35 数据可知：MT200 加量为 0.6%时，水浴 6h 钻井液悬浮性能较好。

HMK 价格昂贵，现更换 HMK1，与重晶石复配，进行加重实验，结果见表 4.36。配方：水+MT200+HMK1/重晶石(1.3g/cm^3)+10%堵漏剂。80℃水浴加热。由于重晶石密度与锰矿密度不一样，不能按照质量复配，因此按照加重密度配比。

表 4.36 水基悬浮液性能

加重剂	MT200 加量(%)	现象
重晶石加重至 1.3g/cm³，HMK1 加重至 1.9g/cm³	0	水浴 5h 悬浮液上部少部分水析出，底部有软沉，12h 后明显下沉
重晶石加重至 1.3g/cm³，HMK1 加重至 1.9g/cm³	0.5	水浴 5h 悬浮液上部少部分水析出，底部有软沉，12h 后明显下沉
重晶石加重至 1.6g/cm³，HMK1 加重至 1.9g/cm³	0	水浴 5h 悬浮液上部大量水析出，底部有软沉，12h 后明显下沉
重晶石加重至 1.6g/cm³，HMK1 加重至 1.9g/cm³	0.5	水浴 5h 悬浮液上部大量水析出，底部有软沉，12h 后明显下沉
HMK1 加重至 1.9g/cm³	0	水浴 5h 悬浮液上部少量水析出，底部有软沉，12h 后明显下沉

由表 4.36 数据可知：使用 HMK1 加重后，水浴数小时钻井液明显下沉，其悬浮性能逊于红色锰矿。由于 HMK 与锰矿密度相差不大，可按照质量复配进行实验，结果见表 4.37。配方：水+MT200+HMK1/HMK(1.3g/cm³)+10%堵漏剂。80℃水浴加热。

表 4.37 水基悬浮液性能

编号	加重剂	MT200 加量(%)	现象	全滤失时间
1	HMK：HMK1＝2∶1	0	上部有大量水析出，底部有软沉	3min 30s
2	HMK：HMK1＝2∶1	0.8	上部析出的水量明显减少，但底部仍有软沉	
3	HMK：HMK1＝1∶1	0	上部有大量水析出，底部有软沉	6min
4	HMK：HMK1＝1∶1	0.8	上部析出的水量明显减少，但底部仍有软沉	
5	HMK：HMK1＝1∶2	0	上部有大量水析出，底部有软沉，下沉程度高于 1 号和 3 号	7min
6	HMK：HMK1＝1∶2	0.8	上部析出的水量明显减少，但底部仍有软沉，下沉程度高于 2 号和 4 号	

由表 4.37 数据可知：六杯钻井液水浴后均有不同程度的软沉，添加 MT200 后，悬浮液析出的水明显减少；当 HMK 加量越少时，悬浮液下沉越严重。其中 HMK∶HMK1＝2∶1 时，下沉最轻微，滤失最快，性能最佳。

HMK1 的悬浮性较差，现使用 CXTKF 与 HMK 复配使用，评价悬浮液性能，结果见表 4.38。配方：水＋MT200＋CXTKF/HMK(1.3g/cm³)＋10%堵漏剂。80℃水浴加热。由于 HMK 与 CXTKF 密度相差不大，可按照质量复配。

表 4.38 水基悬浮液性能

编号	加重剂	MT200 加量(%)	现象
1	HMK∶CXTKF＝2∶1	0	悬浮液较稠，水浴 4h 只有极少量水析出，整体略稠，但较均匀
2	HMK∶CXTKF＝1∶1	0	悬浮液较稠，水浴 4h 只有极少量水析出，整体略稠，但较均匀
3	HMK∶CXTKF＝1∶2	0	悬浮液较稠，水浴 4h 析出的水量最少
4	HMK∶CXTKF＝1∶1	1	悬浮液较稠，水浴 4h 只有极少量水析出，整体略稠，但较均匀

由表 4.38 数据可知：HMK 和 CXTKF 复配时，悬浮液整体较稠，但同时水浴后钻井液下沉均较少。

4.5.1.3 控滤失体系悬浮性能调整

考虑到成本及现场相关因素,用重晶石做加重剂,密度为 1.3g/cm³,温度 110℃,进行堵漏携带液配方研究,同时观察堵漏剂在携带液中的状态,结果见表 4.39。

表 4.39 水基携带液性能

编号	加重后状态	常温静置后状态
1	流动性较好	2h 后析出一层水,携带液明显发生沉降
2	略稠	2h 后析出一层水,携带液明显发生沉降,且钻井液较稠
3	略稠	2h 后析出一层水,携带液发生沉降
4	比1号、2号、3号都稠	2h 后析出一层水,携带液发生沉降,钻井液很稠

携带液配方:
(1) 2L 水+2%MT200+1%膨润土粉+0.1%XC+0.1%破胶剂+重晶石(1.3g/cm³);
(2) 2L 水+2.5%MT200+1%膨润土粉+0.1%XC+0.1%破胶剂+重晶石(1.3g/cm³);
(3) 2L 水+2%MT200+1%膨润土粉+0.2%XC+0.2%破胶剂+重晶石(1.3g/cm³);
(4) 2L 水+2.5%MT200+1%膨润土粉+0.2%XC+0.2%破胶剂+重晶石(1.3g/cm³)。

堵漏剂配方:
10%MT217+10%MT226+20%YMF(20~40目)+10%HESHA+20%carb250+30%MT135(10~20目)

取上述 4 个配方的携带液 300mL,分别加入 15%堵漏剂和 25%堵漏剂,搅拌均均后在 100℃下老化 4h(只加热不滚动),评价性能,见表 4.40。

表 4.40 老化后悬浮液性能

编号	堵漏剂加量(%)	老化后状态	API 滤完时间
1-1	15	上层有一层水析出,下层整体呈泥状,搅拌后仍稠	3min 30s
1-2	25	无水析出,整体呈泥状,搅拌后仍稠	3min 5s
2-1	15	上层有一层水析出,下层整体呈泥状,搅拌后仍稠	4min 10s
2-2	25	无水析出,整体呈泥状,搅拌后仍稠	3min 50s
3-1	15	上层有一层水析出,下层整体呈泥状,搅拌后仍稠	3min 39s
3-2	25	无水析出,整体呈泥状,搅拌后仍稠	45s
4-1	15	无水析出,整体呈泥状,搅拌后仍稠	3min 15s
4-2	25	无水析出,整体呈泥状,搅拌后仍稠	31s

由表 4.40 数据可知,MT200 加量超 2%时,携带液容易增稠,常温静置后钻井液沉降较严重,且老化后钻井液出现明显沉降和增稠现象。堵漏剂加量为 25%时携带液整体较稠。

取携带液中状态稍好的 1 号,加水稀释,降低 MT200 的加量后,再加重至 1.3g/cm³,观察状态,结果见表 4.41。

第 4 章 新型防漏堵漏工艺研究

表 4.41 水基携带液性能

编号	MT200 稀释至	常温静置后状态
1	1.5%	2h 携带液发生沉降
2	1%	2h 后携带液发生软沉
3	1%+0.1%XC	3h 后携带液发生轻微软沉

由表 4.41 数据可知，MT200 加量降低、XC 加量升高时，携带液沉降现象减轻。

降低 MT200 和膨润土粉加量，提高 XC 加量，配制悬浮液。配方：水+MT200+XC+破胶剂+膨润土粉+HPS-4+重晶石（2.3g/cm³）+15%堵漏剂。在烘箱中 130℃下老化 4h，评价性能，结果见表 4.42。

表 4.42 水基携带液性能

编号	MT200 加量(%)	XC 及破胶剂加量(%)	膨润土加量(%)	HPS-4 加量(%)	堵漏剂加量(%)	老化后现象	API 滤完时间
1	0.5	0.4			15	析出较厚一层水，有沉降，玻璃棒能直立，搅拌后流动性最好	2min 20s
2	0.5	0.3	1		15	析出较厚一层水，有沉降，玻璃棒能直立，搅拌后流动性其次	2min 30s
3	1	0.2	1		15	析出一层水，有沉降，玻璃棒能直立，搅拌后仍能直立	
4	1	0.3	0.5		15	析出一层水，有沉降，玻璃棒能直立，搅拌后能直立，流动性强于 3	2min
5	1	0.3		0.5	15	析出一层水，有沉降，玻璃棒能直立，搅拌后仍能直立，流动性≈4	2min 40s
6	1	0.4			15	析出一层水，有沉降，玻璃棒能直立，搅拌后流动性>5	2min 40s
7	1.5	0.2	0.5		15	未析出水，有沉降，棒能直立，搅拌后能直立	
8	1.5	0.3			15	未析出水，有沉降，棒能直立，搅拌后能直立	

由表 4.42 数据可知：搅拌后只有 1 号、2 号、4 号、5 号、6 号这五杯携带液流动性较好，其流动性强弱顺序为 1 号>2 号>6 号>5 号≈4 号。且每杯携带液留样常温静置观察 24h，3 号和 7 号最先沉降，1 号和 6 号状态最好，24h 仍未出现明显软沉。结果表明：当 MT200 加量为 0.5%，XC 加量为 0.4%时，携带液沉降稳定性最好、老化后流动性最好。

当 XC 加量为 0.4%时，携带液稳定性较好，现进行 MT200 加量变化，优化携带液配方，观察状态，结果见表 4.43。配方：300mL 水+MT200+0.4%XC+0.4%破胶剂+HPS-4+重晶石（2.3g/cm³）+15%堵漏剂。

表 4.43　水基携带液性能

编号	MT200 加量(%)	HPS-4 加量(%)	常温静置后状态	130℃老化 4h 后现象	API 滤完时间
1	0.4	0	5h 均未出现沉降，24h 后 1 号出现软沉	析出一层水，棒能直立，搅拌后流动性较好	2min 16s
2	0.6			析出一层水，棒能直立，搅拌后流动性较好	2min 32s
3	0.8			析出一层水，棒能直立，搅拌后流动性较好	1min 57s
4	1.0			析出较少一层水，棒能直立，搅拌后流动性较好，但略稠	1min 59s
5	0.5	0.5		析出水量最多，棒能直立，搅拌后流动性较好	1min 50s

由表 4.43 数据可知：老化后携带液流动性强弱顺序为 1 号≈5 号>2 号≈3 号>4 号。其中当 MT200 加量为 0.6%~0.8%，XC 加量为 0.4%时，老化前后状态最好。观察不同密度下携带液的状态结果见表 4.44。配方：300mL 水+0.6%MT200+0.4%XC+0.4%破胶剂+重晶石(1.3g/cm^3)+15%堵漏剂。

表 4.44　水基悬浮液性能

编号	密度(g/cm^3)	常温静置后状态	130℃老化 4h 后现象	API 滤完时间
1	1.3	携带液越来越稠，24h 后均未出现软沉	析出水量最多，携带液流动性很好	1min 19s
2	1.5		析出大量水，下部有软沉，搅拌后流动性很好	1min 32s
3	1.7		析出一层水，下部有软沉，搅拌后流动性很好	1min 20s
4	1.9		析出较少量水，下部有软沉，搅拌后流动性较好	1min 31s
5	2.1		析出少量水，下部有软沉，搅拌后流动性较好	1min 30s

由表 4.44 数据可知：随着密度增加，携带液越来越稠，但老化前后携带液流动性均较好。破胶剂加量对携带液的影响见表 4.45。配方：300mL 水+0.6%MT200+0.4%XC+破胶剂+重晶石(1.3g/cm^3)+堵漏剂。

表 4.45　水基悬浮液性能

编号	破胶剂加量(%)	堵漏剂加量(%)	130℃老化 4h 后现象	API 滤完时间
1	0	15	析出一层水，下部较稠，高搅后流动性较好，静置 5h 后发生严重下沉	1min 30s
2	0.4	15	无水析出，略稠，高搅后流动性较好	1min 30s
3	0.4	0	析出一层水，玻璃棒插进去能直立，搅拌后流动性较好	1min 50s
4		15	析出一层水，玻璃棒插进去能直立，比 3 号稠一点，但搅拌后流动性也较好	1min 35s
5		20	析出少量水，玻璃棒插进去能直立，比 4 号稠，搅拌后流动性较好	1min 28s
6		25	无水析出，携带液较稠，搅拌后仍较稠	1min 19s

由表 4.45 1 号和 3 号配方可知：当不加破胶剂时，老化后高搅后状态较好，但是静置数小时后发生严重下沉，对携带液沉降稳定性有明显影响。

提高 MT200 的加量,且加入膨润土粉,评价膨润土粉加量变化对携带液稳定性的影响,结果见表 4.46。配方:300mL 水+0.8%MT200+0.4%XC+0.4%破胶剂+重晶石(1.3g/cm³)+20%堵漏剂。

表 4.46 水基悬浮液性能

编号	膨润土加量(%)	常温静置后状态	130℃老化 4h 后现象	API 滤完时间
1	0	24h 后均未出现软沉	析出较多一层水,下部有软沉,搅拌后流动性很好	3min
2	0.3		析出一层水,下部有软沉,搅拌后流动性较好	2min 50s
3	0.5		析出一层水,下部有软沉,搅拌后流动性较好	3min 19s
4	0.7		比 1 号稠,下部有软沉,搅拌后流动性较好	2min 50s

由表 4.46 数据可知:随着膨润土加量的增加,老化后携带液逐渐变稠,但 0.7%加量时携带液流动性仍然较好。

将悬浮剂和堵漏剂按照新配方混样混好后,进行 HPS-4 加量变化的评价,结果见表 4.47。配方:300mL 水+1.9%混合悬浮剂+重晶石(1.3g/cm³)+20%堵漏剂。

表 4.47 水基悬浮液性能

编号	HPS-4 加量(%)	130℃老化 3h 后现象	API 滤完时间
1	0	析出一层水,玻璃棒插进去能直立,搅拌后流动性较好	3min 30s
2	10	析出一层水,玻璃棒插进去能直立,搅拌后流动性较好	2min 40s
3	15	析出一层水,玻璃棒插进去能直立,搅拌后流动性较稍微差一点	2min 20s
4	20	析出一层水,玻璃棒插进去能直立,比前 3 杯都稠一点,底部沉降较多	2min

综合滤失时间和稳定性考虑,HPS-4 加量应控制在 0~10%。

4.5.1.4 控滤失体系堵漏浆加重方法及稳定性小结

体系悬浮稳定性实验对增粘剂、加重剂、悬浮剂等添加剂进行了一系列研究,综合考虑成本、现场因素及堵漏浆滤失性能,得到堵漏浆悬浮剂 BlockVis,其主要由增黏剂、物理悬浮剂、破胶剂等添加剂构成,能有效加重至 1.3g/cm³,100℃老化 3h 后保持一定稳定性,使井筒安全得到保障。

4.5.1.5 控滤失堵漏体系优化

室内初步研究的控滤失体系中悬浮剂主要为增黏剂和物理型的悬浮剂,可以看到前期数据显示,滤失速度在 2min 左右,高温高压滤失会更快,结合现场应用情况及甲方的意见,认为滤失应控制更慢一点。因此,室内研究方向为,在快速滤失形成封堵屏障的基础上,要求滤失速度控制在一定时间内,常温 API 滤失时间在 20~30min,高温高压(0.7MPa)滤失在 5~20min。室内重新筛选优化了悬浮剂进行评价。

(1)悬浮和滤失性能初步优选。

基础配方:400mL 水+0.8%MT202+0.8%MT200+重晶石(2.0g/cm³)+2%Guard1000+2%Guard2000+2%Guard3000+5%JHCarb750+5%JHCarb1400+20%BlockSeal。

实验条件:100℃×16h 静置,测全滤失时间。

通过室内大量筛选工作，主要方向是少量增黏剂与水基有机土相结合，通过调整加量控制堵漏浆的流动性。结果显示，有机土加量太大则体系流动性差，滤失效果差。增黏剂抗温能力差，且对滤失影响较大。常温时，滤失慢；悬浮性好；高温下，滤失快，悬浮性太差。

因此，对高滤失堵漏浆体系的优化应选择惰性悬浮剂与合适的水基有机土。前期实验表明，有机土 YH30E 是较好的选择，高温未发生起泡等不利反应，悬浮稳定性较好，API 滤失时间在 30min 以内可控。室内优选了几种悬浮剂进行复配，具体性能见表 4.48。

表 4.48 不同添加剂悬浮及滤失能力

加量变化	状态	API 滤完时间	稳定性
+0.8%Vis-B	静置前	>30s	
	静置后	21s	有微弱分层，有软沉
+2%BP-188	静置前	>30s	
	静置后	>30s	有明显分层，形成泥巴状物质
+2%BP-188B	静置前	>30s	较其他浆稠
	静置后	>30s	有明显分层，形成泥巴状物质
+2%YH30E	静置前	>30s	API 开始快速，后期滴状
	静置后	17s	分层较弱，有软沉
+0.8%MT202	静置前	9min 40s	
	静置后	3min 45s	有微弱分层，有软沉
+0.8%BP-188	静置前	22min 50s	
	静置后	17min 20s	有微弱分层，有软沉
+0.8%BP-188B	静置前	21min	
	静置后	8min 47s	有微弱分层，有软沉
+0.8%YH30E	静置前	10min 30s	
	静置后	3min 30s	分层较弱，有软沉
+0.8%YH30 锂基	静置前	9min 30s	
	静置后	7min 56s	有微弱分层，有软沉
+0.8%YH30C	静置前	23min 10s	
	静置后	4min 50s	有微弱分层，有软沉
+0.8%YH-EW-2	静置前	—	高速搅拌后底部有大量沉淀
	静置后	—	
+1%BP-188B	滚前	>30min	
	滚后	13min 40s	常温有分层，老化后有气泡，有一定膨胀
+0.8%BP-188B	滚前	>30min	
	滚后	12min 20s	常温有分层，老化后有微弱气泡
+0.6%BP-188B	滚前	>30min	
	滚后	—	常温有分层，老化后大量气泡，明显膨胀

续表

加量变化	状态	API滤完时间	稳定性
+0.4%BP-188B	滚前	>30min	
	滚后	—	常温有分层，老化后大量气泡，明显膨胀
	滚前	>40min	
	滚后	9min 4s	沉淀明显，颗粒堆积
	滚前	>40min	
	滚后		颗粒堆积较少，可能因装罐不均匀
	滚前	36min 54s	
	滚后		大量气泡，明显膨胀
	滚前	3min 44s	
	滚后		大量气泡

（2）悬浮剂的优选。

基础配方：400mL 水+悬浮剂+0.8% YH30E+重晶石（2.0g/cm³）+2% Guard1000+2% Guard2000+2% Guard3000+5% JHCarb750+5% JHCarb1400+20% BlockSeal。

实验条件：100℃×16h 静置，测全滤失时间。

实验结果（表4.49）显示，悬浮剂 A 悬浮效果较差，悬浮剂 MT267 有较好的悬浮效果，但对加量较为敏感，要加量达到 1.5% 时悬浮效果较好。按一定比例与 YH30E、助滤剂 MT222 三者复配后得到悬浮剂 BlockVis。室内评价了 BlockVis 加量对滤失性能的影响。

表4.49 不同种类悬浮剂性能评价

悬浮剂	状态	API滤完时间	高温高压滤完时间	稳定性
2%悬浮剂 A	静置前	>30min		悬浮性较好
	静置后	>30min	5min 34s	堵漏颗粒沉降
2%悬浮剂 MT267	静置前	>30min		较稠
	静置后	>30min	18min 36s	较稠，无颗粒沉降
1.5%悬浮剂 MT267	静置前	>30min		流态、悬浮性较好
	静置后	28min 30s	15min 53s	流动好，无颗粒沉降
1%悬浮剂 MT267	静置前	>30min		流态、悬浮性较好
	静置后	12min 18s	3min 56s	堵漏颗粒沉降
1%悬浮剂 MT267+1.5% YH30E	静置前	>30min		较稠，无颗粒沉降
	静置后	28min 40s	3min 08s	较稠，无颗粒沉降

（3）BlockVis-W 加量对滤失的影响。

基础配方：400mL 水+悬浮剂 BlockVis-W+重晶石（1.8~2.3g/cm³）+2% Guard1000+2% Guard2000+2% Guard3000+5% JHCarb750+5% JHCarb1400+20% BlockSeal。

实验条件：100℃×16h 静置，测全滤失时间。

BlockVis-W 加量对滤失的影响见表4.50。

表4.50 悬浮剂加量对性能的影响

BlockVis 加量	状态	API 滤完时间	高温高压滤完时间	稳定性
3%BlockVis	静置前	27min 34s		悬浮性较好
	静置后	8min 24s	5min 23s	堵漏颗粒沉降
5%BlockVis	静置前	28min 45s		流态、悬浮性较好
	静置后	16min 22s	15min 7s	流动好,少量颗粒沉降
7%BlockVis (2.3g/cm³)	静置前	24min 51s		流态、悬浮性较好
	静置后	15min 17s	13min 58s	流动好,无颗粒沉降
7%BlockVis (2.0g/cm³)	静置前	24min 36s		流态、悬浮性较好
	静置后	14min 57s	13min 26s	流动好,无颗粒沉降
7%BlockVis (1.8g/cm³)	静置前	24min 13s		流态、悬浮性较好
	静置后	14min 49s	13min 9s	流动好,无颗粒沉降

结果显示,7%BlockVis 加量较为合适,且密度的变化对滤失影响较小,可忽略不计。7%BlockVis 加量悬浮剂对滤饼状态的影响如图4.39所示。

(a)无悬浮剂滤饼状态　　(b)加入悬浮剂滤饼状态

图4.39 悬浮剂对滤饼状态的影响

(4) BlockSeal 堵漏剂对滤失的影响。

室内同时评价了堵漏剂加量对滤失性能的影响,结果见表4.51。基础配方:400mL 水+7.0%BlockVis-W+重晶石(2.3g/cm³)+BlockSeal 堵漏剂。

由于大粒径的堵漏剂形成了助滤通道,高密度堵漏浆中随着堵漏剂加量的增加,滤失时间越短,滤失效果越显著;滤失后堵漏浆中的固相及堵漏材料形成一个高强度填塞。30%BlockSeal 加量下的滤饼状态如图4.40所示。

表 4.51 堵漏剂加量对滤失的影响

BlockSeal 加量(%)	常温静置状态	老化后状态	API 滤完时间
0			25min 43s
15			25min 15s
20	8h 后均未出现沉降	老化后底部有软沉，搅拌后流动性较好	24min 49s
25			24min 21s
30			24min 05s

（5）优化后的控滤失堵漏浆封堵效果评价。

前期进行堵漏浆的堵漏效果评价中，堵漏浆的堵漏剂承压能力均较好，但打开仪器后发现砂床中堵漏材料侵入深度不深，因此室内对堵漏体系悬浮剂配方进行了优化，在悬浮剂中加入分散剂 P1，评价堵漏浆的侵入砂床能力（表 4.52）。堵漏剂配方：水+BlockVis-W 悬浮剂+P1+重晶石（$\rho = 2.3 g/cm^3$）+30% 堵漏剂 BlockSeal。130℃ 下老化 4h。砂床 4~10mm。

图 4.40 30%Blockseal 加量下的滤饼状态

加入一定量 P1 后，堵漏浆对砂床的侵入深度有所增加，砂床中堵漏剂堆积的致密程度有所提高表 4.52。

表 4.52 分散剂对堵漏剂侵入深度的影响

P1 加量(%)	API 滤完时间	承压堵漏过程	侵入砂床后的致密层深度(cm)
0.05	4min		
0.075	25min 10s	承压 3MPa 时滤失完全，砂床上部较致密，下部松散	5~7
0.1	24min 55s	承压 3MPa 时滤失完全，砂床上部较致密，下部松散	7~9
0.12	24min 40s	承压 4MPa 时滤失完全，加入 600mL 井浆，承压 8MPa，滤失量 50mL，砂床整体较致密	≥10

如图 4.41 所示为堵漏浆进行承压堵漏实验后的砂床侵入效果，BlockSeal 加量为 30% 时，堵漏浆对于 4~10mm 砂床能侵入 8~10cm 的深度，具有较好的堆积效果。

4.5.1.6 控滤失堵漏体系评价小结

室内在原有高滤失体系 BlockForma 原理的基础上，对其进行了一些优化改进，是为了避免实际现场应用过程中因滤失过快导致的封门等问题。经过对悬浮剂、助滤剂、分散剂等添加剂的优化筛选，得到了一套可控滤的高滤失 BlockSeal 体系，具有如下性能：

（1）API 滤失时间在 20~30min，高温高压(0.7MPa)滤失时间在 5~20min；
（2）具有较好的悬浮稳定性和流动性，100℃ 高温下静置 16h，堵漏浆内的堵漏剂等固

· 163 ·

图 4.41 堵漏剂侵入大颗粒砂床(1~2cm)封堵带状态

相材料无明显沉降现象；

（3）在砂床封堵实验中具有较好的侵入能力，能使 4~10mm 砂床的堵漏剂侵入深度达 5cm 以上。

该体系主要是与 PreSeal、BlockSeal 等一系列堵漏剂配合使用，达到快速形成封堵屏障的效果。

4.5.2 适用于车排子区块石炭系火山岩新型堵漏体系

基于车排子区块的工程地质特征所研制的 Blockseal 堵漏体系由钻井水(基油)及 Block-Vis、BlockSeal 和 BlockGuard 三种功能性材料构成(图 4.42)，分别具有良好的增黏悬浮、快速填充、即时封堵的效果；所使用的材料对水基钻井液呈现惰性，具有较好的稳定性，堵漏浆通过程序段塞泵入，可以在诱导裂缝缝中和缝内形成良好的抗剪切屏障；在裂缝中具有高的抗压强度、快速的封堵能力、高的剪切强度，可以有效地防止堵漏封门，堵漏浆返吐和裂缝闭合；结合堵漏工艺可以极大地降低裂缝再开启的风险，提高堵漏施工效果。

体系特点：

（1）水基钻井液均可使用；

（2）良好的温度稳定性；

（3）快速的封堵能力、高的抗压强度和良好的屏障抗剪切能力；

（4）不易封门、不易返吐；

（5）低的裂缝再开启风险；

（6）可不起钻堵漏、使用方便。

作用机理：堵漏浆进入漏失井段后，在钻井液柱压力和地层压力所产生的压差作用下，堵漏浆迅速失水，其中的固相组分和堵漏材料搭桥、聚集、变稠，形成滤饼，继而压

（a）BlockVis 　　　　　　　（b）BlockSeal（10%~15%）

（c）BlockGuard-1 　　　（d）BlockGuard-2 　　　（e）BlockGuard-3

图 4.42　研究处理剂外观形态

实，填塞漏失通道，形成段塞，达到减缓漏失的效果。同时钻井液在所形成的塞面上形成光滑平整的滤饼，起到进一步严密封堵漏失通道的效果。

4.5.2.1　新型体系流动状态评价

室内通过加入不同量的 BlockSeal，在 100℃下老化后观察堵漏浆的流动性能变化。如图 4.43 所示实验结果表明，该堵漏体系在 100℃下老化后且堵漏浆状态良好，且具有高滤失性能，当堵漏剂加量达 20%时，老化后未出现明显增稠。

（a）20% BlockSeal堵漏剂 　　　　　　（b）30% BlockSeal堵漏剂

图 4.43　不同加量 BlockSeal 下体系的流动状态

4.5.2.2 新型温度与滤失速率关系评价

为明确温度对 BlockSeal 体系的堵漏效果影响，特别是对滤失速率的影响，开展 API 滤失实验，测试不同温度下堵漏浆体系的滤失速率，实验结果见表 4.53。实验结果表明，堵漏浆滤失速率从常温到 90℃ 逐渐变快，超过 100℃ 后滤失速率趋于稳定，在 95s 左右滤失完。堵漏浆体系的滤失速度与温度有一定关系，常温时滤失较慢，随着温度的升高，滤失速度变快。实际的应用过程中，可通过调整悬浮剂 BlockVis 的加量，进一步调整滤失速率。

表 4.53　温度对滤失速率影响评价

温度	滤失情况
常温	API 滤失 1500s 滤失完，滤失量 80g
50℃	API 滤失 875s 滤失完，滤失量 80g
70℃	API 滤失 360s 滤失完，滤失量 80g
90℃	API 滤失 110s 滤失完，滤失量 80g
100℃	API 滤失 95s 滤失完，滤失量 80g

4.5.2.3 新型体系砂床堵漏评价

（1）4~10mm 砂床评价。

堵漏评价实验方法：装入 4~10mm 砂床，砂床体积为 500mL，先加入 600mL 堵漏浆，进行加压快速滤失，再加入 600mL 室内高密度钻井液进行承压实验，每隔 5min 加压 1MPa，直至加压至 7MPa，承压 30min，记录所得滤失量，结果见表 4.54。

表 4.54　不同加量 BlockSeal 砂床堵漏效果评价（4~10mm）

加量(%)	承压能力(MPa)	高温高压堵漏过程	漏失量(mL)
0	0.5	加压 0.5MPa，堵漏浆 10s 滤完，加入钻井液 30s 滤完	全漏失
5	4.5	逐步提压至 4.5MPa 后崩漏	110
10	7	逐步提压至 7MPa，堵漏浆在提压过程有漏失	70
20	7	逐步提压至 7MPa，堵漏浆在提压过程有部分漏失	60
30	7	逐步提压至 7MPa，堵漏浆在提压过程有部分漏失	55

表 4.54 数据显示该高密度堵漏携带液中堵漏剂加量为 15% 时，钻井液即能承压 7MPa，但漏失量较大，建议推荐加量在 20% 以上。

（2）20~40mm 砂床评价。

不同加量 BlockSeal 砂床堵漏效果评价见表 4.55。

表 4.55　不同加量 BlockSeal 砂床堵漏效果评价（20~40mm）

BlockSeal 加量(%)	承压能力(MPa)	高温高压堵漏过程	漏失量(mL)
0	0.5	加压 0.5MPa，堵漏浆 5s 滤完，加入钻井液 15s 滤完	全漏失
15	1	加压 1MPa，堵漏浆 5~10min 滤完，加入钻井液承压 1MPa	全漏失

续表

BlockSeal 加量(%)	承压能力(MPa)	高温高压堵漏过程	漏失量(mL)
20	2	加压 1MPa，堵漏浆 5~10min 滤完，加入钻井液承压 2MPa	320
25	5	加压 1MPa，堵漏浆 5~10min 滤完，加入钻井液承压 5MPa	140
30	7	加压 1MPa，堵漏浆 5~10min 滤完，加入钻井液承压 7MPa	110

实验观察堵漏材料已进入到砂床底部，在整个砂床中形成桥架封堵，且当堵漏材料加量达到20%以上时，可以封堵 20~40mm 砂床。

4.5.2.4 新型裂缝堵漏效果评价

为评价不同 BlockSeal 加量下车排子钻井液体系的裂缝堵漏效果，开展不同大小裂缝下的裂缝承压能力评价实验，采用模拟高温高压裂缝堵漏仪评价现场堵漏浆的封堵性，分别采用宽度×长度为 0.5mm×200mm、1.0mm×200mm、2.0mm×200mm 的裂缝，先加入 700mL 后逐步加压，最高压至 7MPa，加温为 100℃。承压 30min，记录所得滤失量，结果见表 4.56。

表 4.56 BlockSeal 裂缝配堵漏效果

序号	堵漏剂加量(%)	模拟漏层(mm)	总漏失量(mL)	漏失率(%)	承压能力(MPa)
1	5	缝板 0.5	500	71.4%	5
2	10	缝板 0.5	150	21.4%	7
3	20	缝板 0.5	70	10%	7
4	10	缝板 1	600	85.7%	6
5	20	缝板 1	200	28.6%	7
6	25	缝板 1	90	12.8%	7
7	10	缝板 2	650	92.8%	3
8	20	缝板 2	300	42.9%	6
9	25	缝板 2	100	14.4%	7
10	30	缝板 2	80	11.4%	7

表 4.56 数据显示，随着 BlockSeal 的加量越高，其封堵漏效果约好。针对 0.5mm 的缝板，当加量为 5%，封堵层在 5MPa 时被压漏；当加量达 10%时，颗粒浓度适当，将裂隙完全封堵，形成的网层承压能力好。针对 1mm 的缝板，当加量为 10%，封堵层在 6MPa 时被压漏；当加量达 20%时，能够满足封堵效果，但漏失量较大。针对 2mm 的缝板，当加量为 20%，封堵层在 5MPa 时被压漏；当加量达 25%时，能够满足封堵效果。相对于其他几种堵漏体系，BlockSeal 能够更好地对裂缝起封堵作用，且能够有效提高裂缝承压能力。

4.5.2.5 新型体系返吐趋势评价

使用裂缝返吐评价方式，对裂缝进行评价。按照上述实验，对每个大小的裂缝选用最佳加量。针对 0.5mm 裂缝，采用 10%堵漏剂加量；针对 1mm 裂缝，采用 20%堵漏剂加量；针对 2mm 裂缝，采用 25%堵漏剂加量。在对选取裂缝进行正向加压至 7MPa，持续 1h

后至堵漏材料能够充分地进入裂缝。泄去正向压力后，开始反向以液压方式逐步加压。当液压突降为0时，则漏层被压穿(表4.57)。

表4.57 裂缝返吐趋势评价效果评价

序号	堵漏剂加量(%)	模拟漏层(mm)	裂缝承压返吐过程
1	10	缝板0.5	反向压力至6MPa的时候，突降为0
2	20	缝板1	反向压力至5MPa的时候，突降为0
3	20	缝板2	反向压力至5MPa的时候，突降为0

由表4.57数据可得，3个裂缝能够承受反向压力分别为6MPa、5MPa、5MPa，说明在堵漏材料与裂缝相互结合得并不紧密，当地层的裂缝出现呼吸、吞吐作用时，材料容易从裂缝中脱落，造成再次漏失的结果。

4.5.2.6 新型体系转向性能评价

使用裂缝转向封堵仪器对现场堵漏浆的转向能力进行评价，根据上诉实验选取0.5mm与1mm裂缝为一组，0.5mm与2mm裂缝为一组，1mm与2mm裂缝为一组，往裂缝转向封堵仪加入2000mL的堵漏浆，当裂缝没有被封堵则继续补充堵漏浆，直至封堵成功，结果见表4.58。

表4.58 Blockseal 裂缝堵漏转向性能评价

序号	堵漏剂加量(%)	模拟漏层(mm)	堵漏浆转向堵漏过程
1	15	0.5mm与1mm	0.5mm裂缝提前封堵，0.5mm裂缝处漏失40mL，1mm裂缝在漏失370mL后封堵，最后可承压7MPa
2	20	0.5mm与2mm	0.5mm裂缝提前封堵，0.5mm裂缝处漏失65mL，2mm裂缝在漏失650mL后封堵，最后可承压7MPa
3	25	1mm与2mm	1mm裂缝提前封堵，1mm裂缝处漏失200mL，2mm裂缝在漏失750mL后封堵，最后可承压7MPa

以上数据说明，现场堵漏浆具有较好的流动性，一个漏点封堵后，能自动转向封堵其他漏点。对不同大小的裂缝均可形成较好的封堵作用。相对于其他堵漏体系，BlockSeal所形成的堵漏层的可承压能力较强，更适合应用于车排子地区的多裂缝地层。

第5章 现场应用与认识

5.1 现场应用案例

5.1.1 金龙55井

5.1.1.1 第一次复杂情况

(1) 复杂情况过程与原因分析。

2020年5月30日21：30钻进至5124.90m钻时加快发现井漏(漏失1m³)，21：36继续钻进至井深5125.29m，期间漏失钻井液6m³。

原因分析：二叠系佳木河组地层裂缝发育，承压能力低，导致裂缝性漏失。

(2) 堵漏配方及方法。

推荐配方见表5.1。

表5.1 西北缘二叠系佳木河组地层推荐堵漏配方表

地层	漏速 (m³/h)	粒度规格(μm) D10	粒度规格(μm) D50	粒度规格(μm) D90	裂缝宽度 (mm)	推荐配方
二叠系P	10~30	25~905	105~1935	585~2805	1~3	3%1~3mm核桃壳+3%随钻堵漏剂+2%综合堵漏剂+2%蛭石； 3.3%1~3mm核桃壳+3.3%综合堵漏剂+3.3%蛭石； 1.75%综堵+2.63%0.5~1mm核桃壳+2.62%1~3mm核桃壳； 3.75%1~3mm核桃壳+2.5%1mm蛭石+0.75%综合堵漏剂； 1.85%综合堵漏剂+3.69%1~3mm核桃壳+2.46%蛭石

堵漏配方：3% 1~3mm核桃壳+3%随钻堵漏剂+2%综合堵漏剂+2%蛭石。

粒度曲线如图5.1所示。

特征粒度值：D10=755μm，D50=1305μm，D90=2705μm。

堵漏过程：2020年5月30日21：30，钻进至井深5124.90m(P_1j)发生井漏，漏失钻

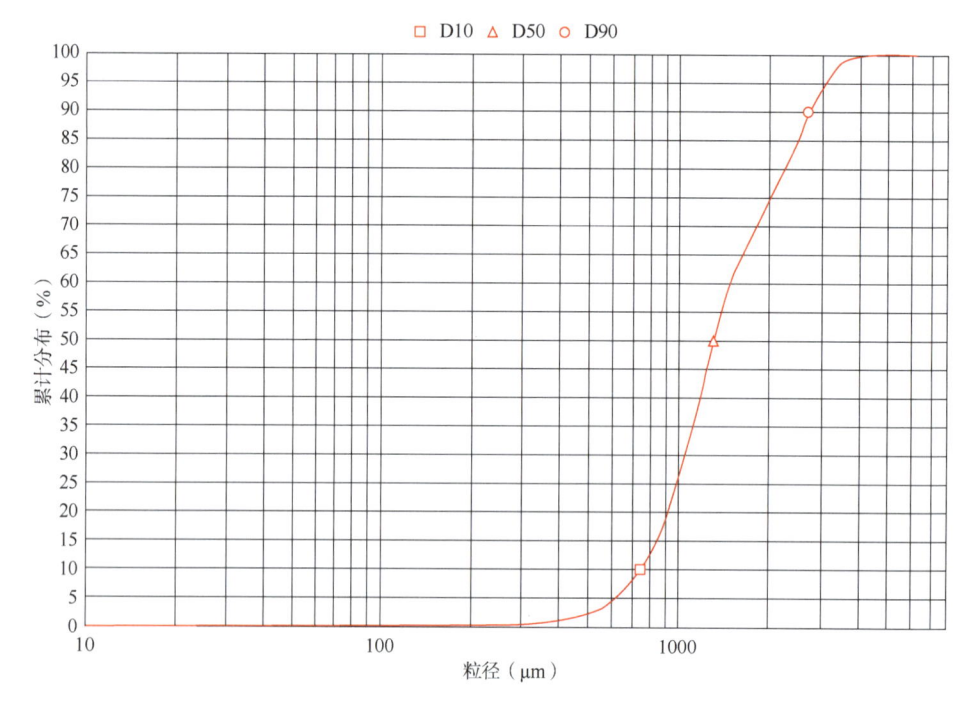

图 5.1　堵漏配方粒度分布曲线

井液 1m³、漏速 26.10m³/h、漏失钻井液密度 1.54g/cm³、漏斗黏度 52s。至 21：36 继续钻进至井深 5125.29m，期间漏失钻井液 6m³。决定提钻配堵漏浆。至 22：30 提钻至井深 4987.00m，期间吊灌钻井液 4m³；至 5 月 31 日 5：20 配制浓度 10%堵漏钻井液 40.00m³，期间吊灌钻井液 9.50m³；至 5：54 下钻至井深 5111.00m 开泵，排量 1m³/min，泵入堵漏浆，循环至 06：50 后，返浆正常，期间计漏失钻井液 4.00m³；循环至 07：15 提钻(提至技套静止堵漏)。灌浆正常无漏失。共计漏失钻井液：24.5m³。至 11：50 提至技套，静止堵漏；11：50—13：10 洗井(35L/s 排量)，液面正常；13：10—17：20 下钻，返浆正常；17：20—20：00 洗井，循环观察液面正常，全井带 3%堵漏剂；20：00—21：00 全井加 3%堵漏剂，循环；21：00—21：30 钻进至 5127m，液面正常，复杂解除。本次井漏共损失时间 24h，漏失钻井液共计 24.5m³。

5.1.1.2　第二次复杂情况

(1) 复杂情况过程与原因分析。

2020 年 6 月 1 日 11：00 钻进至预定完钻井深 5150m，洗井发生井漏，漏失钻井液 1m³。

原因分析：二叠系佳木河组地层裂缝发育，承压能力低，导致裂缝性漏失。

(2) 堵漏配方及方法。

推荐配方见表 5.2。

表 5.2　西北缘二叠系佳木河组地层推荐堵漏配方表

地层	漏速（m³/h）	粒度规格（μm） D10	D50	D90	裂缝宽度（mm）	推荐配方
二叠系 P	10~30	25~905	105~1935	585~2805	1~3	3%1~3mm 核桃壳+3%随钻堵漏剂+2%综合堵漏剂+2%蛭石； 3.3%1~3mm 核桃壳+3.3%综合堵漏剂+3.3%蛭石； 1.75%综合堵漏剂+2.63%0.5~1mm 核桃壳+2.62%1~3mm 核桃壳； 3.75%1~3mm 核桃壳+2.5%1mm 蛭石+0.75%综合堵漏剂； 1.85%综合堵漏剂+3.69%1~3mm 核桃壳+2.46%蛭石

堵漏配方：3.3% 1~3mm 核桃壳+3.3%综合堵漏剂+3.3%蛭石。

粒度曲线如图 5.2 所示。

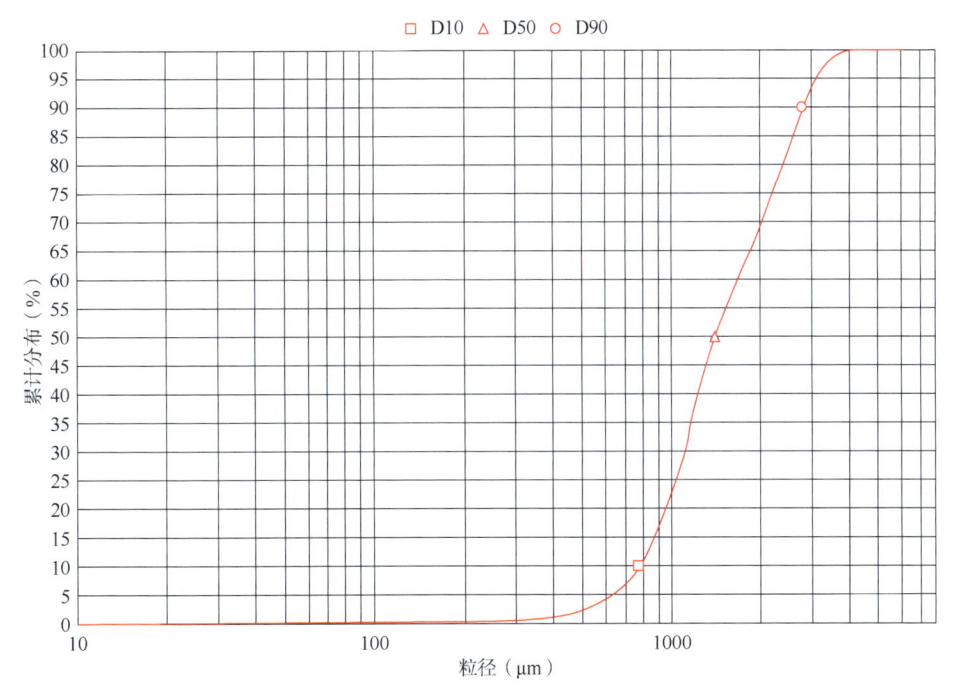

图 5.2　堵漏配方粒度分布曲线

特征粒度值：D10=775μm，D50=1415μm，D90=2805μm。

堵漏过程：2020 年 6 月 1 日 11：00 钻进至预定完钻井深 5150m，洗井发生井漏，漏失钻井液 1m³、漏速 26.10m³/h、钻井液密度 1.54g/cm³、漏斗黏度 55s。继续循环下调排量观察，至 11：45 漏失 9.5m³，停泵观察井口，液面在井口且不降，上下活动钻具；12：45 配制密度

1.54g/cm³、漏斗黏度56s、浓度10%堵漏浆30m³；12：45—14：30以20L/s排量泵入堵漏浆，返浆在计漏失4m³后正常；14：30—15：00以33L/s排量循环正常，决定钻进。至15：40钻进至井深5151.00m发生井漏，漏失钻井液1m³，钻井液密度1.54g/cm³，漏斗黏度56s，继续循环下调排量观察；至16：10漏失11m³，停泵观察井口，液面稳定，上下活动钻具；19：00采用堵漏配方(3.3%1~3mm核桃壳+3.3%综合堵漏剂+3.3%蛭石)配制密度1.54g/cm³、漏斗黏度56s、浓度10%堵漏浆40m³；19：00—20：30以20L/s排量泵入堵漏浆，返浆在计漏失6m³后正常，20：30—21：00以33L/s排量循环正常，复杂解除。此次井漏共计损失时间10h，漏失钻井液共计32.5m³。

5.1.1.3 金龙55井与邻井同层位漏失量对比结果

本节通过金龙55井与邻井金龙48井进行同层位漏失量比较，以此来判断现场应用效果，结果如图5.3所示。

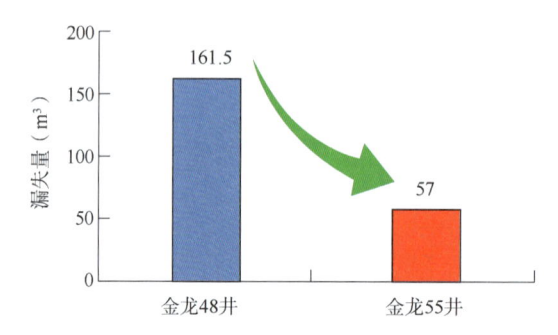

图5.3 金龙55井与邻井金龙48井同层位漏失量对比图

由图5.3可知，金龙48井漏失量为161.5m³，金龙55井漏失量为57m³，通过计算可得单井漏失量降低了64.7%。

5.1.2 车排28井

5.1.2.1 第一次复杂情况

(1)复杂情况过程与原因分析。

2020年6月4日9：30钻进至2135m，气测异常，气测值38×10⁴mg/L、地层压力1.25~1.30MPa、钻井液密度1.30g/m³、漏斗黏度47s。14：20经汇报后地质循环，逐步提密度观察气测值，密度提到1.40g/m³时，发生渗漏，小排量循环观察，共计漏失6m³，漏速20m³/h，停泵观察井口液面不降。

原因分析：该地层为佳木河组，岩性为绿灰色、灰褐色砂砾岩，地层承压能力低，易发生漏失。

(2)堵漏配方及方法。

推荐配方见表5.3。

表 5.3　西北缘二叠系佳木河组地层推荐堵漏配方表

地层	漏速 （m³/h）	粒度规格（μm）			裂缝宽度 （mm）	推荐配方
		D10	D50	D90		
二叠系 P	10～30	25～905	105～1935	585～2805	1～3	3%1～3mm 核桃壳+3%随钻堵漏剂+2%综合堵漏剂+2%蛭石； 3.3%1～3mm 核桃壳+3.3%综合堵漏剂+3.3%蛭石； 1.75%综合堵漏剂+2.63%0.5～1mm 核桃壳+2.62%1～3mm 核桃壳； 3.75%1～3mm 核桃壳+2.5%1mm 蛭石+0.75%综合堵漏剂； 1.85%综合堵漏剂+3.69%1～3mm 核桃壳+2.46%蛭石

堵漏配方：1.75%综合堵漏剂+2.63%0.5～1mm 核桃壳+2.62%1～3mm 核桃壳。

粒度曲线如图 5.4 所示。

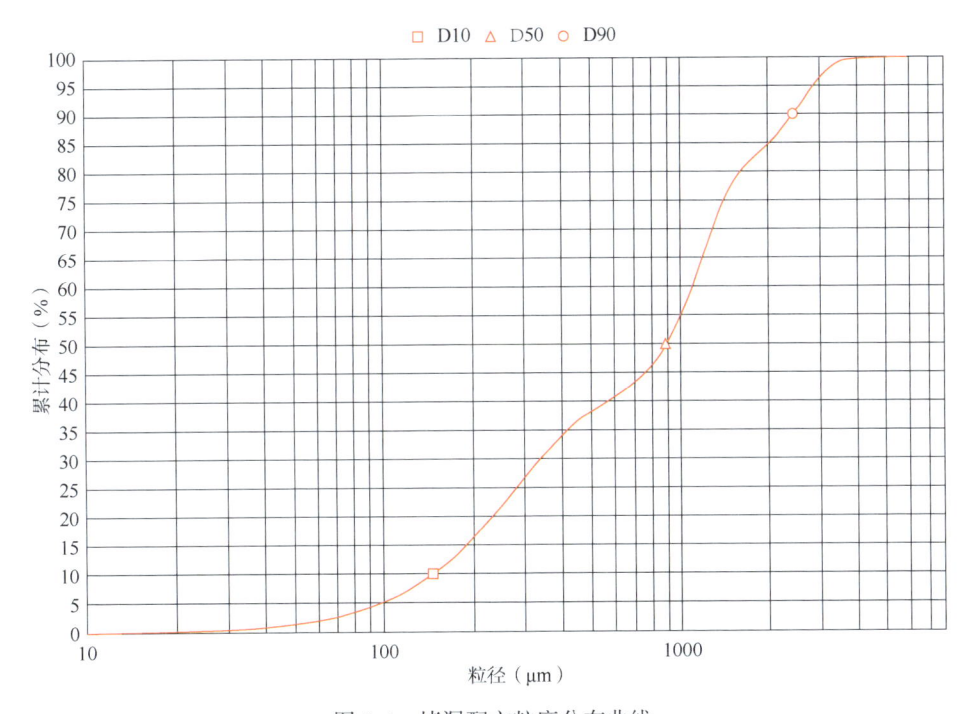

图 5.4　堵漏配方粒度分布曲线

特征粒度值：D10＝145μm，D50＝885μm，D90＝2415μm。

堵漏过程：2020 年 6 月 4 日 9:50 短提（2135～1950m）下钻，同时配制浓度 7%堵漏浆 30m³，提下钻过程中灌浆漏失 5m³；16:30 下钻至井深 2135m 以 17L/s 排量泵入堵漏浆 25m³，替浆 12m³，泵入堵漏浆过程中返出量偏小，漏失 5m³，替浆过程中返浆正常；16:30 开始提钻，22:50 短程提下钻，提至 1650m 洗井，排量 42L/s，循环正常；23:50 开始下钻，2020 年 6 月 5 日 1:00 下至井底 2135m，以 18L/s 小排量循环，液面不降，循环正常；逐渐提至排量48L/s，3：30循环正常，解除复杂。本次复杂漏失钻井液16m³损失时间18h。

5.1.2.2 第二次复杂情况

（1）复杂情况过程与原因分析。

2020年6月21日12：30钻至井深3839m，转速80r/min，钻压50MPa排量28L/s，泵压19MPa，钻井液密度1.39g/cm³，漏斗黏度52s，发生井漏，出口不返钻井液，漏失2m³，漏速27.4m³/h。

原因分析：钻遇佳木河裂缝。

（2）堵漏配方及方法。

推荐配方见表5.4。

表5.4 西北缘二叠系佳木河组地层推荐堵漏配方表

地层	漏速（m³/h）	粒度规格（μm）			裂缝宽度（mm）	推荐配方
		D10	D50	D90		
二叠系P	10~30	25~905	105~1935	585~2805	1~3	3%1~3mm核桃壳+3%随钻堵漏剂+2%综合堵漏剂+2%蛭石； 3.3%1~3mm核桃壳+3.3%综合堵漏剂+3.3%蛭石； 1.75%综合堵漏剂+2.63%0.5~1mm核桃壳+2.62%1~3mm核桃壳； 3.75%1~3mm核桃壳+2.5%1mm蛭石+0.75%综合堵漏剂； 1.85%综合堵漏剂+3.69%1~3mm核桃壳+2.46%蛭石

堵漏配方：3.75%1~3mm核桃壳+2.5%1mm蛭石+0.75%综合堵漏剂。

粒度曲线如图5.5所示。

特征粒度值：D10=445μm，D50=1025μm，D90=1985μm。

堵漏过程：2020年6月21日12：40开始提钻15柱，并配制浓度7%堵漏浆40m³；提钻时，灌浆漏失4.5m³；14：40下钻到底，返浆正常，打堵漏钻井液40m³，堵漏剂含量7%，排量0.6m³/min，打堵漏钻井液出口返浆正常；堵漏剂钻井液出钻以1m³/min排量提出钻井液25m³，16：10开始提钻静止堵漏，提钻15柱，18：20开始下钻，返浆正常；19：10下钻到循环，逐渐升至正常钻进排量28L/s，循环正常；20：30带堵漏剂钻进，恢复正常，复杂结束。本次漏失共钻井液6.5m³，共损失时间8h。

5.1.2.3 第三次复杂情况

（1）复杂情况过程与原因分析。

2020年6月25日8：00井深4027m工况；准备取心，接完单根，开泵发生井漏，漏速30m³/h，漏失2m³，井口不返，提钻灌浆不返，离井口一根单根能看到液面。

原因分析：佳木河裂缝漏失。

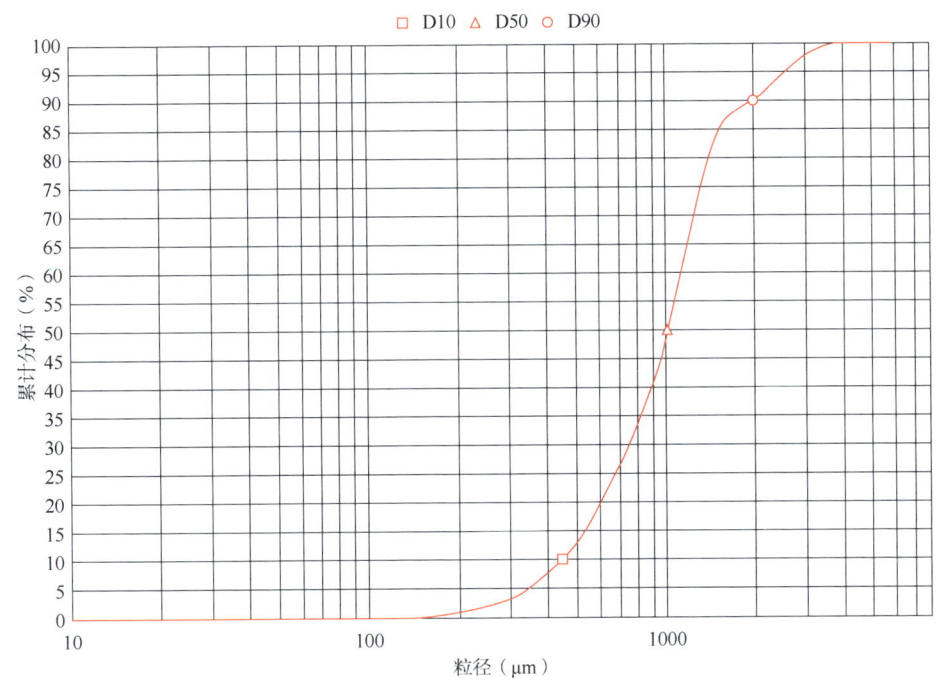

图 5.5 堵漏配方粒度分布曲线

(2) 堵漏配方及方法。

推荐配方见表 5.5。

表 5.5 西北缘二叠系佳木河组地层推荐堵漏配方表

地层	漏速 (m³/h)	粒度规格(μm)			裂缝宽度 (mm)	推荐配方
		D10	D50	D90		
二叠系 P	10~30	25~905	105~1935	585~2805	1~3	3%1~3mm 核桃壳+3%随钻堵漏剂+2%综合堵漏剂+2%蛭石; 3.3%1~3mm 核桃壳+3.3%综合堵漏剂+3.3%蛭石; 1.75%综合堵漏剂+2.63%0.5~1mm 核桃壳+2.62%1~3mm 核桃壳; 3.75%1~3mm 核桃壳+2.5%1mm 蛭石+0.75%综合堵漏剂; 1.85%综合堵漏剂+3.69%1~3mm 核桃壳+2.46%蛭石

堵漏配方:1.85%综合堵漏剂+3.69%1~3mm 核桃壳+2.46%蛭石。

粒度曲线如图 5.6 所示。

特征粒度值:D10=735μm,D50=1265μm,D90=2615μm。

堵漏过程:2020 年 6 月 25 日 10:30 提钻至 3450m(提钻按正常灌浆量 1.5 倍,出口不返,井口液面 10m 左右能看见,提钻灌浆漏失 12m³)活动钻具过程间断灌浆 5m³,

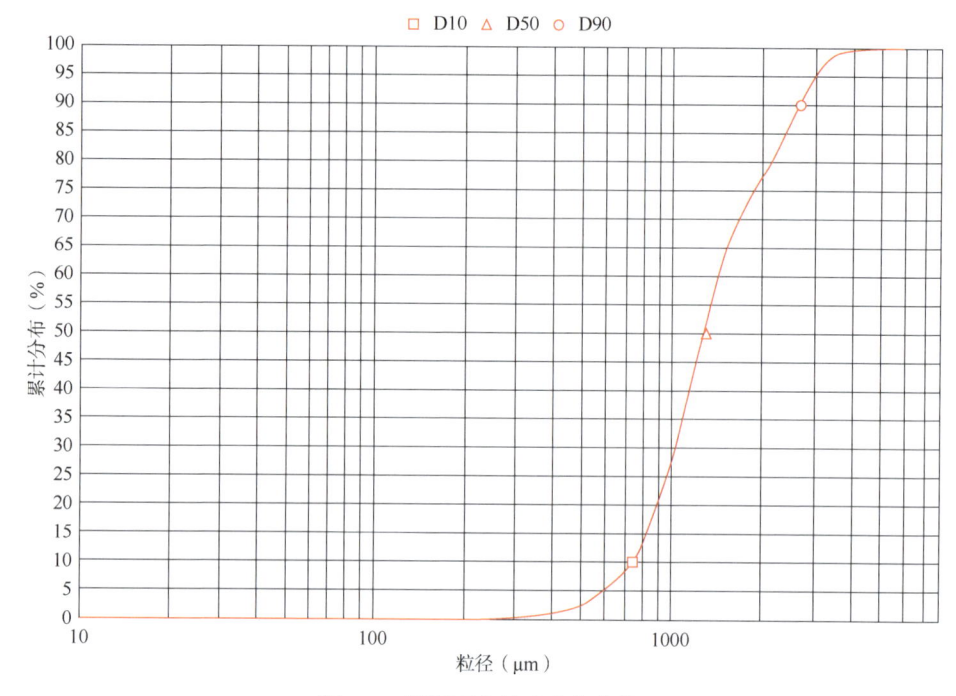

图 5.6 堵漏配方粒度分布曲线

采用堵漏配方(1.85%综合堵漏剂+3.69%1~3mm核桃壳+2.46%蛭石)配制堵漏钻井液密度 1.37g/cm³,加量 8%堵漏剂 40m³,12:30 下钻到底,井深 4027m³(下钻过程中出口不返钻井液),打堵漏钻井液,排量 0.6m³/min,泵入 4m³ 后有返出钻井液,共打入堵漏钻井液 38m³,返出漏失钻井液 6.5m³ 后罐液面正常;堵漏钻井液出钻头,逐渐提至排量 1m³/min,钻进排量循环至 16:00 恢复取心钻井,复杂解除。本次漏失钻井液 25.5m³,共损失时间 8h。

5.1.2.4 车排 28 井与邻井同层位漏失量对比结果

通过车排 28 井与邻井车排 5 井进行同层位漏失量比较,以此来判断现场应用效果,结果如图 5.7 所示。

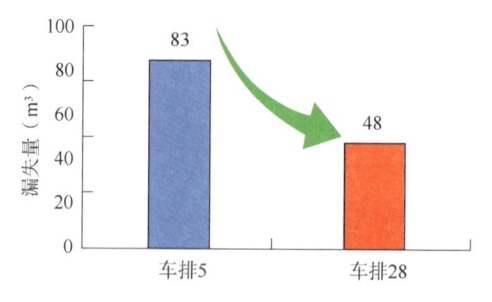

图 5.7 车排 28 井与邻井车排 5 井同层位漏失量对比图

由图 5.7 可知,车排 5 井漏失量为 83m³,车排 28 井漏失量为 48m³,通过计算可得单井漏失量降低了42.2%。

5.1.3 车431井

5.1.3.1 基本情况

井号：车431。设计井深：2752m。实际完钻井深：1950m。井型：直井。井别：评价井。一开时间：2020年4月28日。二开完钻时间：2020年6月26日。完井时间：2020年6月29日。设计井身结构见表5.6。二开钻具结构：ϕ215.9mmPDC钻头+ϕ172mm螺杆+ϕ214mm扶正器+ϕ159mm钻铤+ϕ127mm钻杆，处理复杂时甩掉螺杆和扶正器。

表5.6 车431井设计井身结构

地层	底界深度(m)	厚度(m)	井身结构示意图
吐谷鲁群 K_1tg	1492	1492	ϕ381mm钻头×500m ϕ273.1mm表套×500m 水泥浆返至地面
齐古组 J_3q			
头屯河组 J_2t			
西山窑组 J_2x			
三工河组 J_1s			
八道湾组 J_1b	1620	128	ϕ215.9mm钻头×2752m ϕ139.7mm油套×2752m 固井水泥返至1520m
火山机构顶	1752	132	
石炭系	2752(未穿)	1000	

原井眼情况：5月8日(钻井液密度1.18g/cm³)钻至井深1985m井漏失返，3次桥接堵漏浆堵漏，两次注水泥浆堵漏，第3次桥接堵漏成功后钻进至井深1991m。在处理井漏复杂过程中，井段1644~1786m阻卡严重，提高密度至1.20g/cm³，划眼时多处憋泵，返出钻屑有大量掉块，5月21日注水泥，封固井段1445~1645m。本次漏失钻井液255.20m³。

第一次侧钻井眼情况：5月23日下钻至1445m开始侧钻，井段1498~1705m采用项目新研发堵漏材料进行随钻防漏试验，效果良好；6月7日(钻井液密度1.30g/cm³)钻至井深1964m井漏失返，立即提钻，提钻至1650mm卡钻，测卡点深度687m，根据车排子地区已有表层套管以下砂层垮塌先例，分析认为井漏导致套管鞋下部砂层垮塌，从687m处爆炸松扣，6月9日在685m注水泥封固。本次漏失钻井液75.50m³。

第二次侧钻井眼情况：6月11日从井深547m钻灰塞侧钻，侧钻井段1930~1950m采

·177·

用项目新研发堵漏材料钻进无漏失，接甲方通知提前完钻，使用项目新研发堵漏材料作完井承压材料达到要求，完井作业全过程无漏失。

5.1.3.2 第一次侧钻井眼随钻防漏实施情况

（1）提前制定防漏方案。

由于原井眼在石炭系顶部风化壳垮塌严重，现场决定第一次侧钻井眼使用密度 1.30g/cm³、漏斗黏度 80~100s 钻井液钻进。

针对原井眼井深 1985m 井漏情况，制定了防漏方案。侧钻至井深 1850m 前，钻井液加强防塌封堵；侧钻至井深 1950m 前，钻井液加入随钻堵漏剂；建议侧钻至井深 1950m 循环洗井一周，然后带 3%~5% 堵漏剂钻进，观察漏失情况；如果发生严重漏失，建议提钻换光钻杆钻具，采用项目新研发堵漏材料堵漏。

（2）随钻防漏实施情况。

侧钻至井深 1498~1587m 时，井浆加入项目新研发的随钻堵漏 PreSeal 和较细的刚性颗粒材料 Carb 系列，配方为：井浆+1.33%PreSeal+0.67%Carb150+0.67%Carb250。侧钻至井深 1676~1705m 时，井浆加入项目新研发的随钻堵漏 PreSeal、堵漏主剂 BlockSeal 和较粗的刚性颗粒材料 Carb 系列，配方为：井浆+0.67%PreSeal+0.67%BlockSeal+0.67%Carb150+0.67%Carb250。主要考察项目新研发堵漏材料对钻井液性能影响，对比加入前后钻井液消耗量的变化情况。

现场商定项目新研发材料主要用于下一步堵漏，因此井深 1850~1913m 时，井浆加入现有堵漏体系材料[2%KZ-5+1%核桃壳（细）]防漏；井深 1950m 井浆加入 2%综合堵漏剂+2%核桃壳（中粗，1~3mm），停开振动筛。

（3）试验结果。

在上述井段分别加入随钻防漏堵漏材料，观察和检测钻井液性能，记录钻井液消耗量。结果显示：项目新研发堵漏材料对钻井液流变性能影响小、增黏幅度小、不增加滤失量、不糊筛；PreSeal、Carb150、Carb250 能够通过 100 目筛；对比加入前后钻井液消耗量，项目新研发随钻材料钻井液消耗量降低 11.8% 以上，最高降低 15.2%，优于现有 KZ-5+核桃壳（细）组合。

此外，由于本井为评价井，地质录井对入井材料进行了荧光、气测值监测。监测显示：全部材料对录井气测值无影响；PreSeal、BlockSeal 由于含弹性石墨材料，用四氯化碳溶剂滴定有荧光显示，加入钻井液中与岩屑荧光可以区别。

堵漏材料对钻井液性能影响见表 5.7，钻井液消耗量对比见表 5.8。

表 5.7 堵漏材料对钻井液性能影响

井深 (m)	材料名称 及加量(%)	密度 (g/cm³)	漏斗黏度 (s)	AV (mPa·s)	PV (mPa·s)	YP (Pa)	Gel (Pa/Pa)	滤失量 (mL)	pH值
1450~1498	井浆	1.22	52	30	24	6	1/3	5	10
1498~1587	井浆+1.33%PreSeal+ 0.67%Carb150+ 0.67%Carb250	1.22	50	28	22	6	1/4	4.5	10
1650~1676	井浆	1.28	58	33	26	7	1/3	3.5	9

续表

井深 (m)	材料名称 及加量(%)	密度 (g/cm³)	漏斗黏度 (s)	AV (mPa·s)	PV (mPa·s)	YP (Pa)	Gel (Pa/Pa)	滤失量 (mL)	pH值
1676~1705	井浆+0.67%PreSeal+ 0.67%BlockSeal+ 0.67%Carb150+ 0.67%Carb250	1.28	62	34	27	7	1/5	3.2	9
1786~1850	井浆	1.30	106	60	48	12	2/16	3.5	10
1850~1913	井浆+2%KZ-5 +1%核桃壳(细)	1.30	110	65	46	19	2/16	3.5	9

表 5.8 钻井液消耗量对比

井段 (m)	材料名称及加量(%)	地层	进尺 (m)	钻头直径 (mm)	钻井液消 耗量(m³)	每米钻井液 消耗量(m³)	消耗量 增减(%)
1450~1498	井浆	侏罗系	48	215.9	10.5	0.17	
1498~1587	井浆+1.33%PreSeal+0.67% Carb150+0.67%Carb250	侏罗系	89	215.9	18.2	0.15	-11.8
1650~1676	井浆	石炭系	26	215.9	9.8	0.33	
1676~1705	井浆+0.67%PreSeal+0.67% BlockSeal+0.67%Carb150 +0.67% Carb250	石炭系	29	215.9	9.6	0.28	-15.2
1786~1850	井浆	石炭系	64	215.9	16.4	0.21	
1850~1913	井浆+2% KZ-5+1%核桃壳(细)	石炭系	63	215.9	15.8	0.20	-4.76

5.1.3.3 现有堵漏体系优化配方堵漏情况

原井眼钻至井深 1985m 井漏失返后,三次用桥接堵漏浆堵漏,两次注水泥堵漏。第三次桥接堵漏浆堵漏时,分析前两次桥接堵漏浆情况,对堵漏浆配方进行了优化:综合堵漏剂∶核桃壳(细)∶核桃壳(中粗,1~3mm)由 1∶0.5∶0.5 调整为 1∶1∶1;总浓度由 7%~12%提高到 15%。优化后,第三次桥接堵漏浆配方确定为:井浆+5%综合堵漏剂+5%核桃壳(中粗,粒径 1~3mm)+5%核桃壳(细),堵漏剂总浓度 15%。

2020 年 5 月 18 日按照优化配方配制堵漏浆 40m³,下钻至 1985m,以排量 18L/s(钻进排量 28L/s)泵入全部堵漏浆,泵送堵漏浆过程中返出 12 m³,然后提钻至 1600m 静止堵漏 6h,再下钻划眼至 1985m 正常排量循环 30min 不漏,钻进 2m 至 1987m 发生漏失,漏速 8.0m³/h;带堵漏剂(钻井液中堵漏剂浓度约 4%)钻至井深 1991m 井漏失返,立即提钻,钻进期间漏失钻井液 32m³。

本次堵漏结果表明,现有桥接堵漏体系优化配方堵漏是成功的,钻遇新地层发生漏失。

5.1.3.4　第二次侧钻井眼项目新研发堵漏体系堵漏情况

(1) 提前制定堵漏方案。

原井眼以密度 1.18g/cm³ 钻井液钻至井深 1985m 井漏失返，第一次侧钻井眼以密度 1.30g/cm³ 钻井液钻至井深 1964m 井漏失返，判断第二次侧钻井眼 1950m 以后大概率要堵漏。

现场决定第二次侧钻井眼，钻井液密度 1.30g/cm³，钻过垮塌段后，逐渐降低钻井液密度，井深 1900m 降低到 1.24g/cm³。

6月22日开发公司第一项目经理部组织召开车431井复杂情况分析及下一步措施讨论会，确定了下一步方案：钻至井深 1900m，带浓度为14%左右堵漏剂钻进；如果发生严重漏失，立即提钻，准备水泥浆堵漏或提前完钻。

按照会议决定，现场决定采用项目新研发堵漏材料钻进，确定了加堵漏材料原则：按循环周均匀加入，先加细颗粒后加粗颗粒，最后加诱导剂；对于细颗粒系列、粗颗粒系列、诱导剂系列各系列，内部可以组合混配加入；诱导剂系列 1950m 加完。

(2) 堵漏实施情况。

侧钻至井深 1930m，提钻换最简钻具结构（牙轮钻头+钻杆），调整钻井液密度至 1.24g/cm³，漏斗黏度 60s 左右；钻井液总量 150m³，井浆依次加入 1.33% PreSeal、1.33%Carb750、1.33% Carb1400、4% BlockSeal，加完后钻井液中堵漏剂浓度8%，带堵漏剂钻进至 1950m。

请示甲方同意提前完钻，为保证后续通井、电测、下套管、固井等作业不漏失，决定带堵漏剂进行完井承压。固井水泥返高至井深 1520m，采用低密度微珠水泥，水泥浆密度 1.50g/cm³，按照固井公司要求 36L/s 大排量（钻进排量 28L/s）循环两周不漏，承压合格，筛除堵漏剂，进行后续完井作业。

(3) 堵漏效果。

① 1930~1950m 带8%堵漏剂钻进无漏失，短提下钻无漏失；

② 完井承压，按照固井公司要求大排量循环两周无漏失，承压合格；

③ 完井作业，牙轮钻头带单扶正器两趟通井无漏失，下套管、固井无漏失，确保了完井作业安全顺利。

5.1.3.5　分析与总结

(1) 分析。

① 车431井属于红车断裂带上盘车455—车486井区，区内发育两组区域断裂，形成一系列断块；地层序列自上而下为白垩系、侏罗系、石炭系；石炭系顶部"火山机构"变质岩松软，易垮塌，垮塌井段 1644~1786m，漏失井段 1964~1991m，形成"上塌下漏"复杂情况，堵漏风险大，发生严重漏失必须立即提钻。

② 漏失层位石炭系，原井眼钻井液密度 1.18g/cm³ 在井深 1985m 发生失返性漏失，第一次侧钻井眼，钻井液密度 1.30g/cm³ 在井深 1964m 发生失返性漏失，分析漏失原因为石炭系顶部风化壳存在大孔隙或裂缝，孔隙压力低，承压能力弱。

③ 本井侧钻堵漏方案最初考虑采用项目新研发堵漏材料实施程序法堵漏，根据原井眼三次桥接堵漏、两次水泥浆堵漏后钻遇新井眼即发生新的漏失情况，最终现场实际调整为井浆带堵漏材料钻进。提前完钻后，按固井水泥浆密度和返高计算，水泥浆与钻井液柱压力差为1MPa。如果采用关井憋挤方式承压1MPa，套管鞋处当量密度为1.44g/cm³，井底当量密度为1.29g/cm³。根据固井公司要求现场实际实施大排量循环2周不漏，承压合格。

（2）总结。

① 项目新研发堵漏材料，在本井第一次侧钻井段进行了试验。试验结果表明，项目新研发的随钻堵漏剂 PreSeal、堵漏主剂 BlockSeal、刚性颗粒 Carb 系列，对钻井液性能影响很小，不糊筛、不发酵；对比加入前后钻井液消耗量，钻井液消耗量降低11.8%以上，最高降低15.2%，防渗漏效果好。

② 项目新研发堵漏材料，在本井第二次侧钻井段带堵漏剂钻进无漏失；按照固井要求完井承压，大排量循环2周无漏失，承压合格；后续完井电测、通井、下套管、固井无漏失。

③ 本井使用的现有堵漏材料主要为综合堵漏剂、核桃壳(细)、核桃壳(中粗，1~3mm)、KZ-5等，在本井原井眼堵漏中，通过优化堵漏浆配方，原井眼第3次桥接堵漏是成功的。

5.1.4　CHHW4309 井

5.1.4.1　基本情况

井号：CHHW4309。设计井深：3585m。实际完钻井深3595m。井型：水平井。井别：开发井。一开开钻时间：2020年5月21日。二开完钻时间：2020年6月9日。完井时间：2020年6月11日。二开钻具结构：ϕ241mm 钻头+ϕ197mm 螺杆+ϕ241mm 扶正器+ϕ178mm 钻铤+ϕ159mm 钻铤+ϕ127mm 加重钻杆+ϕ127mm 钻杆钻进至井深1802m；ϕ215.9mm 钻头+ϕ172mm 螺杆+ϕ214mm 扶正器+ϕ127mm 加重钻杆+ϕ127mm 钻杆钻至完钻井深。设计井身结构见表5.9。

5.1.4.2　防漏措施实施情况

（1）提前制定防漏方案。

① 保持钻井液低密度和优良性能。钻井液密度保持低限，用好固控设备，防止机械钻速快、地层造浆、密度上升压漏地层；进入八道湾砾石层前加强封堵，预防井塌井漏；保持钻井液良好抑制性，性能均匀稳定，保持低的流动阻力，降低环空循环压耗。

② 强化工程操作。直井段机械钻速快，环空岩屑浓度高，控制钻速，保证排量；不在八道湾砾石层短提下长时间循环或开泵；控制起下钻速度，分段循环，缓慢开泵，避免激动压力憋漏地层；打完单根坚持划眼，起钻前充分循环洗井。

③ 加入随钻防漏剂。进入八道湾组前加强封堵，石炭系防漏加入随钻防漏剂。

表 5.9　CHHW4309 井设计井身结构

地层名称	底界深度(m) CHHW4309	底界深度(m) CHHW4310	井身结构示意图
吐谷鲁群	1230	1228	φ381.0mm钻头×500m φ273.1mm表套×500m 表套水泥浆返至地面
齐古组	1254	1252	
西山窑组	1328	1326	
三工河组	1410	1408	φ241.3mm钻头×1860/1500m φ193.7mm钻头×3585.23/3226.64m φ139.7mm油套×3585.23/3226.64m 油套水泥浆返至1267/1255m
八道湾组	1467	1455	
石炭系 (终靶点B)	2121.51	1756.42	

(2) 防漏实施情况。

本井根据以往八道湾组底砾岩易垮塌并可能引起井漏的情况,进入八道湾组前钻井液塑性黏度从 45s 提高到 60s,提高了携岩能力;平稳控制钻压,匀速钻进,缓慢开泵,避免大排量定点循环;进入八道湾组前短提保持上部井段畅通,打完八道湾组进入石炭系提钻换 φ215.9mm 钻头,避免中途在八道湾组短提。

二开直井段机械钻速快,加强钻井液抑制性和固控,钻井液密度控制在 1.23g/cm³ 以内;进入造斜段和水平段,石炭系地层调整好钻井液性能,加强封堵防漏,钻井液密度始终控制在 1.25g/cm³ 以内。

从井深 1852m 开始分三次在井浆中加入项目新研发随钻堵漏材料,考察堵漏材料对钻井液性能的影响,记录加入前后钻井液消耗量的变化。

(3) 随钻防漏效果。

本井以防漏为主,二开井段未发生漏失,全井零复杂时率,安全顺利完井。

井浆中分三次分别加入总量 2%、1.8%、1.5% 项目新研发的堵漏材料,检测钻井液性能,计算钻井液消耗量。结果显示,项目新研发堵漏材料对钻井液性能影响小,增黏小、不增加滤失量、不糊筛、不发酵；PreSeal、Carb150、Carb250、Carb750能够通过100目筛；随钻防漏剂PreSeal+细的刚性颗粒Carb系列，使钻井液消耗量降低9.1%以上，最高降低11.1%，封堵和防渗漏效果好。

项目新研发堵漏材料对钻井液性能影响见表5.10，钻井液消耗量对比见表5.11。

表5.10 堵漏材料对钻井液性能影响

井深(m)	材料名称及加量(%)	密度(g/cm³)	漏斗黏度(s)	AV(mPa·s)	PV(mPa·s)	YP(Pa)	Gel(Pa/Pa)	FL(mL)	pH值
1802~1852	井浆	1.23	50	27.5	19	8.5	4/12	6.5	9
1852~1923	井浆+0.67%PreSeal+0.67%Carb150+0.67%Carb750	1.24	50	28	19	9	4/13	6.0	9
2114~2188	井浆	1.24	45	20	17	3	1/2	5	9
2188~2270	井浆+0.6%PreSeal+0.6%Carb150+0.6%Carb250	1.24	50	22	17	5	1/3	4.5	9
2579~2776	井浆	1.25	53	27	22	5	1/3	4.5	9
2776~2923	井浆+0.5%BlockSeal+0.5%Carb250+0.5%Carb750	1.25	53	27	22	5	1/3	4.5	9

表5.11 钻井液消耗量对比

井段(m)	材料名称及加量(%)	地层	进尺(m)	钻头(mm)	钻井液消耗量(m³)	每米钻井液消耗量(m³)	消耗量增减(%)
1802~1852	井浆	石炭系	50	215.9	15.8	0.27	/
1852~1923	井浆+0.67%PreSeal+0.67%Carb150+0.67%Carb250	石炭系	71	215.9	20.5	0.24	-11.1
2114~2188	井浆	石炭系	74	215.9	19.7	0.22	
2188~2270	井浆+0.6%PreSeal+0.6%Carb150+0.6%Carb750	石炭系	82	215.9	20.9	0.20	-9.1
2579~2776	井浆	石炭系	197	215.9	44.6	0.18	
2776~2923	井浆+0.5%BlockSeal+0.5%Carb250+0.5%Carb750	石炭系	147	215.9	30.3	0.16	-11.1

5.1.4.3 分析与总结

（1）分析。

CHHW4309井属于车排子油田车43井区车43井断块，地层层序从上至下为白垩系、侏罗系和石炭系，之间缺失三叠系和二叠系，侏罗系八道湾组含底砾岩，石炭系地层稳定；全井以防漏为主，二开石炭系地层钻井液使用密度最高为1.25g/cm³。

（2）总结。

本井以防漏为主，石炭系地层稳定，侏罗系八道湾组底砾岩注意防塌；钻井液控制为低密度，保持优良性能，加强封堵防塌，落实工程操作等技术措施，全井无漏失、无垮塌、无复杂事故，钻井完井安全顺利，实践证明防漏技术措施是成功的。

本井分三次在三个井段试验了项目新研发堵漏材料，现场试验表明堵漏材料对钻井液性能影响小；随钻堵漏剂 PreSeal+细的刚性颗粒 Carb 系列，使钻井液消耗量降低 9.1% 以上，封堵和防渗漏效果好。

5.1.5 CHHW4308 井

5.1.5.1 基本情况

井号：CHHW4308。设计井深：2850m。实际完钻井深：2419m。井型：水平井。井别：开发井。一开开钻时间：2020 年 4 月 1 日。二开开钻时间：2020 年 4 月 5 日。三开开钻时间：2020 年 5 月 23 日。完钻时间：2020 年 6 月 12 日。完井时间：2020 年 6 月 18 日。原设计井身结构为二开层次，4 月 18 日（钻井液密度 1.22g/cm³）钻进至井深 2268m 卡钻，爆炸松扣，4 月 24 日注灰，5 月 12 日侧钻至 A 点井深 2160m，5 月 18 日下入技术套管，变更后井身结构见表 5.12。

表 5.12 CHHW4308 井设计井身结构

地层名称	底界深度(m)	井身结构示意图
吐谷鲁群	1350	ϕ381mm 钻头×500m ϕ273.1mm 表套×500m （已下）表套水泥浆返至地面
齐古组	1418	
西山窑组	1582	
三工河组	1640	ϕ241.3mm 钻头×(1700~2178.83)m ϕ193.7mm 油套×2178.83m 技套水泥浆返至1050m
八道湾组	1693	
克拉玛依组	1858	ϕ165.1mm 钻头×2870.14m ϕ127mm 油套×2870.14m
上乌尔禾组	1947	
石炭系(入靶点 A)	2016.37	
石炭系(终靶点 B)	2201.37	

三开 6 月 6 日（钻井液密度 1.80g/cm³）钻进至井深 2418m 发生失返性漏失，采用现有桥接堵漏浆堵漏 2 次；采用项目新研发堵漏材料堵漏承压 1 次，承压达到 3MPa；由于三开井段 2249~2270m 垮塌形成"大肚子"，继续施工风险大，井底显示差，甲方通知提前完

钻；三开钻具结构：φ165mm 钻头+φ135mm 螺杆+MWD+φ101mm 加重钻杆+φ101mm 斜坡钻杆，处理复杂时甩掉螺杆和 MWD；本次漏失总量 118m³。

5.1.5.2 现有堵漏体系优化配方堵漏情况

6月6日三开钻进至井深 2418m 发生失返性漏失，密度 1.80g/cm³，漏斗黏度 120s，排量 16L/s，地层石炭系，提钻甩定向仪器下牙轮钻头常规钻具堵漏。配 10%堵漏钻井液 25m³，配井浆+6%综合堵漏剂+2%核桃壳（中粗，1~3mm）+2%随钻堵漏剂 801，泵入堵漏钻井液提钻至套管内静止堵漏，6月8日下钻分段循环，下钻至 2418m 正常排量循环 30min 井漏失返。

根据第一次桥接堵漏浆堵漏情况，第二次桥接堵漏对堵漏浆配方进行优化，堵漏剂总浓度提高到 15%，增加核桃壳（细），核桃壳（细）与综合堵漏剂比例提高到 1∶1，优化后配方为：井浆+6%综合堵漏剂+4%核桃壳（中粗）+3%核桃壳（细）+2%随钻堵漏剂 801。堵漏浆配制量 25m³，6月9日钻具下至 2148m，以排量 8L/s 泵入堵漏浆，井口返出正常，堵漏浆出钻具后排量提高至钻进排量 15L/s，泵入 20m³ 堵漏浆后再替浆 6m³，然后提钻至套管内静止堵漏，泵堵漏浆和替浆期间漏失量 9m³；6月10日下钻分段循环不漏，下钻至井深 2418m 正常排量循环 30min 不漏，钻进至井深 2419m 井口钻井液量返出减少，立即起钻到套管内。

分析两次桥接堵漏情况，复漏原因是钻井液密度加上环空循环压耗，作用于井底的当量密度达到 2.0g/cm³，超过地层破裂当量密度，地层破裂导致漏失。

第二次桥接堵漏在第一次桥接堵漏配方基础上进行优化，钻进 1m 后复漏，证实堵漏是有效的、成功的。

5.1.5.3 项目新研发堵漏体系堵漏承压情况

（1）提前制定堵漏方案。

堵漏方案确定钻具结构为牙轮钻头+光钻杆，配制三级堵漏浆程序法堵漏。堵漏浆配制总量 25m³，其中一级堵漏浆配制量 25m³、二级堵漏浆配制量 18m³、三级堵漏浆配制量 11m³；泵入堵漏浆总量 20m³，其中一级堵漏浆泵入量 7m³、二级堵漏浆泵入量 7m³、三级堵漏浆泵入量 6m³。

堵漏浆配方：16%BlockSeal+4%Carb1400+4%BlockGuard-1000（一级堵漏浆）。二级堵漏浆：一级堵漏浆+3%BlockGuard-2000。三级堵漏浆：二级堵漏浆+3%BlockGuard-3000。

套管鞋处垂深与水平段垂深相差仅 40m，决定采用关井憋挤方式挤注堵漏浆。分析地层破裂当量密度约 2.0g/cm³，综合考虑确定关井憋挤目标稳压值 3MPa，控制最高憋压值不得 3MPa，折算水平段当量密度 1.95g/cm³。

（2）堵漏承压实施情况。

按堵漏方案配制 25m³ 堵漏浆，6月12日分段循环下钻至井深 2419m，排量 8L/s（钻进排量的二分之一）循环不漏，以此排量连续泵入堵漏浆 17.68m³，停泵，钻具上提 10 柱（进入套管内）；继续泵堵漏浆 2.32m³+井浆 2.25m³，停泵，钻具上提 10 柱；继续泵井浆 3.92m³，停泵，钻具上提 9 柱；泵堵漏浆和替浆过程井口返出正常；漏层以上自下而上依次由一级、二级、三级堵漏浆覆盖。

关井憋挤，钻井泵单阀点启动，控制立压最高上升到 3MPa，间隔 15min 后再次憋挤，每次控制立压最高上升到 3MPa；共经过 7 次憋挤，挤入井浆 3.1m^3，套压升至 3MPa，稳压 30min 不降；然后每 15min 泄压 1 MPa，缓慢开井，返出井浆 1.6m^3。

（3）堵漏承压效果。

堵漏后承压能力达到 3MPa，稳压 30min 不降，相当于水平段承压当量密度达到 1.95 g/cm^3；开井下钻分段循环至井底不漏，提高排量（17.5L/s）循环不漏；接甲方通知提前完钻后，调整钻井液密度至 1.75 g/cm^3、漏斗黏度至 80s，循环筛除堵漏剂；然后牙轮钻头带单扶正器通井到底不漏、钻具传输电测不漏、牙轮钻头带双扶正器通井到底不漏、下套管不漏；5 月 18 日固井无漏失，顺利完井。验证本次堵漏承压成功。

5.1.5.4 分析与总结

（1）分析。

①"上塌下漏"，塌漏交织，堵漏风险大。CHHW4308 井属于车排子油田车 43 井区车排 18 井断块，石炭系顶部钻遇风化壳，井段 2249~2270m 垮塌形成"大肚子"；井底漏失，堵漏钻具需要带钻头下钻预备划眼，发生严重漏失时必须立即提钻。

②分析漏失原因为地层破裂漏失。本井为应对石炭系顶部风化壳垮塌，钻井液密度提高到 1.80g/cm^3，漏斗黏度 120s，钻进排量 15L/s 时，加上环空循环压耗，计算作用于井底的当量密度值达到 2.0g/cm^3，超过车排子地区石炭系最小破裂压力系数（参考车 919 井"三压力"资料，石炭系地层最小破裂压力梯度为 1.96g/cm^3），当量循环密度计算见表 5.13；漏失表现为初始漏失量很大（失返），停泵后漏失量降低，起钻静止一段时间后地层闭合，甚至不漏，大排量循环或钻揭新地层后又井漏失返。

表 5.13 当量循环密度计算

井深 (m)	密度 (g/cm^3)	漏斗黏度 (s)	流变参数 Φ_{600}	Φ_{300}	Φ_{200}	Φ_{100}	Φ_6	Φ_3	排量 (L/s)	当量密度(g/cm^3)
2395	1.79	150	216	135	102	64	15	14	15	2.065
2418	1.79	120	190	120	90	56	10	8	15	2.019
2418	1.75		170	102	75	43	9	7	15	1.948
2418	1.75		161	90	70	40	9	7	15	1.926
2418	1.75		136	80	59	35	8	6	15	1.906
2418	1.75		119	68	50	30	7	6	15	1.888
2418	1.75		110	65	50	32	7	6	15	1.879
2418	1.75		98	57	43	27	7	6	15	1.867
2418	1.75		85	50	38	25	6	5	15	1.849

③确保完井作业安全。分析井漏原因为地层破裂，所以第三次采用项目新研发堵漏体系堵漏时，为避免压破地层，确定目标稳压值为 3MPa；油层套管水泥返至造斜点位置

以上 200m，井深约 1500m，水平段垂深约 2050m，垂深差 550m，水泥浆密度 1.75g/cm³，水泥浆与钻井液密度差值为零，地层承压 3MPa，保证了完井作业安全无漏失。

（2）总结。

① 采用项目新研发堵漏材料，实施程序法堵漏，承压 3MPa，确保了完井作业安全无漏失。配制三级堵漏浆，堵漏剂总浓度最高达到 30%，堵漏浆仍然具有流动性和可泵性；三级堵漏浆连续泵送，按设计堵漏浆泵入量和替浆量泵送，各级堵漏浆顶替到位后分别上提钻具，三级堵漏浆顶替到位后关井憋挤，施工连续紧凑，保证了实施效果。

② 本井使用现有堵漏材料主要为综合堵漏剂、核桃壳（细）、核桃壳（中粗，1~3mm）、随钻堵漏剂 801 等；分析三开第一次桥接堵漏情况，第二次桥接堵漏浆对配方进行优化，强化了堵漏效果，提高了堵漏成功率。

5.2　现场试验结论与认识

（1）通过调研盆地 2016—2019 年已完钻探井的井漏资料，分析了盆地西北缘、腹部、准东及南缘探井各漏层的漏失特征。研究认为，盆地探井以天然裂缝型漏层为主，其次为诱导裂缝地层，仅有少量孔隙型漏层。盆地三叠系地层为压力过渡层位，以诱导裂缝致漏为主要致漏机理。

（2）针对盆地探井漏层类型，将盆地井漏机理划分为压裂致漏和压差致漏两大类，并提出了针对性的防漏堵漏技术对策。研究认为，压裂致漏可采用随钻封堵和强化井筒技术应对，压差致漏可采用随钻堵漏、停钻堵漏技术应对。

（3）对盆地勘探井钻井常用的防漏堵漏材料的密度、粒度分布、酸溶性、油溶性、抗高温性能、与钻井液体系配伍性进行了室内评价实验，结果表明：大多数防漏堵漏材料可抗温达 160℃；可均匀地分散在白油中；除刚性堵漏剂、KZ-1、QS-2 等部分材料易溶于 15%盐酸外，其余防漏堵漏材料均微溶甚至不溶；细目果壳类堵漏材料（如 BKT0.5、XZ-5）材料易致钻井液明显增稠，其加量应小于 5%，其余类型堵漏材料对钻井液的流变性虽有一定的影响，但不至于使钻井液性能恶化。

（4）采用已钻探井使用的防漏堵漏配方进行了室内评价实验，结果表明：选用长裂缝块堵漏试验仪，可以模拟堵漏配方对地层裂缝的封门、封喉效应；现场采用的堵漏配方的堵漏效果参差不齐，粒度分布合理的堵漏配方可以在裂缝内部形成稳定致密的堵塞隔层；部分配方缺乏合理的粒度分布（普遍偏大），在裂缝入口外堆积大量堵漏材料，或者缝内堵塞隔层非常疏松，堵漏漏失量大。

（5）利用室内堵漏评价实验，检验了现有桥接堵漏材料粒度设计方法对裂缝性漏层的适用性；提出了一种新的钻井防漏堵漏材料配方粒度组成分布优化设计准则（3 个必要条件：①堵漏材料有效进入裂缝条件；②粒度分布宽度条件；③配方中细颗粒相对含量条件)，并利用实验验证了提出的新的选择准则，新准则的实验室测试符合率大于 90%。

（6）根据盆地探井常用防漏堵漏材料的实测粒度分布数据，建立了各单一防漏堵漏材料粒度分布函数，计算得到了对应的特征粒度参数，为确定复配堵漏材料的粒度分布奠定

（7）针对现有防漏堵漏配方具有经验性、随意性、无法对复配堵漏配方粒度分布准确掌握的技术局限，研究了复配堵漏配方粒度分布曲线合成计算方法，并用实验验证。结果表明，该方法可用于计算堵漏配方粒度分布及其特征粒度值。

（8）根据已钻探井防漏堵漏材料配方数据，利用前述单一防漏堵漏材料粒度分布函数及材料的密度，应用复配防漏堵漏配方分布计算方法，计算了已钻探井防漏堵漏材料配方粒度分布曲线及特征粒度参数，为深度剖析盆地探井防防漏堵漏规律、优化防漏堵漏配方提供了量化参考。

（9）根据已钻探井防漏堵漏材料配方粒度分布曲线、特征粒度及室内评价实验结果，针对盆地西北缘、南缘、腹部及准东的各漏层不同漏速条件，分别推荐了适合于准噶尔盆地勘探井钻井防漏堵漏系列配方。

（10）车排子现场试验3口井分属不同断块，地层序列存在差异，井漏风险不同，总体情况是侏罗系八道湾组底砾岩防塌，石炭系防塌防漏。石炭系地层稳定的井，以防漏为主，钻井液最高密度控制在 1.25g/cm^3 以内；石炭系钻遇风化壳易垮塌的井，采用高密度、高黏切钻井液解决"大肚子"井眼阻卡时，高的液柱压力、高的循环压耗、激动压力容易引发井漏，"上塌下漏"，堵漏难度大，钻井施工风险大。对此复杂情况要一体化综合考虑，比如增加套管层次、膨胀管封隔、钻井液对症防塌强化封堵，以及套管鞋处地破试验、提前堵漏承压等，为后续堵漏和钻井安全创造条件。

（11）研发的新型堵漏体系和堵漏方法，现场试验4井次均获得成功，建议进一步推广应用。采用新型发堵漏材料，在CHHW4309井实施随钻防漏，钻井液消耗量降低9.1%以上，全井未发生漏失；在车431井第一次侧钻井眼实施随钻防漏，钻井液消耗量降低11.8%，最高降低15.2%；在车431井带堵漏剂钻进20m并完井承压，承压能力合格，完井作业全过程无漏失；在CHHW4308井配制三级堵漏浆实施程序法堵漏，承压能力达到3MPa。

（12）分析现有堵漏体系堵漏情况与经验，对现有堵漏材料配方进行优化，现场应用2井次均获得成功，现有堵漏体系可以持续改进和应用。车排子地区现场堵漏材料主要使用综合堵漏剂、核桃壳（细）、核桃壳（中粗，1~3mm）、KZ-4/KZ-5、随钻堵漏剂801等，并且以综合堵漏剂、核桃壳为主，堵漏材料价格便宜；堵漏方法主要采用堵漏浆段塞堵漏和带堵漏剂钻进，施工简单方便。现有堵漏体系配方优化方向，建议降低纤维类综合堵漏剂加量，提高坚果类核桃壳的加量，提高堵漏剂总浓度。

（13）车排子地区总体属于正常压力地层，主要采用二开井身结构，表层套管下深500m左右。白垩系、侏罗系砂泥岩交替，钻速快，预防渗透性漏失；八道湾组底砾岩防塌，石炭系防塌防漏。堵漏时，根据漏失层位、漏层物性、漏失严重程度、钻井工况、钻具结构、井下安全状况确定堵漏方案。堵漏方案要充分考虑地质目标、钻井目标、完井作业要求，以安全高效为原则。堵漏方法可以采用多级堵漏浆程序法堵漏，也可采用传统堵漏浆段塞堵漏；堵漏剂配方可以采用项目新研发体系推荐配方。也可采用现有堵漏体系优化配方；泵入堵漏浆后，主要采用提钻静堵方式，采用关井憋挤方式时，应校核套管鞋处当量密度。

参 考 文 献

[1] 王小军，宋永，郑孟林，等．准噶尔盆地复合含油气系统与复式聚集成藏［J］．中国石油勘探，2021，26（4）：29-43.

[2] 徐同台，刘玉杰，申威，等，钻井工程防漏堵漏技术［M］．北京：石油工业出版社，1997.

[3] 高德利．复杂地质条件下深井超深井钻井技术［M］．北京：石油工业出版社，2004.

[4] Whitfill D L, Jamison D E, Wang M, et al. Preventing lost circulation requires planning ahead［C］. SPE 108647, 2007.

[5] 李家学．裂缝地层提高承压能力钻井液堵漏技术研究［D］．成都：西南石油大学，2011

[6] Majidi R, Miska S, Zhang J. Fingerprint of mud losses into natural and induced fractures［C］. SPE143854, 2011.

[7] Hubbert M. K., Willis D. G. Mechanics of hydraulic fracturing［C］. AIME, 1957.

[8] Matthews W. R., Kelly J. How to predict formation pressure and fracture gradient［J］. Oil and Gas J., 1967, 65(8): 92-106.

[9] Oort E. V., Vargo R. Improving formation-strength tests and their interpretation［C］. SPE 105193.

[10] Ajienka J, Egbon F, Onwuemena U. Deep offshore fracture pressure prediction in the Niger Delta-A new approach［C］. SPE 128339.

[11] Anderson R. A., Ingram D. S., Zanier A. M. Determining fracture pressure gradient from well logs［J］. JPT, 1973: 1259-1268.

[12] Kozlov E, Garagash I, Wang J, et al. Fracture pressure prediction with improved Poisson′s ratio estimation［C］. SPE 17206.

[13] Simmons E L, Rau W E. Predicting deepwater fracture pressures: a proposal［C］. SPE 18025.

[14] Deng S, Fan H, Ji R, et al. Calculation method of three-dimensional fracture pressure in shallow layers of deepwater［C］. SPE 25852.

[15] Rezmer Cooper M., Rambow F. H. K., Arasteh M, et al. Real-time formation integrity tests using downhole data［C］. SPE 59123.

[16] Oort Eric Van, Richard Vargo. Improving formation evaluation strength tests and their interpretation［C］. SPE 105193.

[17] Perkins T. K., J. A. Gonzales. Changes in earth stresses around a wellbore caused by radially symmetrical pressure and temperature gradients［C］. SPE 10080.

[18] Maury V. M., J-M. Sauzay. Borehole instability: case histories rock mechanics approach and results［C］. SPE 16051.

[19] Morita N, Fuh G F. Parametric analysis of wellbore-strengthening methods from basic rock mechanics［J］. Drilling & Completion, 2012, 27(2): 315-327.

[20] Pordel Shahri M P, Oar T T, Safari R, et al. Advanced semianalytical geomechanical model for wellbore-strengthening applications［J］. SPE Journal, 2015, 20(6): 1276-1286.

[21] 蒲晓林．压裂实验法评价裂缝性桥塞堵漏［J］．钻井液与完井液，1998，15（4）：19-22.

[22] Aadnoy, B. S., Belayneh, M., Arriado, M., et al., Design of well barrier to combat circulation losses［C］. SPE105449.

[23] Aadnoy, B. S., Belayneh, M., Elasto-plastic fracturing model for wellbore stability using non-penetrating fluids［J］. Journal of Petroleum Science and Engineering, 2004(45): 179-192.

[24] 黄荣樽. 地层破裂压力预测模式的探讨[J]. 华东石油学院学报，1984，4：335-347.

[25] 葛洪魁，黄荣樽. 理想条件下定向井及水平井地层破裂压力的理论分析[J]. 石油大学学报（自然科学版），1993(2)：20-26.

[26] 阳友奎. 地层水力压裂中的应力强度因子[J]. 四川建材学院学报，1993，8(3).

[27] 边芳霞，林平，王力，等. 油气井压裂时地层新的破裂压力计算模型的建立[J]. 钻采工艺，2004，27(6)：19-24.

[28] 王贵，蒲晓林，文志明，等. 基于断裂力学的诱导裂缝性井漏控制机理分析[J]. 西南石油大学学报（自然科学版），2011(1)：131-134.

[29] 徐文梅. 利用测井资料预测塔河油田地层破裂压力[J]. 石油物探，2003(1)：117-121.

[30] 李敏，练章华，陈世春，等. 岩石力学参数试验与地层破裂压力预测研究[J]. 石油钻采工艺，2009(5)：15-18.

[31] 任岚，赵金洲，胡永全，等. 水力压裂时岩石破裂压力数值计算[J]. 岩石力学与工程学报，2009(S2)：3417-3422.

[32] 严向阳，胡永全，李楠，等. 泥页岩地层破裂压力计算模型研究[J]. 岩性油气藏，2015(2)：109-113.

[33] 鄢捷年. 钻井液工艺学[M]. 东营：石油大学出版社，2001.

[34] 胥永杰. 高陡复杂构造地应力提取方法与井漏机理研究[D]. 成都：西南石油学院，2005.

[35] 石晓兵，熊继有，陈平，等. 高陡复杂构造裂缝漏失堵漏机理研究[J]. 钻采工艺，2007，30(5)：24-26.

[36] Morita N., Black A. D., Guh G-F. Theory of lost circulation pressure[C]. SPE 20409.

[37] Sanfillippo F, Brignoli M. Characterization of conductive fractures while drilling [C]. SPE 38177.

[38] Lavrov A, Tronvoll J. Mud loss into a single fracture during drilling of petroleum wells: Modeling Approach [C]. 6th International Conference on Analysis of Discontinuous Deformation, Trondheim, 2003：189-198.

[39] Lavor A.. Tronvoll J. Modeling mud loss in fractured formations [C]. SPE 88700.

[40] Tempone P, Lavrov A. DEM modeling of mud losses into single fractures and fracture network [C]. The 12th International Conference of International Association for Computer Methods and Advances in Geomechanics, India, 2008：2475-2482.

[41] Federico, V. D. Non-newtonian flow in a variable aperture fracture [J]. Transport in Porous Media, 1998, 30(1)：75-86.

[42] Majidi, R., Miska, S, Z., Yu, M., et al.. Quantitative analysis of mud losses in naturally fractured reservoirs: the effect of rheology [C]. SPE 114130.

[43] Lietard, O., Unwin, T., Guillot, D., et al.. Fracture width LWD and drilling mud/LCM selection guidelines in naturally fractured reservoirs[C]. SPE 36832.

[44] Verga, F. M., Torino, P. D., Carugo, C., et al.. Detection and characterization of fractures in naturally fractured reservoirs[C]. SPE 63266.

[45] 李大奇. 裂缝性地层钻井液漏失动力学研究[D]. 成都：西南石油大学，2012.

[46] 李大奇，康毅力，刘修善，等. 基于漏失机理的碳酸盐岩地层漏失压力模型[J]. 石油学报，2011(5)：900-904.

[47] 李大奇，康毅力，曾义金，等. 碳酸盐岩地层漏失压力模型研究[C]. 渗流力学与工程的创新与实践——第十一届全国渗流力学学术大会，2011.

[48] 李松. 海相碳酸盐岩层系钻井液漏失诊断基础研究[D]. 成都：西南石油大学，2014.

[49] 蒋宏伟，石林，郭庆丰. 地层自然极小漏失压力研究[J]. 钻井液与完井液，2011(5)：9-11.

[50] 石林，蒋宏伟，郭庆丰. 易漏地层的漏失压力分析[J]. 石油钻采工艺，2010(3)：40-44.

[51] 李相臣，康毅力，张浩，等. 致密砂岩与井筒连通2条垂直裂缝宽度变化的计算机模拟[J]. 钻井液与完井液，2007，24(4)：55-59.

[52] 李大奇，康毅力，曾义金，等. 缝洞型储层缝宽动态变化及其对钻井液漏失的影响[J]. 中国石油大学学报(自然科学版)，2011，31(5)：76-81.

[53] 李松，康毅力，李大奇，等. 缝洞型储层井壁裂缝宽度变化ANSYS模拟研究[J]. 天然气地球科学，2011(2)：340-346.

[54] Loeppke G. E., Glowka D. A., Wright E. K. Design and evaluation of lost-circulation materials for severe environments[C]. JPT, 1990.

[55] Guh G-F. et al. A new approach to preventing lost circulation while drilling[C]. SPE 24599, 1992.

[56] Guh, G-F., Beardmore, D., Morita, N.. Further development, field testing, and application of the wellbore strengthening technique for drilling operations[C]. SPE 105809.

[57] Morita N., Whitfill D. L., Wahl H. A. Stress-intensity factor and fracture cross-sectional shape predictions from a three-dimensional model for hydraulically induced fractures[J]. JPT, 1988, 1329-1342.

[58] Morita N., Guh G-F. Parametric analysis of wellbore strengthening methods from basic rock mechanics[C]. SPE 145765.

[59] Alberty M. W, Mclean M. R. Formation gradients in depleted reservoirs drilling wells in late reservoir life[C]. SPE/IADC 67740.

[60] Alberty M. W., Mclean M. R. A physic model for stress cages[C]. SPE 90493.

[61] Nagel N. B., Meng F. What does the rock mechanic say: a numerical investigation of "wellbore strengthing"[C]. AADE-07-NTCE-65.

[62] Sweatman R., Wang H., Xenakis H.. Wellbore stabilization increases fracture gradients and controls losses/flows during drilling[C]. SPE 88701.

[63] Whitfill D. L., Jamison D. E., Wang H. M., et al.. New design models and materials provide engineered solutions to lost circulation[C]. SPE 101693.

[64] Whitfill D. L. Lost circulation material selection: particle size distribution and fracture modeling with fracture simulation software[C]. SPE 115039.

[65] Whitfill D. L., Hemphill T.. All lost-circulation materials and systems are not created equal[C]. SPE 84319.

[66] Dupriest F. E., Smith M. V., Zeilinger C. S., et al.. Method to eliminate lost returns and build integrity continuously with high-filtration-rate fluid[C]. SPE 112656.

[67] Dupriest F. E. Fracture closure stresses (FCS) and lost returns practices[C]. SPE 92192.

[68] 王贵. 提高地层承压能力的钻井液封堵理论与技术研究[D]. 成都：西南石油大学，2012.

[69] Sneddon I. N. The distribution of stress in the neighbourhood of a crack in an elastic solid. proceedings of the royal society of London[J]. Series A, Mathematical and Physical Sciences, 187(1009): 229-260.

[70] Aadnøy B S, Belayneh M. Elasto-plastic fracturing model for wellbore stability using non-penetrating fluids[J]. Journal of Petroleum Science and Engineering, 2004, 45(3): 179-192.

[71] Abrams, A.. Mud design to minimize rock impairment due to particle invasion[J]. JPT, 1977, 29(3):

586-593.

[72] Smith, P. S.. Drilling fluid design to prevent formation damage in high permeability quartz arenite sandstones [C]. SPE 36430.

[73] 罗平亚. 钻井完井过程中保护油层的屏蔽式暂堵技术[M]. 北京: 中国大百科全书出版社, 1997: 68-98.

[74] 赵正文. 固相颗粒在储层孔隙中桥堵规律模拟研究[D]. 南充: 西南石油学院, 1997.

[75] 张金波, 鄢捷年. 钻井液中暂堵剂颗粒尺寸分布优选的新理论和新方法[J]. 石油学报, 2004, 25(6): 88-91.

[76] 张金波, 鄢捷年, 赵海燕. 优选暂堵剂粒度分布的新方法[J]. 钻井液与完井液, 2004, 21(5): 4-7.

[77] 张金波, 鄢捷年. 钻井液暂堵剂颗粒粒径分布的最优化选择[J]. 油田化学, 2005(1): 1-5.

[78] Hands N., Kowbel K., Maikranz S.. Drilling in fluid reduces for formation damage, increases production rates[J]. Oil& Gas J, 1998, 96(28).

[79] Song J. H., Rojas J. C. Preventing mud losses by wellbore strengthening[C]. SPE 101593.

[80] Kaageson-Loe N., Sanders M. W., Growcock F., et al. Particulate-based loss-prevention material-the secrets of fracture-sealing revealed[C]. SPE 112595.

[81] Fuh G-. F, Beardmore D., Morita N.. Further development, field testing, and application of the wellbore strengthening technique for drilling operations[C]. SPE/IADC 105809.

[82] Van Oort E., Browning T., Butler F, et al.. Enhanced lost circulation control through continuous graphite recovery[C]. SPE AADE-07-NTCE-24.

[83] Scott P D, Beardmore D H, Wade Z L, et al. Size degradation of granular lost circulation materials [C]. SPE 151227.

[84] Valsecchi P. On the shear degradation of lost-circulation materials[J]. SPE Drilling & Completion, 2014, 29(3): 323-328.

[85] Nayberg T. M. Laboratory study of lost circulation materials for use in both oil-based and water-based drilling muds[C]. SPE 14723.

[86] Aston M. S., Alberty M. W. Mclean M. R., et al. Drilling fluids for wellbore strengthening[C]. SPE 87130.

[87] Smith J. R., Growcock F. B., Rojas J. C., et al.. Wellbore strengthening while drilling above and below salt in the gulf of mexico[C]. AADE-08-DF-HO-21.

[88] Song J H, Rojas J C. Preventing mud losses by wellbore strengthening [C]. SPE 101593.

[89] Gil I, Roegiers J C. New wellbore strengthening method for low permeability formations [C]. ARMA-06-1092.

[90] Ogochukwu B. Wellbore strengthening through squeeze cementing: a case study[C]. SPE 178346.

[91] Tehrani A., Friedheim J., Cameron J., et al. Designing fluids for wellbore strengthening-is it an art? [C]. AADE-07-NTCE-75.

[92] Wang H. Near wellbore stress analysis for wellbore strengthening [M]. Wyoming: University of Wyoming, 2007.

[93] Wang H, Towler B F, Soliman M Y, et al. Wellbore strengthening without propping fractures: analysis for strengthening a wellbore by sealing fractures alone[C]. SPE 12280.

[94] Friedheim J E, Arias-Prada J E, Sanders M W, et al.. Innovative fiber solution for wellbore strengthening

[C]. SPE 151473.

[95] Contreras O, Hareland G, Husein M, et al. Wellbore strengthening in sandstones by means of nanoparticle-based drilling fluids[C]. SPE 170263.

[96] Nwaoji C. O. Wellbore strengthening-nano-particle drilling fluid experimental design using hydraulic fracture apparatus[C]. SPE 163434.

[97] Kumar A., Savari S., Whitfill D, et al. Wellbore strengthening: the less-studied properties of lost-circulation materials[C]. SPE 133484.

[98] Kumar A., Savari S., Whitfill D., et al. Application of fiber laden pill for controlling lost circulation in natural fractures[C]. AADE-11-NTCE-19.

[99] Savari S., Whitfill D. L., Kumar A. Resilient lost circulation material(LCM): asignificant factor in effective wellbore strengthening[C]. SPE 153154.

[100] Collins N., Kharitonov A., Whitfill D., et al.. Comprehensive approach to severe loss circulation problems in russia[C]. SPE 135704

[101] 蒲晓林, 罗向东, 罗平亚. 用屏蔽桥堵技术提高长庆油田洛河组漏层的承压能力[J]. 西南石油学院学报, 1995(2): 78-84.

[102] 王悦坚. 塔河油田恶性漏失堵漏与大幅度提高地层承压技术[J]. 钻井液与完井液, 2013(4): 33-36.

[103] 高绍智. 元坝1井承压堵漏技术[J]. 石油钻探技术, 2008(4): 45-48.

[104] 刘金华, 刘四海, 陈小锋, 等. 承压堵漏技术研究及其应用[J]. 断块油气田, 2011(01): 116-118.

[105] 贺明敏, 吴俊, 蒲晓林, 等. 基于笼状结构体原理的承压堵漏技术研究[J]. 天然气工业, 2013(10): 80-84.

[106] 杨沛, 陈勉, 金衍, 等. 裂缝承压能力模型及其在裂缝地层堵漏中的应用[J]. 岩石力学与工程学报, 2012(3): 479-487.

[107] 黄进军, 罗平亚, 李家学, 等. 提高地层承压能力技术[J]. 钻井液与完井液, 2009(02): 69-71.

[108] 杨振杰, 武星星, 王晓军, 等. HMXW网状纤维承压堵漏实验[J]. 钻井液与完井液, 2014(6): 36-38.

[109] 陈勉, 金衍, 张广清. 石油工程岩石力学[M]. 北京: 科学出版社, 2008.

[110] 蔡美峰, 何满潮, 刘东燕. 岩石力学与工程[M]. 北京: 科学出版社, 2012.

[111] 黄荣樽. 水力压裂裂缝的起裂和扩展[J]. 石油勘探与开发, 1981(5), 62-74.

[112] Chesser B. G., Clark D. E., Wise W. V.. Dynamic and static filtrate-loss techniques for monitoring filter-cake quality improves drilling-fluid performance[J]. SPE Drilling & Completion, 1994, 9(3): 189-192.

[113] 詹美礼, 岑建. 岩体水力劈裂机制圆筒模型试验及解析理论研究[J]. 岩石力学与工程学报, 2007(6): 1173-1181.

[114] Bernt S. Aadnoy, Miguel Arriado, Roar Flateboe. Design of well barriers To combat circulation losses[C]. SPE 105449.

[115] 阿特金森. 岩石断裂力学[M]. 尹祥础, 修济刚译. 北京: 地震出版社, 1992: 231-254.

[116] 中国航空研究院. 应力强度因子手册[M]. 北京: 科学出版社, 1981: 66-68.

[117] Perkins T. K., Kern L. R. Widths of hydraulic fractures[C]. SPE 1961: 973-949.

[118] 兰林. 裂缝性砂岩油层应力敏感性及裂缝宽度研究[D]. 南充：西南石油学院，2005.

[119] 许成元. 裂缝性储层强化封堵承压能力模型与方法[D]. 成都：西南石油大学，2015.

[120] 刘延强，徐同台，杨振杰，等. 国内外防漏堵漏技术新进展[J]. 钻井液与完井液，2010，27（6）：80-84，102.

[121] 任保友. 强化井筒的钻井液防漏技术研究[D]. 成都：西南石油大学，2018.

[122] 孙剑，崔茂荣，陈浩，等. 新型复合堵漏材料的研制[J]. 西南石油大学学报，2007（S2）：133-135，180-181.

[123] 鲁政权. 钻井液堵漏材料分析与防漏堵漏技术探讨[J]. 科技创新与应用，2019（28）：157-158.

[124] 赵正国. 强化井筒的钻井液防漏堵漏理论与实验研究[D]. 成都：西南石油大学，2016.

[125] MS Aston, MW Alberty, MR McLean, et al. Drilling fluids for wellbore strengthening[C]. IADC/SPE 87130, 2004.

[126] Aadnoy B.S, Belayneh M. Design of well barriers to control circulation loss[C]. SPE Drilling and Completion, 2008：295-300.

[127] Eaton, B. A, Fracture gradient prediction and its application in oilfield operation [J]. JPT, 1969, 21：1353-1360.

[128] 唐国旺. 化学凝胶堵剂的研究与应用[C]//中国地质学会探矿工程专业委员会. 第十九届全国探矿工程（岩土钻掘工程）学术交流年会论文集. 北京：中国地质出版社，2017：118-121.

[129] 史野，左洪国，夏景刚，等. 新型可延迟膨胀类堵漏剂的合成与性能评价[J]. 钻井液与完井液，2018，35（4）：62-65，72.

[130] 熊正强，赵长亮，郑宇轩，等. GPC-200型耐200℃高温随钻堵漏剂的研制及性能评价[J]. 地质装备，2018，19（3）：19-23.

[131] 应春业，高元宏，段隆臣，等. 新型吸水膨胀堵漏剂的研发与评价[J]. 钻井液与完井液，2017，34（4）：38-44.

[132] 田军，刘文堂，李旭东，等. 快速滤失固结堵漏材料ZYSD的研制及应用[J]. 石油钻探技术，2018，46（1）：49-54.

[133] 王勇，蒋官澄，杜庆福，等. 超分子化学堵漏技术研究与应用[J]. 钻井液与完井液，2018，35（3）：48-53.

[134] 张钧祥，宋维宾，孙玉宁，等. 新型高分子泡沫堵漏材料试验研究及工程应用[J]. 煤炭学报，2018，43（S1）：158-166.

[135] 成挺，梁大川，冯泽远. 特种凝胶堵漏技术在元坝204-2井的应用[J]. 辽宁化工，2017，46（5）：455-457，460.

[136] 王慧珺. 吸水膨胀树脂堵漏材料的研制及其室内性能评价[J]. 能源化工，2017，38（3）：68-72.

[137] 暴丹，邱正松，邱维清，等. 高温地层钻井堵漏材料特性实验[J]. 石油学报，2019，40（7）：846-857.

[138] 黄春雨，欧阳伟，刘向君，等. 交联聚合物堵漏剂室内性能研究[J]. 石油化工应用，2014，33（12）：93-97.

[139] 詹俊阳，刘四海，刘金华，等. 高强度耐高温化学固结堵漏剂HDL-1的研制及应用[J]. 石油钻探技术，2014，42（2）：69-74.

[140] 陈大钧，雷鑫宇，李文涛，等. 环氧-酚醛复配树脂堵漏剂的改性研究[J]. 钻井液与完井液，2012，29（4）：9-11，87-88.

[141] Sanders W W, Williamson R N, Ivan C D, et al. Lost circulation assessment and planning program: evolving strategy to control severe losses in deepwater projects[J]. Distributed Computing, 2003.

[142] Lecolier E, Herzhaft B, Rousseau L, et al. Development of a nanocomposite gel for lost circulation treatment[C]. SPE European formation damage conference, 2005.

[143] Davidson E, Richardson L, Zoller S. Control of lost circulation in fractured limestone reservoirs[C]. IADC/SPE Asia Pacific Drilling Technology, 2000.

[144] Ramasamy J, Amanullah. Novel fibrous lost circulation materials derived from deceased date tree waste[J]. Sats, 2017.

[145] Ramasamy J, Amanullah. Two component lost circulation material for controlling seepage to moderate losses[J]. Sats, 2017.

[146] Kulkarni S D, Jamison D E, Teke K D, et al. Managing suspension characteristics of lost-circulation materials in a drilling fluid[J]. SPE Drilling & Completion, 2016, 30(4): 310-315.

[147] Fidan E, Babadagli T, Kuru E. Use of cement as lost circulation material-field case studies[C]. IADC/SPE Asia Pacific Drilling Technology Conference and Exhibition, 2004.

[148] Grant P, Lassus L, Savari S, et al. Size degradation studies of lost circulation materials in a flow loop[J]. Distributed Computing, 2016.

[149] Kulkarni S D, Savari S, Gupta N, et al. Designing lost circulation material LCM pills for high temperature applications[C]. SPE Deepwater Drilling and Completions Conference, 2016.

[150] Savari S, Whitfill D L, Walker J. Acid-soluble lost circulation material for use in large, naturally fractured formations and reservoirs[C]. SPE Middle East Oil & Gas Show and Conference, 2017.

[151] Savari S, Whitfill D L. Lost circulation management in naturally fractured formations: efficient operational strategies and novel solutions[J]. Distributed Computing, 2016.

[152] Houng N H, Zapata J F, Fauzi M A, et al. PMCD technique enables Coring & wireline logging operations in total lost circulation[J]. Distributed Computing, 2016.

[153] Nie X, Luo P, Wang P, et al. Rheology of a new gel used for severe lost circulation control[C]. International Oil and Gas Conference and Exhibition in China, 2010.

[154] 韩成，黄凯文，罗鸣，等．南海莺琼盆地高温高压井堵漏技术[J]．石油钻探技术，2019，47(6)：15-20．

[155] 刘丰．川东地区裂缝性碳酸盐岩地层漏失机理及对策研究[D]．北京：中国石油大学(北京)，2018．

[156] 王伟志，刘庆来，郭新健，等．塔河油田防漏堵漏技术综述[J]．探矿工程(岩土钻掘工程)，2019，46(3)：42-46，50．

[157] 陈建平，张道成．塔河油田 S105 井承压堵漏技术[J]．石油钻探技术，2004(2)：65-66．

[158] 李伟．裂缝性地层堵漏技术研究[D]．成都：西南石油大学，2013．

[159] 黄春雨．阿姆河地区碳酸盐岩裂缝性地层堵漏技术研究[D]．成都：西南石油大学，2015．

[160] 吕开河．钻井工程中井漏预防与堵漏技术研究与应用[D]．青岛：中国石油大学(华东)，2007．

[161] 熊继有，程仲，薛亮，等．随钻防漏堵漏技术的研究与应用进展[J]．钻采工艺，2007(2)：7-10，19，151．

[162] 黄达全，刘永存，穆剑雷，等．承压堵漏技术在 AT5 井的应用[J]．钻井液与完井液，2007(4)：78-80，99．

[163] 石晓兵, 熊继有, 陈平, 等. 高陡复杂构造裂缝漏失堵漏机理研究[J]. 钻采工艺, 2007(5): 24-26, 164.

[164] 王业众, 康毅力, 游利军, 等. 裂缝性储层漏失机理及控制技术进展[J]. 钻井液与完井液, 2007(4): 74-77, 99.

[165] 张希文, 孙金声, 杨枝, 等. 裂缝性地层堵漏技术[J]. 钻井液与完井液, 2010, 27(3): 29-32, 96.

[166] 段明祥, 张献丰, 张全明, 等. 钻井液用BDY-1便携式堵漏仪[J]. 钻井液与完井液, 2002(2): 33-35, 57.

[167] 赵雄虎, 崔胜元. 砂床法评价钻井液滤失性可行性研究[J]. 西部探矿工程, 2009, 21(5): 83-85.

[168] 邓智中. 一种堵漏评价装置设计及工作液效能评价研究[D]. 成都: 西南石油大学, 2012.

[169] 王德玉, 蒲晓林, 施太和, 等. DL-1型堵漏试验装置及评价方法[J]. 石油钻采工艺, 1996(5): 44-48, 107.

[170] 窦斌, 舒尚文, 郭建华, 等. 高保真模拟漏失地层堵漏评价试验装置设计[J]. 石油机械, 2009, 37(11): 5-7, 89.

[171] 周建良, 岳前升, 白超峰, 等. 裂缝性地层漏失模拟试验研究[J]. 石油天然气学报, 2012, 34(8): 127-129, 168.

[172] 王斌. 缅甸X区块高陡构造漏失规律及预测方法研究[D]. 北京: 中国地质大学(北京), 2010.

[173] 鄢捷年, 王建华, 张金波. 优选钻井液中暂堵剂颗粒尺寸的理想充填新方法[J]. 石油天然气学报, 2007(4): 129-135, 169-170.

[174] 张希文, 李爽, 张洁, 等. 钻井液堵漏材料及防漏堵漏技术研究进展[J]. 钻井液与完井液, 2009, 26(6): 74-76, 79, 97.

[175] 董洪栋. 松科2井抗高温随钻堵漏材料优选及封堵效果评价[D]. 成都: 成都理工大学, 2017.

[176] 朱金智, 黄国良, 张震, 等. 雷特随钻承压堵漏技术及应用[J]. 钻采工艺, 2019, 42(4): 120-121, 126.

[177] 李爽, 张希文, 李彦琴. 新型高效高滤失堵漏材料的室内研究[J]. 广州化工, 2009, 37(9): 218-220, 223.

[178] 张洪利, 郭艳, 王志龙. 国内钻井堵漏材料现状[J]. 特种油气藏, 2004(2): 1-2, 10-96.

[179] 段永贤, 舒小波, 李有伟, 等. 一种超深水平井堵漏材料室内评价研究[J]. 当代化工, 2017, 46(2): 246-249.

[180] 何龙, 史埕, 杨健, 等. 裂缝性地层堵漏材料承压性能及材料优选研究[J]. 钻采工艺, 2019, 42(2): 3, 42-44.